食品科技期刊投稿指南

金铁成　编著

中国轻工业出版社

图书在版编目（CIP）数据

食品科技期刊投稿指南/金铁成编著．—北京：中国轻工业出版社，2017.11
ISBN 978-7-5184-1356-0

Ⅰ.①食… Ⅱ.①金… Ⅲ.①食品科学—科技期刊—介绍 Ⅳ.①TS201 ②N55

中国版本图书馆 CIP 数据核字（2017）第 222490 号

责任编辑：钟　雨
策划编辑：伊双双　钟　雨　　责任终审：李克力　　封面设计：锋尚设计
版式设计：砚祥志远　　责任校对：吴大鹏　　责任监印：张　可

出版发行：中国轻工业出版社（北京东长安街 6 号，邮编：100740）
印　　刷：北京君升印刷有限公司
经　　销：各地新华书店
版　　次：2017 年 11 月第 1 版第 1 次印刷
开　　本：720×1000　1/16　印张：16.5
字　　数：340 千字
书　　号：ISBN 978-7-5184-1356-0　定价：50.00 元
邮购电话：010-65241695
发行电话：010-85119835　传真：85113293
网　　址：http://www.chlip.com.cn
Email：club@chlip.com.cn
如发现图书残缺请与我社邮购联系调换
160987K1X101HBW

前　言

英国物理学家、化学家迈克尔·法拉第（Michael Faraday）曾对研究工作的程序作过极为简明扼要的说明“工作—完成—发表（work—finish—publish）”。我国生物化学家邹承鲁院士也曾经说过，“实验结果只有在写成论文并发表后，才成为人类认识自然宝库中的一个组成部分”。不出版便死亡（Publish or perish）已成为科学研究者的共识。可以说，发表科技论文不仅是科学交流与传播的需要，也是科研人员学位获取、基金申请、职位晋升等方面的需要。科研人员要发表论文，必须选择合适的科技期刊，进而与编辑人员、同行评议专家打交道。因此，科研人员掌握一定的投稿技能是非常必要的。

1. 写作意图

本人从事科技期刊编辑工作22年，长期与科技期刊的作者打交道，由于身处高校，与年轻作者，特别是硕士、博士研究生作者接触的机会较多。在与科技期刊作者交往的过程中，本人发现广大作者不仅需要科技论文写作方面的指导，更需要科技期刊投稿方面的指导。从现已出版的相关书籍来看，本人发现论文写作指导类专著非常多，而期刊投稿指导类专著极其稀少。目前普遍存在重学术论文写作指导、轻学术期刊投稿指导的现象。我国每年约有50万名不同专业的硕士研究生、7万名不同专业的博士研究生要毕业，他们毕业之前都要求发表一定数量的学术论文，这一群体缺乏投稿经验，急需期刊投稿方面的指导。

鉴于此，本人撰写一部科技期刊投稿方面的专著，来指导科技期刊的作者投稿。向广大科技期刊的作者讲授如何收集、了解某一学科方面的专业期刊、核心期刊、SCI来源期刊等，并从科技期刊编辑的视角，来探讨期刊投稿方面的各种问题，如期刊用稿标准、同行专家评议、一稿多投等，帮助期刊作者选择合适的科技期刊，快速地发表学术论文，提高投稿的命中率，避免学术不端行为。

2. 基本内容

本书共9章内容。第1章向科技期刊作者阐述如何高效、科学地收集整理各类食品科技期刊的方法与途径，全面详细地梳理了最新的中文食品科技核心期刊和SCI来源期刊的投稿信息；第2章围绕核心期刊、SCI来源期刊，期刊影响因子，稿件录用率，版面费等内容，向科技期刊作者阐述了如何选择合适自己的科技期刊；第3章以科技论文的内容模块为脉络，列举出论文各部分的检查要点，提醒论文作者对照检查；第4章介绍科技期刊的审稿流程和期刊评审的三审制、同行评议等与审稿密切有关的内容，使期刊作者了解自己的论文是如何被评审的；第5章介绍稿件评审后的5种常见结果与论文修改策略；第6章阐述从科技论文写作到最终发表全过程中可能发生的各种学术不端行为，告知期刊作者如何主动防范潜在的学术不端行为；第 7 章从中国知网中学位论文全文数据库的出版性质、学位论文的拆分论文的发表时机等方面谈研究生如何发表其学位论文的拆分论文；第 8 章重点分析当前期刊投稿中存在的较为典型的三大误区，期望引起期刊作者的重视；第 9 章对我国科研人员近 10 年来发表的食品科技 SCI 论文进行了统计与分析，以期增强我国科研人员投稿的自信心，从容投稿。

3. 主要特点

一是本书的作者为长期从事科技期刊编辑出版工作的责任编辑。从科技期刊编辑的视角，以食品科技期刊为例，向科技期刊作者袒露了出版内幕，揭示了审稿规则，阐述了投稿策略。本书所阐述的问题正是期刊作者在论文投稿过程中所遇到的而迫切需要解决的问题。

二是本书的各章内容自成体系、相对独立。全书共 9 章内容，每章内容均为一个单独的主题，且均与作者投稿有密切的关联，读者可以根据自己的需要有选择性地阅读。对于感兴趣的章节，可以仔细地品味，对于不需要的、自己非常熟悉的章节，可以浏览或不阅读。

三是本书汇集了 54 种中文食品科技期刊与 125 种食品科技 SCI 来源期刊的详细投稿信息。这些信息不仅是最新的，而且非常全面，包括中文科技期刊的期刊封面图片、影响因子、CN 刊号、电子信箱、网址等重要信息，SCI 来源期刊的 ISSN 刊号、影响因子、JCR 分区、中科院小类分区、期刊网址等主要信息。

4. 读者对象

一是食品相关专业的科技期刊作者。本书以食品科技期刊为例，从理论与实践两方面着重探讨了食品专业的科技期刊作者，特别是硕士、博士研究生作者，如何解决在论文发表过程中遇到的各种问题，本书对于他们全面地了解食品行业科技期刊，提高投稿的命中率，快速地发表论文大有裨益。

二是其他专业背景的科技期刊作者。本书从科技期刊责任编辑的视角，阐述了期刊作者选择目标期刊时需要考虑的种种因素，指出了论文初稿检查中必须注意的各种问题，提示了期刊审稿的流程与标准，坦陈了期刊论文修改的策略，分析了论文发表过程中的学术不端行为，剖析了学位论文的再发表问题。这些内容显然适合于所有专业的科技期刊作者。

三是从事科技期刊工作的年轻编辑。本书阐述的有关内容与方法也适合于科技期刊的新编辑，特别是科技期刊的年轻编辑，对于他们快速进入期刊编辑角色，了解本行业的中外科技期刊动态有一定的指导作用。

5. 致谢

本人在写作的过程中，参考了大量的有关图书、学术论文、科学网的博客、小木虫论坛等资料，在此向相关作者表示衷心的感谢！得到了本人所在工作单位河南工业大学学报编辑部的领导与同事的鼓励与支持，在此表示诚挚的谢意！此外，特别感谢本人的妻子任治萍、儿子金翔宇，没有他们的鼓励与帮助，本人不可能在约定的期限内集中精力完成本书的撰写。

本书的出版获得了“河南省教育厅人文社会科学研究项目（2016 - GH - 254）”及“河南工业大学粮安工程规划专项（2012LAGC08）”的资助，特此说明并谨此致谢!

由于本人水平和能力有限，书中难免有疏漏和不当之处，敬请读者批评指正。

金铁成

2017 年 2 月

目　录

1 如何全面地了解食品科技期刊

按照中国图书馆分类法，食品工业属于轻工业、手工业，中图分类号为TS2。食品工业具体包括一般性问题，粮食加工工业，食用油脂加工工业，淀粉工业，制糖工业，屠宰及肉类加工工业，乳品加工工业，蛋品加工工业，水产加工工业，水果、蔬菜、坚果加工工业，酿造工业，饮料冷食制造工业，罐头工业。

以刊登食品工业领域的研究报告、学术论文、综合评述为主要内容的期刊，称为食品学术性期刊，以刊登食品工业领域的新技术、工艺、设计、设备、材料为主要内容的期刊称为食品技术性期刊，本书中将这两类期刊统称为食品科技期刊。

国内外食品工业领域究竟有哪些科技期刊？哪些是中文核心期刊？哪些是SCI来源期刊？这些期刊的学术影响力如何？这些问题是食品科技研究人员选择投稿期刊前必须弄清楚的问题，也是食品专业及其相关专业的研究人员，特别是高等院校、科研院所的硕士、博士研究生等年轻科研人员所关注的问题。本章中，本书作者就这些问题予以全面地、系统地回答，将如何高效、科学地收集整理各类食品科技期刊的方法与途径传授给年轻科研人员。为了方便读者浏览、查阅，并全面了解中外食品科技期刊，本书作者收集整理了最新的食品科技中文期刊与SCI来源期刊的详细信息。

1.1 食品科技中文期刊

食品科技期刊按使用的文种来分，有食品科技中文期刊、食品科技英文期刊等。目前，国内食品科技期刊几乎全为中文期刊，只有少数几种食品科技英文期刊，如*Food Science and Human Wellness*，该刊由北京食品科学研究院主办，Elsevier B. V. 生产和托管。

一般来说，食品科技期刊主要刊登食品工业领域的科技论文，食品工业领域的科技论文也主要刊登在食品科技期刊上。因此，食品科技研究人员在投稿之前必须了解相关的食品科技期刊。对于硕士、博士研究生等年轻科研人员来讲，他们了解食品科技期刊的途径比较单一，了解到的科技期刊种类相对有限，可能会遗漏掉本专业内的某些科技期刊，从而错失发表论文的机会。

通过以下3种途径，可以全面地收集到食品科技领域的中文期刊。

1.1.1 通过中国知网来收集

中国知网的《中国学术期刊（网络版）》是世界上最大的连续动态更新的中国学术期刊全文数据库。该数据库收录了我国所有正式出版的食品科技中文期刊，是食品科研人员经常使用的电子资源。

中国知网不仅提供了食品科技中文期刊自创刊以来的所有的论文的电子文本，还提供了每一种中文期刊的基本信息（主办单位等）、出版信息（发文量等）和评价信息（影响因子等）。一般科研人员可能只用中国知网来下载相关专业文献，恐怕很少用它来收集、了解本专业的科技期刊信息。

通过中国知网来收集食品科技中文期刊的步骤如下。

（1）登录中国知网（http：//www. cnki. net/），进入中国知网的官方网页，如图 1. 1 所示，点击图中用椭圆标记的“出版物检索”。

图 1. 1　中国知网的官方主页

（2）进入出版物分类导航页面，如图 1. 2 所示。双击图中上部用椭圆标记的“期刊”，将出版物缩小到期刊，再将鼠标放到时左侧的用椭圆标记的“工程科技（A 类）”上，弹出具体的学科分类名称，再点击用椭圆标记的“轻工业手工业”。

（3）进入轻工业手工业期刊导航页面，如图 1. 3 所示。绝大部分的食品科技中文期刊名单在这里都可以找到，由于期刊导航没有对轻工业手工业进行更细的分类，期刊列表还包括了纺织、烟草、造纸等行业的期刊，共计 183 种期刊。期刊列表不仅提供了期刊名单，还提供了期刊影响因子、被引频次等信息。如果想了解更多的期刊信息，点击期刊名称即可，如图中用椭圆标记的“保鲜与加工”期刊。

图 1.2 出版物分类导航页面

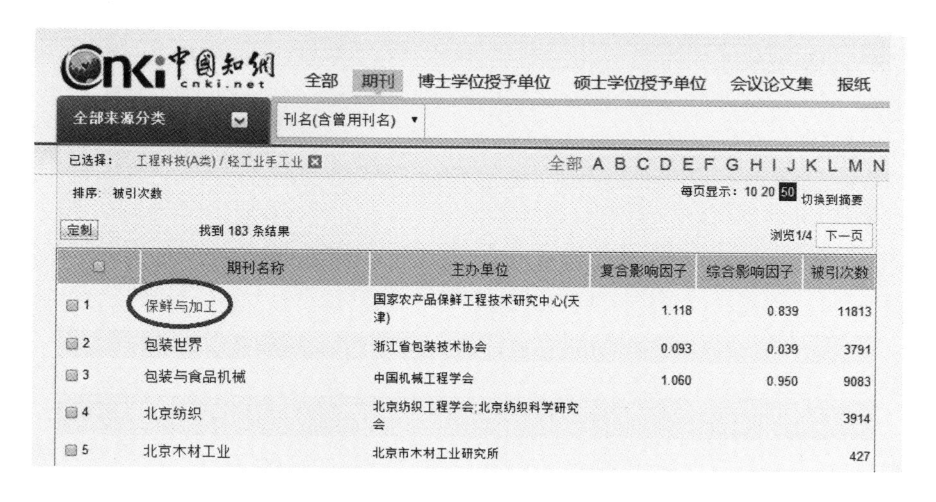

图 1.3 轻工业手工业期刊导航页面

（4）进入单个具体期刊的信息页面，如图 1.4 所示。期刊信息页面提供了相当丰富的信息：在图中椭圆标记①处，“核心期刊”表示该刊被北京大学《中文核心期刊要目总览》收录，“CA”表示被美国《化学文摘》收录；椭圆标记②处的“基本信息”包括期刊的主办单位、出版周期、刊号等信息；椭圆标记③处的“出版信息”包括期刊的发文量、下载量、被引量和学科归信息；椭圆标记④处的“评价信息”包括期刊的影响因子、被知名数据库收录的信息和期刊取得的荣誉称号等；椭圆标记⑤处的“刊期浏览”提供了该期刊自创刊以来的按年、期分类的论文导航，“栏目浏览”提供了每个栏目的论文导航，“统计与评价”提供了期刊年度出版概况与学术热点动态等信息。

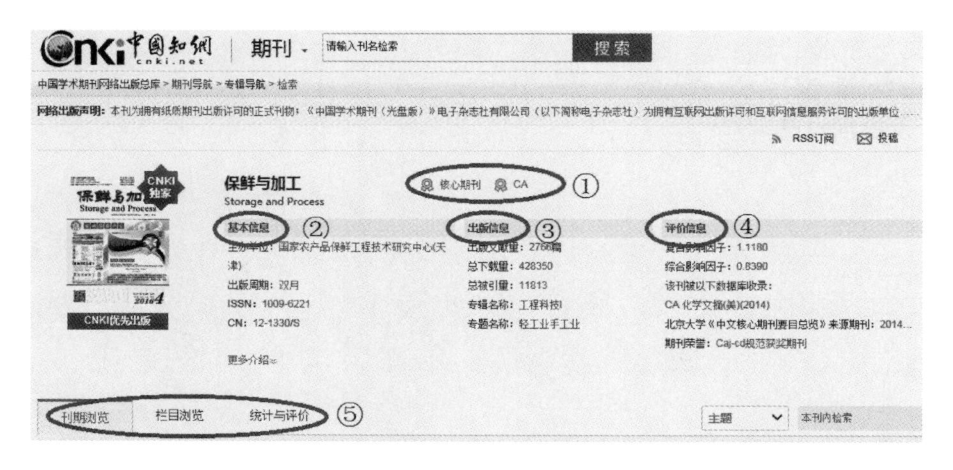

图 1.4　单个具体期刊的信息页面

1.1.2　通过《中文核心期刊要目总览》来收集

《中文核心期刊要目总览》(以下简称《总览》) 是由北京大学出版社出版发行的参考工具书，该书定期出版，1992 年 9 月出版了第 1 版，2015 年 9 月出版了第 7 版，即 2014 年版。

2014 年版《总览》由北京大学图书馆主持，北京多所高校图书馆及中国科学院文献情报中心、中国社会科学院图书馆、中国人民大学书报资料中心、中国学术期刊（光盘版）电子杂志社、中国科学技术信息研究所、北京万方数据股份有限公司、国家图书馆等 28 个相关单位的百余名专家和期刊工作者参加了研究。2014 年版核心期刊定量评价，采用了被索量、被摘量、被引量、他引量、被摘率、影响因子、他引影响因子、被重要检索系统收录、基金论文比、Web 下载量、论文被引指数、互引指数 12 个评价指标，选作评价指标统计源的数据库及文摘刊物达 50 余种。统计 2009—2011 年的文献量 65 亿余篇次，涉及期刊 14700 余种。定性评价共有 3700 多位学科专家参加了核心期刊定性评审工作。经过定量评价和定性评审，从我国正在出版的中文期刊中评选出 1983 种核心期刊，分属 7 大编 74 个学科类目。

科研部门、人事部门平时经常说的中文核心期刊是指被《总览》收录的期刊，核心期刊上发表的论文称作核心期刊论文。发表一定数量的核心期刊论文现已成为学位授予、职称评定、晋级升职、项目结题等的必备条件。《总览》原有的期刊订阅参考作用越来越弱化，学术评价功能越来越强化。科研单位的图书馆或者资料室、期刊编辑部等均订有《总览》，研究人员可以方便地借阅，复印相关内容。

《总览》给食品科技期刊的作者提供了以下三方面的非常有价值的信息。

（1）给食品科技期刊作者提供了食品工业类核心期刊列表　2014 年版的

《总览》精选了21种食品科技期刊为本学科的核心期刊，并按综合评价得分的多少给出了排序，具体名单如表1.1所示。根据这一核心期刊表，食品科技期刊作者可以根据自己论文的质量与需求、核心期刊的排名以及期刊投稿的要求选择某一期刊，做到有针对性地投稿。

表1.1　　2014年版《总览》收录的食品工业类核心期刊名单

排名	期刊名称	排名	期刊名称
1	食品科学	12	现代食品科技
2	食品与发酵工业	13	茶叶科学
3	食品工业科技	14	粮食与油脂
4	食品科技	15	中国乳品工业
5	中国粮油学报	16	保鲜与加工
6	食品研究与开发	17	中国调味品
7	中国食品学报	18	食品工业
8	中国油脂	19	肉类研究
9	食品与机械	20	中国酿造
10	食品与生物技术学报	21	河南工业大学学报（自然科学版）
11	中国食品添加剂		

（2）给食品科技期刊作者提供了食品工业类核心期刊简介　为了让读者对列表中的核心期刊有个全面的了解，《总览》对列表中的每一种期刊都进行了详细的介绍，具体内容包括：正刊名、并列刊名（英文刊名）、主办单位、出版频率、刊号、编辑部地址、网址、e-mail、电话、邮发代号以及详细的内容简介。食品科技期刊的作者可以根据自身需要有针对性地查阅相关期刊信息。

（3）给食品科技期刊作者提供了轻工学科专业期刊一览表　《总览》没有对轻工业手工业学科进一步细分，仅提供了轻工业、手工业、生活服务类专业期刊一览表，共计347种刊物，21种食品工业类核心期刊也包含在此表中。专业期刊列表提供的信息相对简单，只列出了刊名、期刊所在地以及期刊主办单位。通过此表获得的食品科技期刊信息可以与其他渠道获得的信息相互补充。

1.1.3　通过《中国学术期刊影响因子年报》来收集

《中国学术期刊影响因子年报》（简称《年报》）是由中国科学文献计量评价研究中心、清华大学图书馆研制，中国学术期刊（光盘版）电子杂志社出版的正式电子期刊，为年刊，一年出版一卷。《年报》包括两个版，即《中国学术期刊影响因子年报（自然科学与工程技术）》（刊号CN11-9129/N ISSN 1673-8136）和《中国学术期刊影响因子年报（人文社会科学）》（刊号CN11-9130/

G ISSN 1673－8144）。《年报》从2010年12月开始出版，继承了《中国学术期刊综合引证报告》，卷号不是从第1卷开始而是从第8卷开始，2016年9月《年报》出版到了第14卷。《年报》是电子期刊，以光盘的形式出版，同时，为了读者方便使用，每年均以印刷版的形式对其主要内容予以出版，2015年又推出了网络版。

《年报》不仅给食品科技期刊编辑出版部门提供了大量的文献计量指标，受到了期刊编辑的青睐，而且给广大食品科技期刊作者提供了丰富的期刊学术质量信息，有利于期刊作者有选择性地投稿。《年报》每个期刊编辑部都有订阅，作者可以到就近的期刊编辑部查阅、复印相关内容。

《年报》给食品科技期刊的作者提供了以下有用信息。

（1）《年报》提供了最完整的食品科技中文期刊名单　如果说《总览》为食品科技期刊作者提供的是比较重要的期刊（中文核心期刊）信息，那么《年报》为食品科技期刊作者提供的是最完整的、最精准的专业期刊信息。《年报》对轻工业、手工业进行了细分，列出了食品工业类的所有中文科技期刊。2016年版的《年报》收录了52种食品科技期刊，具体名单如表1.2所示。

表1.2　2016年版《年报》收录的52种食品科技中文期刊名单

序号	期刊名称	序号	期刊名称
1	包装与食品机械	18	酿酒科技
2	保鲜与加工	19	农产品加工
3	茶叶学报	20	肉类工业
4	福建茶叶	21	肉类研究
5	甘蔗糖业	22	乳业科学与技术
6	广西糖业	23	食品安全导刊
7	河南工业大学学报（自然科学版）	24	食品安全质量检测学报
8	江苏调味副食品	25	食品工程
9	粮食加工	26	食品工业
10	粮食科技与经济	27	食品工业科技
11	粮食与食品工业	28	食品科技
12	粮食与饲料工业	29	食品科学
13	粮食与油脂	30	食品科学技术学报
14	粮油仓储科技通讯	31	食品研究与开发
15	粮油食品科技	32	食品与发酵工业
16	美食研究	33	食品与发酵科技
17	酿酒	34	食品与机械

续表

序号	期刊名称	序号	期刊名称
35	食品与生物技术学报	44	中国粮油学报
36	食品与药品	45	中国酿造
37	四川旅游学院学报	46	中国乳品工业
38	现代面粉工业	47	中国食品添加剂
39	现代食品科技	48	中国食品学报
40	饮料工业	49	中国食物与营养
41	中国茶叶	50	中国甜菜糖业
42	中国茶叶加工	51	中国油脂
43	中国调味品	52	中外葡萄与葡萄酒

（2）《年报》提供了期刊影响因子等学术影响力指标　《年报》为食品科技期刊的作者提供了反映科技期刊学术影响力的许多评价指标，如影响因子、5年影响因子、他引影响因子、即年指标、总被引频次等。一般来说，学术期刊的影响因子越高，其学术影响力就越大，所刊载的论文的学术质量就越高，对论文的评审就越严格。

（3）《年报》提供了期刊年发文总量等出版信息指标　《年报》提供的期刊的发文量、基金论文比、平均引文数等出版信息指标，对食品科技期刊的作者选择投稿具有一定的参考价值。期刊的发文量大，意味着用稿大，论文发表的可能性就大。基金论文比是指受各类基金资助的论文占总论文的比例，如果某刊的基金论文比接近1.0，自己的论文为非基金论文，最好就不要投该刊。平均引文数是指期刊论文的文后参考文献的平均值，如果选择某种期刊投稿，一般来说，自己的论文的参考文献数量最好不要低于该期刊的平均引文数。

1.2 食品科技SCI来源期刊

SCI是*Science Citation Index*的简称，中文名称为《科学引文索引》，被SCI收录的学术期刊称为SCI来源期刊，在SCI来源期刊发表的论文称为SCI论文。

SCI自推出到现在，大致经历了以下的重要发展历程。

（1）1957年，尤金·加菲尔德（Eugene Garfield）博士创立美国情报信息研究所（Institute for Scientific Information，简称ISI），其宗旨是为科研人员提供全球最重要和最具影响力的研究成果。

（2）1964年，尤金·加菲尔德博士和他的同事们正式推出了SCI，SCI的问世，突破了传统的基于关键词、主题词以及学科领域的界限，为广大的科研人员提供了一个涵盖科研作者、机构、文献、主题和国家信息在内的庞大学术网络。

（3）1973 年，随着《社会科学引文索引》（*Social Sciences Citation Index*，简称 SSCI）的问世，其学科覆盖范围扩展到了社会科学。

（4）1975 年，作为 SCI 组成部分的《期刊引证报告》（*Journal Citation Reports*，简称 JCR）首次出版。早在 SCI 正式推出的第 2 年，尤金·加菲尔德博士就基于相同的理念提出了一种可以用来测度期刊影响力的方法，该方法可以解决如何客观、科学地衡量大型综合类期刊（如 *Nature*、*Science*）和文章数量相对较少的专业型期刊之间影响力的难题，基于此方法，1975 年 JCR 首次出版。

（5）1978 年，推出的《艺术与人文引文索引》（*Arts & Humanities Citation Index*，简称 A&HCI）又将其内容扩展到了艺术与人文领域。

（6）1992 年，经历了快速发展的阶段并获得加拿大媒体巨头汤姆森集团青睐的 ISI 正式加入汤姆森集团，成为汤姆森科技与医疗事业部的一部分。

（7）1997 年，基于网络环境，SSCI、A&HCI 和 SCIE（SCI 网络版）合并在一起，逐步发展成为现在的 Web of Science 核心合集数据库。

（8）2008 年，加拿大汤姆森集团正式完成了与英国路透集团的并购，新公司命名为汤森路透，原汤姆森科技与医疗事业部经过业务调整变更为汤森路透知识产权与科技事业部。

（9）2016 年 7 月，汤森路透宣布以 35.5 亿美金向 Onex 公司和霸菱亚洲投资基金出售其知识产权及科技业务。

（10）2016 年 10 月，Onex 公司与霸菱亚洲完成对汤森路透知识产权与科技业务的收购，新独立出来的公司正式被命名为 Clarivate Analytics。

（11）2017 年 1 月 10 日，Clarivate Analytics 正式启用新品牌（LOGO）及中文名称——科睿唯安，并在全球各地办公室举行了庆祝活动。

截至 2016 年，SCI 已经问世 52 周年。如今，SCI 所在的 Web of Science 平台已经发展成为了一个涵盖了业界权威的自然科学、社会科学、以及艺术与人文引文索引的最重要的科研与发现平台。Web of Science 平台提供了一个涵盖科研作者、机构、文献、主题和国家信息在内的庞大网络，其所提供的数十亿科研文献之间的关联，记录了过去一个世纪以来各科研领域的发展和演变过程。作为获取科研文献信息的最重要来源，Web of Science 平台深受全球超过 7000 个领先研究机构和数以百计的政府机构的信赖。

回顾 SCI 的发展历程，可以帮助科技人员更好地了解和使用 SCI。通过 SCI 不仅能检索出某个国家或者地区、机构、个人文献的发表情况，还可以直接检索某一篇文献自发表以来的被引用情况，因此，可以回溯某一研究文献的起源与历史，跟踪其最新研究。

Science Citation Index Expanded（SCIE）收录了包含《食品科学与技术》（*Food Science & Technology*）在内的 177 个学科类目的学术期刊，2015 年的 JCR

共收录了125种食品科技期刊。

需要说明的是，从2000年起，我国的SCI论文的统计均以SCIE为基准，因此，科研人员常说的SCI论文实际上是SCIE论文，SCI来源期刊实际上是SCIE来源期刊。本书中采用科研人员的习惯叫法。

食品科技期刊作者主要可以通过以下3种途径来全面了解食品科技SCI来源期刊。

1.2.1 通过汤森路透知识产权与科技网站获取

通过汤森路透知识产权与科技网站获取食品科技SCI来源期刊的步骤如下。

（1）登录汤森路透知识产权与科技中文网站（http://ip-science.thomsonreuters.com.cn/），进入公司官方网页，如图1.5所示。在网页的中下部找到用椭圆标记的“按数据库查询”，并点击。

图1.5 汤森路透知识产权与科技中文网站

（2）进入Master Journal List网页，如图1.6所示。找到Journal Lists列表下的用椭圆标记的“Science Citation Index Expanded™”并点击。

（3）进入Journal Search页面，如图1.7所示。找到用椭圆标记的“VIEW SUBJECT CATEGORY”并点击。

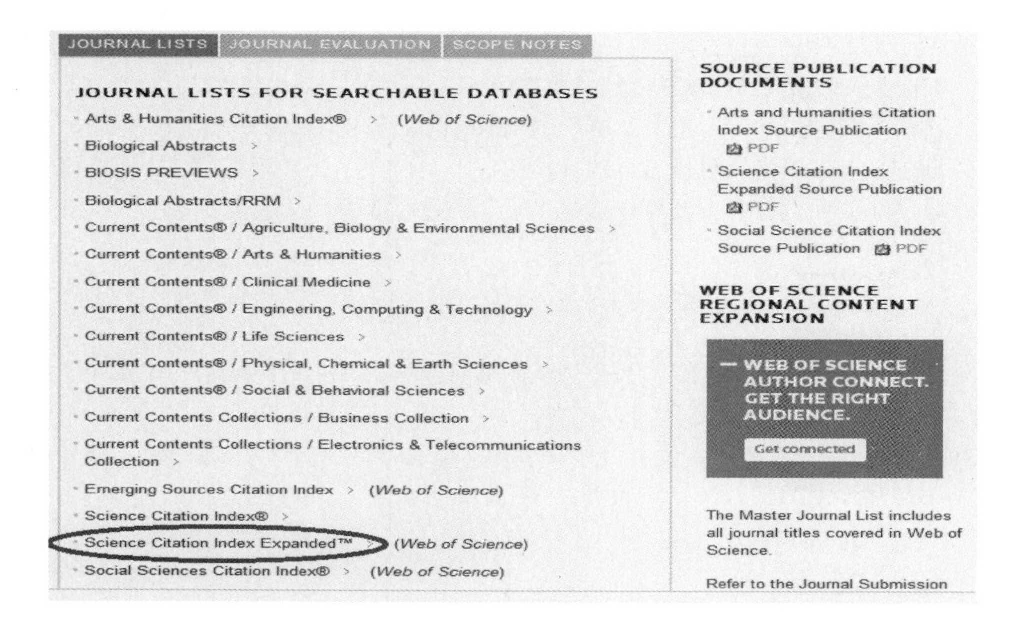

图 1.6　Master Journal List 网页

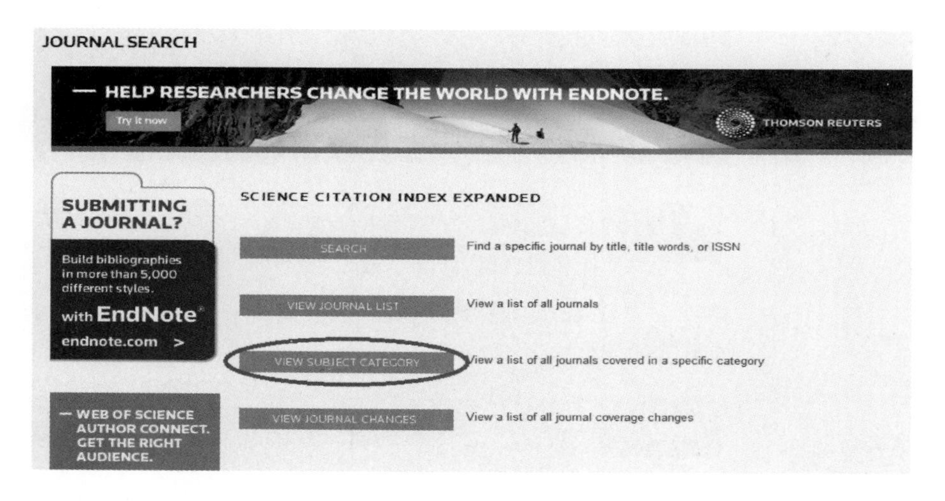

图 1.7　Journal Search 页面

（4）进入学科类目选择页面，如图 1.8 所示。在图中用椭圆标记的“Select a category”的下拉菜单里选择“FOOD SCIENCE & TECHNOLOGY”，点击图中用椭圆标记的“VIEW JOURNAL LIST”。

（5）进入 FOOD SCIENCE & TECHNOLOGY – JOURNAL LIST 页面，该页面显示总共有 126 种食品科技 SCI 来源期刊，如图 1.9 所示。从该页面可以获得每种期刊的全名、国际标准期刊编号（ISSN）、刊期、出版商信息、详细地址。

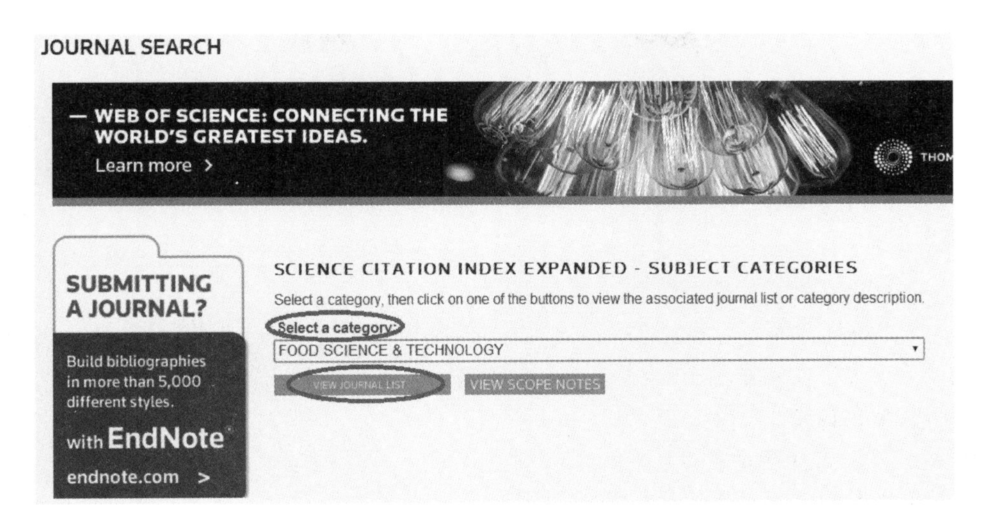

图 1.8 学科类目选择页面

SCIENCE CITATION INDEX EXPANDED - FOOD SCIENCE & TECHNOLOGY - JOURNAL LIST

Total journals: 126

Journals 41-50 (of 126)

FORMAT FOR PRINT

FOOD BIOPHYSICS
Quarterly ISSN: 1557-1858
SPRINGER, 233 SPRING ST, NEW YORK, USA, NY, 10013
Coverage

FOOD BIOTECHNOLOGY
Quarterly ISSN: 0890-5436
TAYLOR & FRANCIS INC, 530 WALNUT STREET, STE 850, PHILADELPHIA, USA, PA, 19106
Coverage

FOOD CHEMISTRY
Semimonthly ISSN: 0308-8146
ELSEVIER SCI LTD, THE BOULEVARD, LANGFORD LANE, KIDLINGTON, OXFORD, ENGLAND, OXON, OX5 1GB
Coverage

图 1.9 FOOD SCIENCE & TECHNOLOGY – JOURNAL LIST 页面

通过上述方法，可免费检索得到所有食品科技 SCI 来源期刊的全名与 ISSN 号等期刊身份信息。如果想进一步了解某种期刊的投稿信息，则可通过百度、谷歌等搜索引擎找到期刊主页来了解。

1.2.2 通过 Journal Citation Reports 数据库获取

Journal Citation Reports 简称 JCR，中文名称为《期刊引证报告》，是一个独特的多学科期刊评价工具。JCR 是唯一提供基于引文数据的统计信息的期刊评价资源。通过对参考文献的标引和统计，JCR 可以在期刊层面衡量某项研究的影响力，显示出引用和被引期刊之间的相互关系。

JCR 包括自然科学和社会科学两个版本。2015 年的 JCR 涵盖来自 81 个国家或地区的 11365 种期刊，覆盖 234 个学科类目，其中 JCR – Science Edition 收录期刊 8778 种，覆盖 177 个学科类目，JCR – Social Sciences Edition 收录期刊 3206 种，覆盖 57 个学科领域。InCites 新平台上的 JCR 在旧版的基础上开发并加强了数据及其呈现方式，使其更加全面易用。JCR 与 Web of Science 核心合集的数据无缝链接、自由切换，并采用更加清晰、准确的可视化方式来呈现数据，用户可以更加轻松地创建、存储并导出报告。

JCR 对图书馆员、学术期刊、期刊作者有着非常重要的作用。图书馆员利用 JCR 来管理和规划期刊馆藏，适时对馆藏期刊进行更换或者剔除；学术期刊编辑利用 JCR 来评价期刊的学术影响力，明确自身定位，提升期刊竞争力；期刊作者利用 JCR 来选择合适的期刊投稿，扩大作者在同行中的学术影响力。

需要说明的是，JCR 提供的是有偿服务，许多高校和科研院所等单位已购买其使用权。

食品科技期刊作者利用 JCR 可以获得全部食品科技 SCI 来源期刊的刊名、ISSN 号等出版信息，影响因子、总被引频次等评价指标以及每种 SCI 来源期刊的 Web of Science 学科分区及其排名情况，这些信息对于选择目标期刊投稿是很有帮助的。获取的具体步骤如下所述。

（1）登录 Journal Citation Reports 主页（https：//jcr. incites. thomsonreuters. com/），如图 1. 10 所示。JCR 主界面分为 3 个区域：图中方框①所示的筛选区，根据多个选项来筛选期刊数据集，包括学科、JCR 版本、年份、分区、出版社、

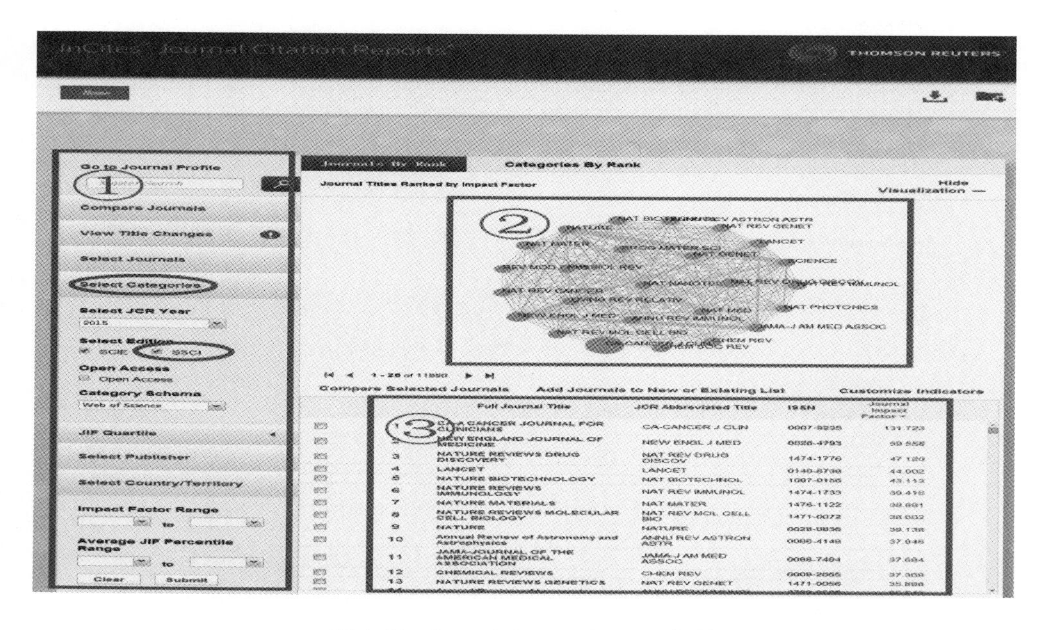

图 1. 10　Journal Citation Reports 主页

国家或者地区、影响因子区间等；图中方框②所示的图示区，展示期刊或学科的网络关系视图；图中方框③所示的检索结果区，显示经过筛选得到的数据和相应的指标。点击图中方框①内用椭圆标记的“Select Categories”限定期刊的具体学科为 FOOD SCIENCE & TECHNOLOGY，去掉图中用椭圆标记的“SSCI”前面的勾。点击 Submit 进行检索。

（2）进入食品科技 SCI 来源期刊检索页面，如图 1.11 所示。图中用椭圆标记的“1 – 25 of 125”表示 2015 年的 JCR 共收录了 125 种期刊，期刊的全名、缩写名称、影响因子和 ISSN 号等信息全部列出。想进一步了解某一期刊的详细信息，点击刊名即可，如点击图中用椭圆标记的“FOOD CHEMISTRY”。

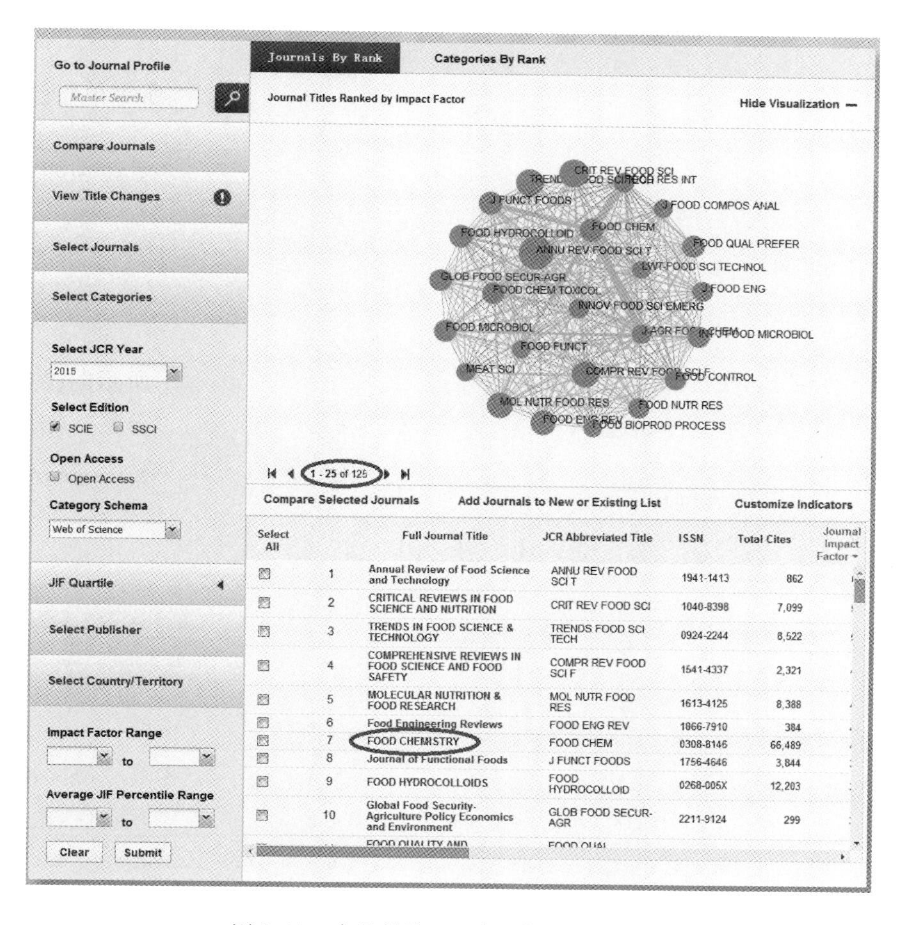

图 1.11　食品科技 SCI 来源期刊检索页面

（3）进入 SCI 来源期刊的个刊信息页面，如图 1.12 所示。对于科技期刊作者，可以从此页面获取相当丰富的信息。图中长方形标记①处列出了该期刊的出版商名称、详细地址、所属国别；长方形标记②处显示的是期刊所用的语种与出版频率；长方形标记③处列出了自1997年以来的所有年份的该期刊的总被引频次、影响因子、他引影响因子、发文量、即年指标等13种计量指标；长方形标记④处反映的是从1997年以来的每年该期刊在学科类目中的排名以及JCR的分区情况；长方形标记⑤处反映的是近4年的该期刊在ESI学科类目中的总被引频次。

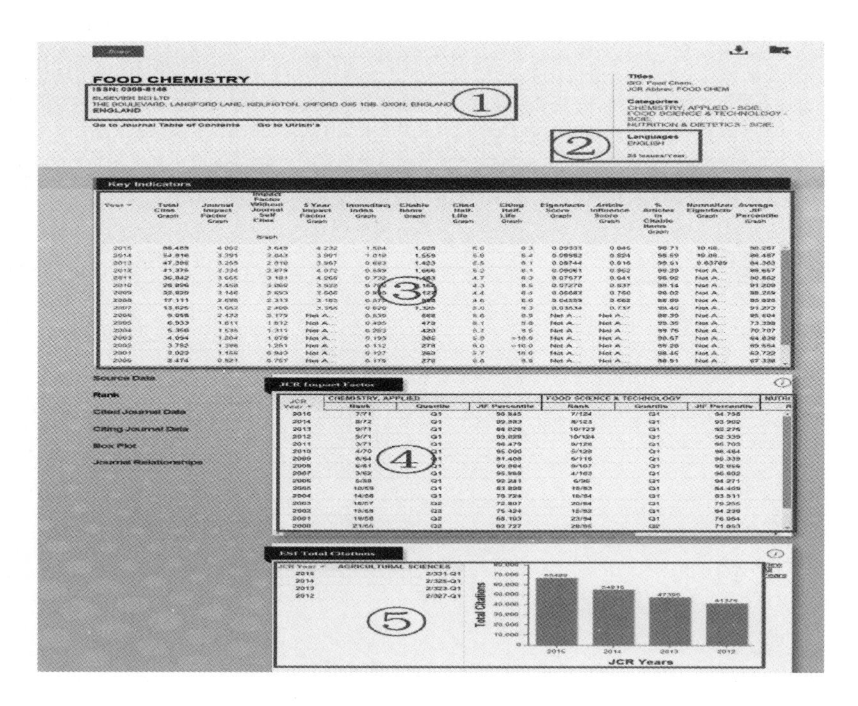

图1.12　SCI来源期刊的个刊信息页面

1.2.3　通过相关科研论坛网站获取

通过访问汤森路透知识产权与科技网站和检索JCR数据库，可以得到第一手的食品科技期刊SCI来源期刊的完整信息，包括期刊的名称、刊号、影响因子等重要信息。由于JCR是收费的，部分高校与科研院所恐怕没有购买其使用权，科研人员使用可能会受到影响。如果想获取食品科技SCI来源期刊的影响因子等信息，可以免费通过一些科研论坛网站获取第二手资料，如小木虫论坛。

小木虫是中国最有影响力的学术站点之一，会员主要来自国内各大院校、科研院所的硕士、博士研究生，它是科研工作者的学术资源、经验交流平台。内容涵盖化学化工、生物医药、物理、材料、地理、食品、信息、经管等学科，除此之外还有基金申请、专利标准、留学出国、考硕考博、论文投稿、学术求助等实用内容。

登录小木虫论坛（http：//muchong. com/bbs/index. php），如图 1. 13 所示。找到图中用椭圆标记的“食品板块”并点击。

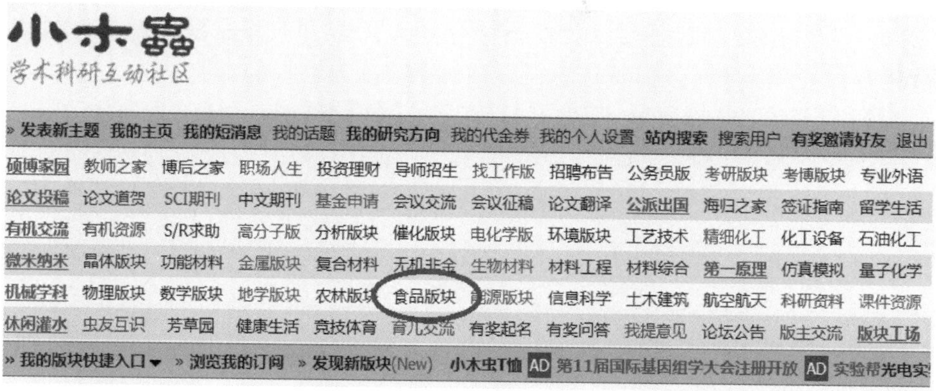

图 1. 13　小木虫论坛页面

进入食品论坛页面后，找到“投稿、资源信息”主题，里面有大量的食品科技 SCI 来源期刊投稿方面的交流信息和各种共享资源，包括每年 JCR 发布的食品科技 SCI 来源期刊的名单、影响因子、期刊分区等信息。

1. 3　食品科技 EI 来源期刊

EI 是 Engineering Index 的简称，中文名称为《工程索引》。被 EI 收录的期刊称为 EI 来源期刊，在 EI 来源期刊上发表的论文称为 EI 期刊论文，被 EI 收录的会议论文称为 EI 会议论文。

EI 是美国工程信息公司（Engineering Information Inc.）于 1884 年创办的著名工程技术类综合性检索系统。截至 2016 年 2 月，收录来自超过 76 个国家的 2129 家出版单位的出版物，包括工程技术期刊论文、会议论文、技术专著等，收录 190 种工程和应用科学领域的数据，学科领域包含化学工程、土木工程、采矿工程、机械工程、电气工程、食品工程等，数据每周更新。

EI 早期出版印刷版、缩微版等产品，1969 年开始提供数据库服务，1995 年推出 Engineering Village，将 EI Compendex 数据库推上互联网。1998 年 Elsevier 收购了 EI，现在 EI Compendex 是 Engineering Village 平台上重要的数据资源。

科技期刊的作者可以通过访问爱思唯尔科技部中国区网站（http：//china. elsevier. com）和爱思唯尔公司英文官方网站（https：//www. elsevier. com/）来了解更多关于 EI 的信息。食品科技期刊的作者可以通过以下途径获取 EI 来源期刊信息。

1.3.1　通过 Elsevier 官方网站获取

EI Compendex 每年会不定期在其网站上公布 Compendex Source List，经常关注 EI 的动态消息，下载其最新来源出版物列表，可以更好地指导食品科技期刊作者投稿。

（1）登录 Elsevier 官方网站（https：//www. elsevier. com/），如图 1. 14 所示。点击左上角用椭圆标记的“MENU”，在弹出的菜单中选择“All Solutions”并点击。

图 1. 14　Elsevier 官方网页

（2）进入 Elsevier Solutions 页面，如图 1. 15 所示。找到图中用椭圆标记的“EI Compendex & EI Backfile”并点击。

DirectCourse ↗
Online curricula for life in community

Drug Acquisition Cost
The most accurate true acquisition cost

Ei Compendex & Ei Backfile
Broadest and most complete engineering literature database, covering 190 engineering disciplines.

Elsevier Performance Manager
Performance and learning management

Elsevier Research Intelligence
Answering the most pressing challenges researchers and research managers face

ElsevierAdvantage.com ↗
Delivering solutions to support your curriculum goals

PaperChem
Covers more than 45 years of the leading reports created for the Paper industry

Pathway Studio
Helps you understand disease mechanisms and predict putative functionality and target-drug interactions

PharmaPendium
Provides researchers with unprecedented access to best in class drug development information

PracticeUpdate® ↗
Relevant content delivered right to your desktop, laptop, tablet, or smartphone

Predictive Acquisition Cost ↗
Deploys a multi-dimensional predictive analytics model to track the acquisition cost of drugs

图 1. 15　Elsevier Solutions 页面

（3）进入 EI Compendex 页面，如图 1.16 所示。点击图中用椭圆标记的“Compendex Source List（April 2016）”，即可下载文件 CPXSourceList_ 04152016_ Web. xlsx，该文件是 2016 年 4 月 15 日更新的 EI 来源出版物列表，包括有食品科技 EI 来源期刊在内的有每个期刊的刊名、ISSN 号、期刊国别、出版商名称等详细信息。

Elsevier > All Solutions > Engineering Village > Content > Compendex

Ei Compendex

Ei Compendex is the broadest and most complete engineering literature database available in the world. It provides a truly holistic and global view of peer reviewed and indexed publications with over 17 million records from 73 countries across 190 engineering disciplines. Every record is carefully selected and indexed using the Engineering Index Thesaurus to ensure discovery and retrieval of engineering-specific literature that engineering students and professionals can rely on. By using Ei Compendex, engineers can be confident information is relevant, complete, accurate and of high quality.

> Contact Sales

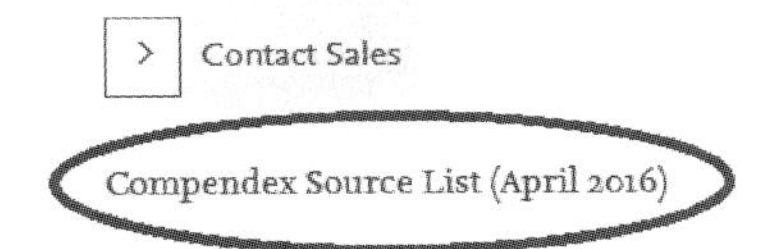

Content sources (and counting*)
- 190 engineering disciplines
- 76 countries
- 2,129 publishers

Content size (and counting*)
- 18.8+ million records >1970
- 10.9 million journal articles
- 6.4 million conference papers

图 1.16　EI Compendex 页面

对 2016 年 4 月 15 日更新的 EI 来源出版物进行整理，提取食品科技期刊，共有 71 种食品科技期刊，如表 1.3 所示。在 71 种 EI 来源出版中，共有 45 种期刊（即 63.4%）的食品科技期刊被 SCI 收录，对于非 SCI 收录的 EI 来源期刊，从投稿录用的难易程度上讲，应该比同时被 SCI 和 EI 收录的期刊容易发表，食品科技期刊作者可以根据论文的效用，合理地选择目标期刊，提高投稿的命中率。

表 1.3　　食品科技 EI 来源期刊名单

序号	期刊名称	ISSN	是否 SCI 收录
1	*Acta Scientiarum Polonorum，Technologia Alimentaria*	1644 – 0730	
2	*Acta Universitatis Cibiniensis – Series E：Food Technology*	1221 – 4973	
3	*Agro Food Industry Hi – Tech*	1722 – 6996	是
4	*American Journal of Food Technology*	1557 – 4571	

续表

序号	期刊名称	ISSN	是否SCI收录
5	*Annals of the University Dunarea de Jos of Galati, Fascicle VI: Food Technology*	1843 – 5157	
6	*Annual Review of Food Science and Technology*	1941 – 1413	是
7	*Applied and Environmental Microbiology*	0099 – 2240	
8	*Biological Engineering Transactions*	1934 – 2799	
9	*Brewing Science*	1866 – 5195	
10	*Carpathian Journal of Food Science and Technology*	2066 – 6845	
11	*Cereal Foods World*	0146 – 6283	是
12	*Cerevisia*	1373 – 7163	
13	*Comprehensive Reviews in Food Science and Food Safety*	1541 – 4337	是
14	*Critical Reviews in Food Science and Nutrition*	1040 – 8398	是
15	*Czech Journal of Food Sciences*	1212 – 1800	是
16	*Dairy Science and Technology*	1958 – 5586	是
17	*Engineering in Agriculture, Environment and Food*	1881 – 8366	
18	*European Food Research and Technology*	1438 – 2377	是
19	*Flavour and Fragrance Journal*	0882 – 5734	是
20	*Food Additives and Contaminants – Part A Chemistry, Analysis, Control, Exposure and Risk Assessment*	1944 – 0049	是
21	*Food Additives and Contaminants: Part B Surveillance*	1939 – 3210	是
22	*Food Analytical Methods*	1936 – 9751	是
23	*Food and Bioprocess Technology*	1935 – 5130	是
24	*Food and Bioproducts Processing*	0960 – 3085	是
25	*Food and Function*	2042 – 6496	
26	*Food Australia*	1032 – 5298	是
27	*Food Biophysics*	1557 – 1858	是
28	*Food Biotechnology*	0890 – 5436	是
29	*Food Chemistry*	0308 – 8146	是
30	*Food Research International*	0963 – 9969	是
31	*Food Reviews International*	8755 – 9129	是
32	*Food Science*	1002 – 6630	
33	*Food Science and Biotechnology*	1226 – 7708	是

续表

序号	期刊名称	ISSN	是否 SCI 收录
34	*Food Science and Technology* (*London*)	1475－3324	
35	*Food Science and Technology International*	1082－0132	是
36	*Food Science and Technology Research*	1344－6606	是
37	*Food Technology and Biotechnology*	1330－9862	是
38	*Grasas y Aceites*	0017－3495	是
39	*Information Technologca*	0716－8756	
40	*INMATEH－Agricultural Engineering*	2068－4215	
41	*Innovative Food Science and Emerging Technologies*	1466－8564	是
42	*International Dairy Journal*	0958－6946	是
43	*International Journal Bioautomation*	1314－1902	
44	*International Journal of Food Engineering*	2194－5764	是
45	*International Journal of Food Properties*	1094－2912	是
46	*International Journal of Food Science and Technology*	0950－5423	是
47	*International Sugar Journal*	0020－8841	是
48	*Japan Journal of Food Engineering*	1345－7942	
49	*Journal of Chinese Institute of Food Science and Technology*	1009－7848	
50	*Journal of Culinary Science and Technology*	1542－8052	
51	*Journal of Environmental Science and Health － Part B Pesticides, Food Contaminants, and Agricultural Wastes*	0360－1234	
52	*Journal of Food Biochemistry*	0145－8884	是
53	*Journal of Food Engineering*	0260－8774	是
54	*Journal of Food Measurement and Characterization*	2193－4126	是
55	*Journal of Food Process Engineering*	0145－8876	是
56	*Journal of Food Processing and Preservation*	0145－8892	是
57	*Journal of Food Quality*	0146－9428	是
58	*Journal of Food Science and Technology*	0022－1155	是
59	*Journal of Loss Prevention in the Process Industries*	0950－4230	
60	*Journal of Sensory Studies*	0887－8250	是
61	*Journal of Sustainable Forestry*	1054－9811	
62	*Journal of Texture Studies*	0022－4901	是

续表

序号	期刊名称	ISSN	是否 SCI 收录
63	*Journal of the Institute of Brewing*	0046－9750	是
64	*Lipid Technology*	0956－666X	
65	*LWT－Food Science and Technology*	0023－6438	是
66	*Meat Science*	0309－1740	是
67	*Membrane Technology*	0958－2118	
68	*Scientific Study and Research: Chemistry and Chemical Engineering, Biotechnology, Food Industry*	1582－540X	
69	*Starch/Staerke*	0038－9056	是
70	*Trends in Food Science and Technology*	0924－2244	是
71	*Turkish Journal of Agriculture and Forestry*	1300－011X	

1.3.2 通过 Engineering Village 平台获取

（1）进入 Engineering Village 检索页面（https://www.engineeringvillage.com），如图 1.17 所示。在第一行的检索框中输入“food”，在 All field 下拉菜单中选择“Subject/Title/Abstract”，点击 Search。

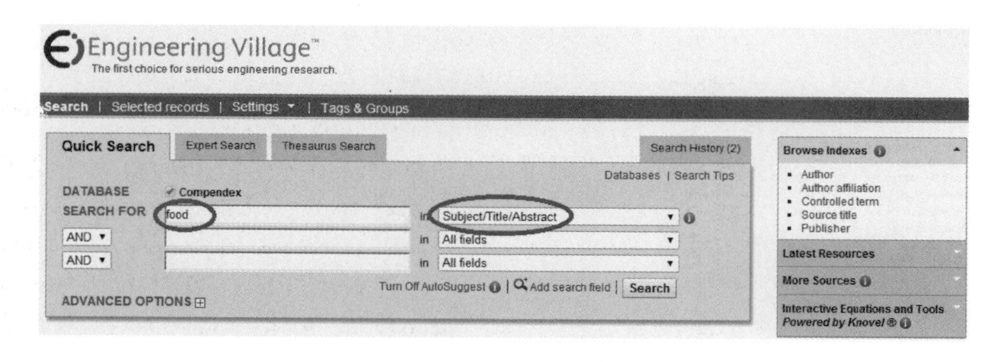

图 1.17　Engineering Village 检索页面

（2）进入检索结果页面，如图 1.18 所示。在图中左侧的 Refine results 列表框中，点击图中用椭圆标记的“Source title”，显示部分食品科技期刊名单，如果想查看更多的名单，则可以点击图中用椭圆标记的“View more”。

（3）系统弹出食品工业领域 EI 收录的期刊名单，如图 1.19 所示。图中用椭圆标记的两种期刊分别为 *Journal of Chinese Institute of Food Science and Technology* 和 *Shipin Kexue/Food Science*，对应的中文名称为《中国食品学报》和《食品科

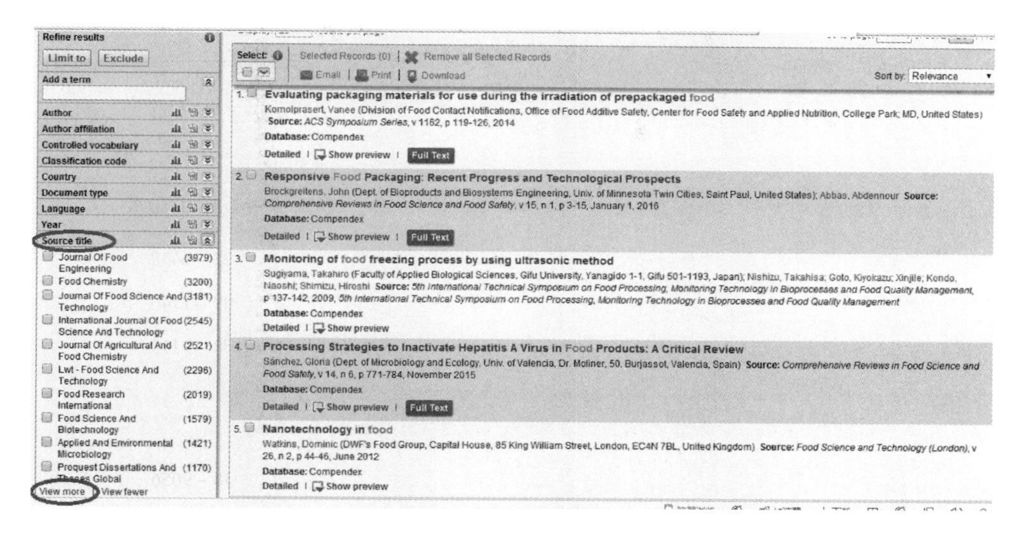

图 1.18　检索结果页面

学》，这是 2016 年 EI 仅收录的我国两种食品科技期刊。如果想进一步了解其他食品科技期刊的信息，如刊号、出版单位等，则可以勾选相关期刊，进入相关期刊被收录论文的索引页面，进一步获取所需信息。

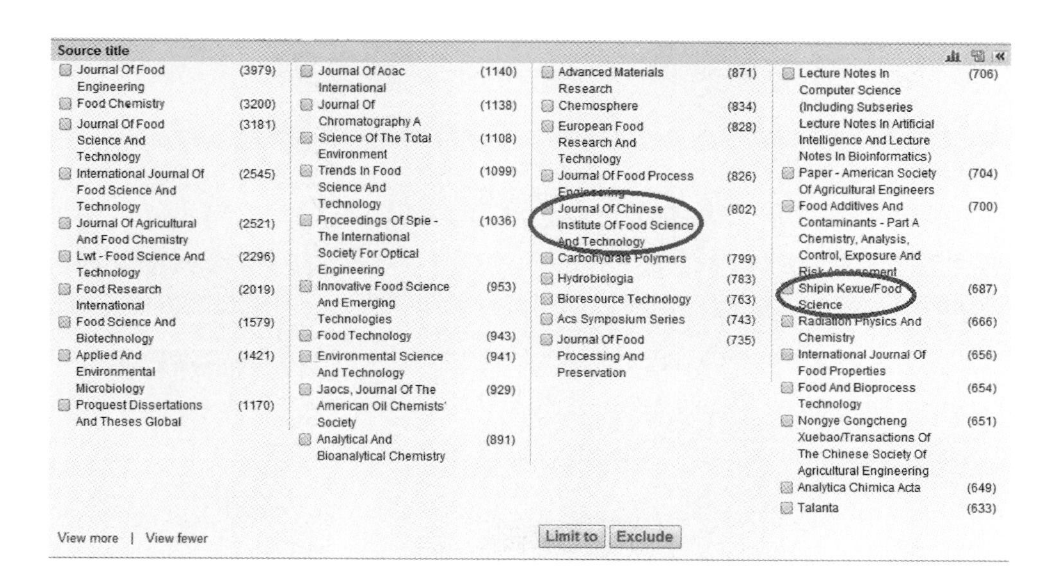

图 1.19　EI 收录的食品科技期刊名单

1.3.3　通过相关学会网站获取

科技期刊出版单位、科研人员对科技期刊被国外重大检索数据库收录的情况一直非常关注，对此有关学会专门成立相关部门，并组织专业人员负责国外数据库的收录跟踪工作，及时发布国外各种数据库的收录变化情况。如中国高校科技期刊研究会对外联络工作委员会和中国科技期刊编辑学会国际交流工作委员会不定期地发布有关收录情况，供科技期刊编辑与科研人员参考。图 1.20 是中国高校科技期刊研究会的主页（http：//www. cujs. com/），图中用长方形框标记的是“国际检索”板块，专门发布相关数据库的收录信息，其中包括 EI、SCI 等重要的收录信息。通过这些信息可以进一步获取每种期刊的基本信息，如 ISSN 号、影响因子、出版商等。

图 1.20　中国高校科技期刊研究会主页

需要说明是，使用 Engineering Village 平台是收费的，需要单位购买使用权。通过 Elsevier 官方网站获取和通过中国高校科技期刊研究会网站获取相关期刊的信息是免费的，科研人员可以根据实际情况灵活选择获取途径。

1.4　食品科技 Open Access 期刊

Open Access 可译为开放存取或者开放获取，简称 OA，是指将学术信息资源放到互联网上，任何人可以免费获得，而不需考虑版权或注册的限制。20 世纪 90 年代末，以自由扩散科学成果为主题的自由科学运动提出了开放获取的思想和倡议，之后，越来越多的人意识到开放获取将在科学成果传播中发挥重要的作用。2001 年 12 月布达佩斯开放获取倡议（Budapest Open Access Initiative，BOAI）对开放获取的内涵、标准及组织形式等进行了阐述，并提出了两种开放获取策略，即建立自我存档（Self - archiving）和创办开放获取期刊（Open

Access Journals)。OA 期刊是 BOAI 的主要内容，也是国内外研究人员所关注的焦点。

OA 期刊具有以下特征：期刊全文免费提供给全世界所有的读者使用；期刊论文必须是经过同行评议的；作者拥有版权；读者利用上没有经济、法律、技术的限制；读者有永久地获取、复制传播、向公众展示作品、传播派生作品、以合理的目的将作品复制到任何形式的数字媒介上的权利，以及用户制作少数印本作为个人使用的权利；期刊实行创作共享或其他相关协议；有明确的开放存取政策（免费使用、自存储、著作权、长期保存等）；遵循 OAI－PMH 协议；期刊论文要能长期保存。

SCI 收录的 OA 期刊从 2001 年的 149 种，发展到 2015 年的 1090 种，增长了 6 倍多。这说明 OA 期刊已逐渐被科技研究人员接受，只要 OA 期刊的学术水平高，专业领域内的专家认可，论文发表快，作者是愿意使用科研经费或者自己支付出版费用的。OA 期刊发文快，周期短，影响力广，越来越多的作者开始选择以 OA 的方式发表文章。

本节中，拟对食品科技 OA 期刊进行全面的梳理，供食品科技期刊作者参考。

1.4.1　通过 JCR 收集 SCI 来源 OA 期刊

通过 Journal Citation Reports 收集食品科技 SCI 来源 OA 期刊的步骤见“1.2.2 通过 Journal Citation Reports 数据库获取”，只增加一个检索条件，在 Open Access 前面的选择框中划上勾。2015 年的 JCR 自然科学版共收录了 9 种食品科技 SCI 来源 OA 期刊，如表 1.4 所示。

表 1.4　食品科技 SCI 来源 OA 期刊

序号	期刊名称	ISSN	影响因子
1	*Food & Nutrition Research*	1654－6628	3.226
2	*Agricultural and Food Science*	1459－6067	1.588
3	*Food Technology and Biotechnology*	1330－9862	1.179
4	*Grasas Y Aceites*	0017－3495	0.827
5	*Food Science and Technology*	0101－2061	0.729
6	*Czech Journal of Food Sciences*	1212－1800	0.728
7	*Emirates Journal of Food and Agriculture*	2079－052X	0.623
8	*Italian Journal of Food Science*	1120－1770	0.504
9	*Listy Cukrovarnicke A Reparske*	1210－3306	0.317

1.4.2 通过 DOAJ 收集 OA 期刊

DOAJ 是 *Directory of Open Access Journals* 的简称，中文名称为开放获取期刊目录。DOAJ 是由瑞典隆德大学（Lund University）图书馆 2003 年创建的，目前是全球最大、最知名的开放获取期刊网络平台。DOAJ 对收录期刊需进行严格评估，仅收录具有同行评议机制的刊登原始研究论文或基于研究结果的专题综述文章的学术期刊。一般认为，DOAJ 收录的期刊必须是高质量的、开放获取的、同行评议过的学术期刊，属于目前最好的 OA 期刊目录网站。

通过 DOAJ 获取食品科技 OA 期刊的步骤如下所述。

（1）登录 DOAJ 的主页（https：//doaj. org/），如图 1. 21 所示。图中用椭圆标记的部分显示：9187 Journals，6375 searchable at Article level，130 Countries，2274022 Articles。以上是 2016 年 8 月 30 日的数据，这些数据是动态变化的。点击 Advance Search 进入高级检索。

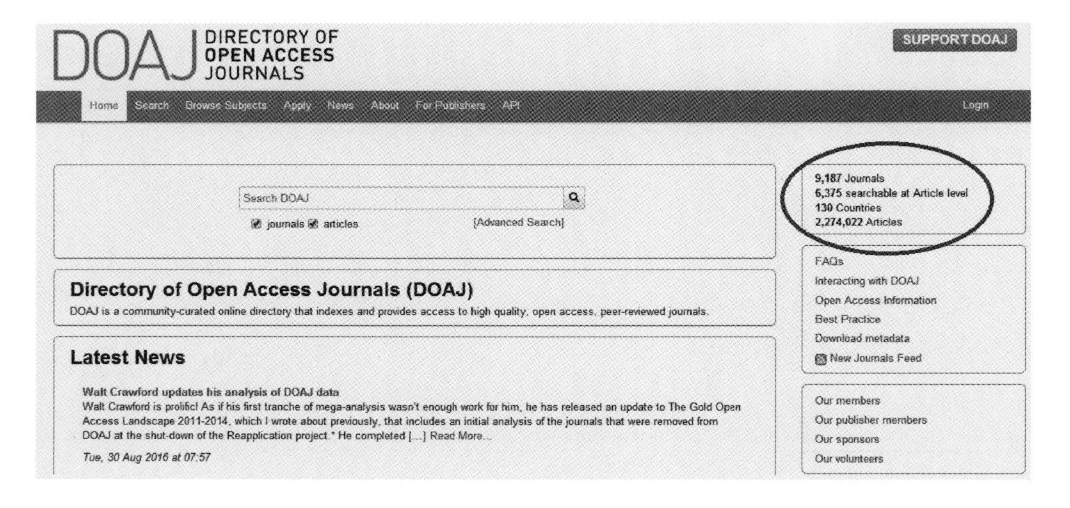

图 1. 21　DOAJ 的主页

（2）进入高级检索页面，如图 1. 22 所示。在图中用椭圆标记的检索框中的下拉菜单中选择“Journal：Alternative title”，并输入检索词“food”，即可检索到刊名中含有“food”的所有 OA 期刊。检索结果包括期刊的基本信息，如刊名、ISSN 号、网址、进库时间等，同时，还提供了期刊的出版费用，如图中用椭圆标记的“APC：2400USD”。表明在该刊上发表一篇论文需要支付 2400 美元。

DOAJ 收录的主要食品科技 OA 期刊如表 1. 5 所示。

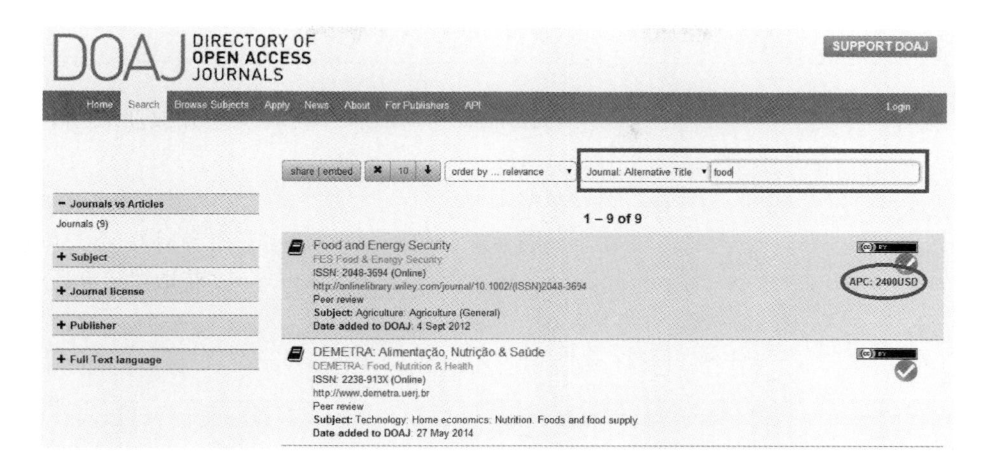

图 1.22　DOAJ 的高级检索页面

表 1.5　　DOAJ 收录的主要食品科技 OA 期刊

序号	期刊名称	ISSN
1	*Food and Energy Security*	2048 – 3694
2	*DEMETRA: Alimentação, Nutrição & Saúde*	2238 – 913X
3	*Carpathian Journal of Food Science and Technology*	2066 – 6845
4	*Agriculture & Food Security*	2048 – 7010
5	*Alimentos e Nutrição*	0103 – 4235
6	*Penelitian Gizi dan Makanan*	0125 – 9717
7	*Media Ilmiah Teknologi Pangan*	2407 – 3814
8	*Italian Journal of Food Safety*	2239 – 7132
9	*Journal Gizi dan Pangan*	1978 – 1059

1.4.3　通过出版商数据库收集 OA 期刊

科技论文的开放获取已势不可挡，越来越多的出版商创办了 OA 期刊，或者将原来的期刊改成了 OA 期刊，或者将原来的期刊变成了部分 OA 期刊（混合 OA 期刊），供作者自由选择出版模式。表 1.6 列举了国际主要学术出版商出版 OA 期刊的情况，可以感受到 OA 期刊发展势头强劲。

表 1.6　　国际主要学术出版商的 OA 期刊数量

出版商	期刊总数	OA 期刊数	混合 OA 期刊数
Elsevier（ScienceDirect）	3205	515	2158
SpringerLink	3149	233	1600 +

续表

出版商	期刊总数	OA 期刊数	混合 OA 期刊数
Wiley – Blackwell	2372	58	1300
Taylor & Francis	2675	72	2215
Nature Publishing Group	133	41	40
Oxford University Press	391	33	大部分
BMJ Group	60	13	46
BioMed Central	305	305	0
Hindawi	405	405	0
PLoS	8	8	0
MDPI	158	158	0

注：数据截至 2016 年 2 月，摘自参考文献［12］。

下面以 ScienceDirect 数据库为例，检索 Elsevier 出版的食品科技 OA 期刊与混合 OA 期刊，具体步骤如下所述。

（1）登录 ScienceDirect 数据库主页（http：//www. sciencedirect. com/），如图 1. 23 所示。点击网页上部的用椭圆标记的“Journals”，进行期刊检索。

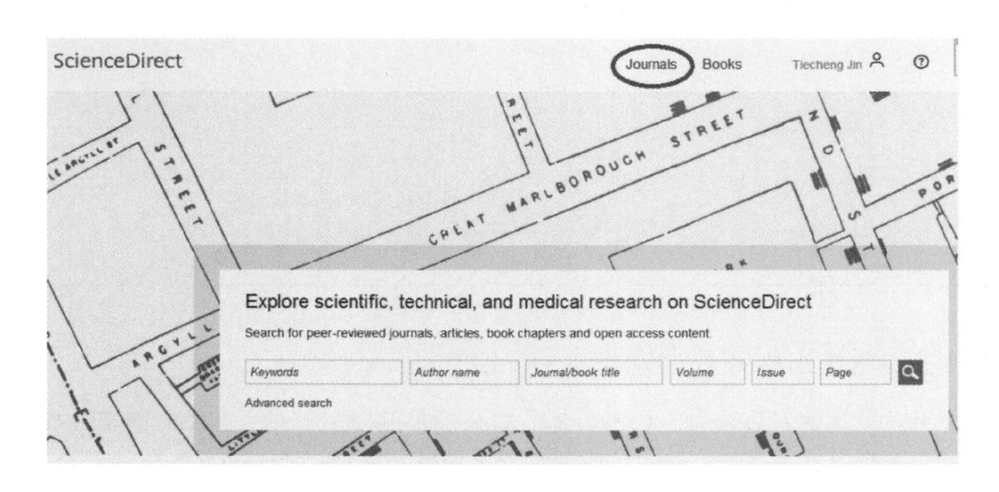

图 1. 23　ScienceDirect 数据库主页

（2）进入高级检索页面，如图 1. 24 所示。先在图中左侧用方框标记的学科选择列表中，依次点击 Life sciences、Agricultural and Biological Sciences，选择用椭圆标记的“Food Sciences”，再在图中右上部的 All access types 中选择用椭圆标记“Open Access journals”，点击 Apply 进行检索。共检索到 8 种食品科技 OA 期刊。

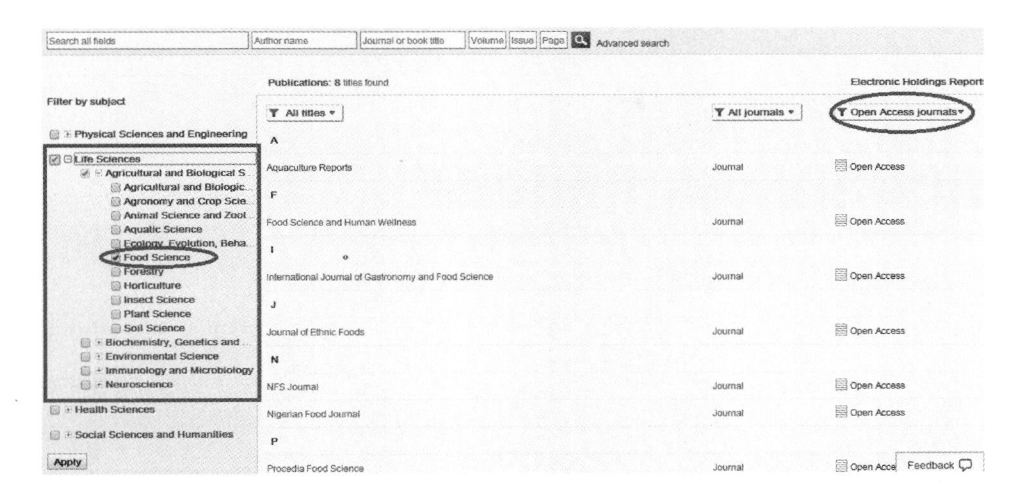

图 1.24　食品科技 OA 期刊检索页面

（3）在上一步的基础上，更换期刊的获取方式，将“Open Access journals”更换为“Contains Open Access”，如图 1.25 所示，共检索 37 种食品科技混合 OA 期刊。

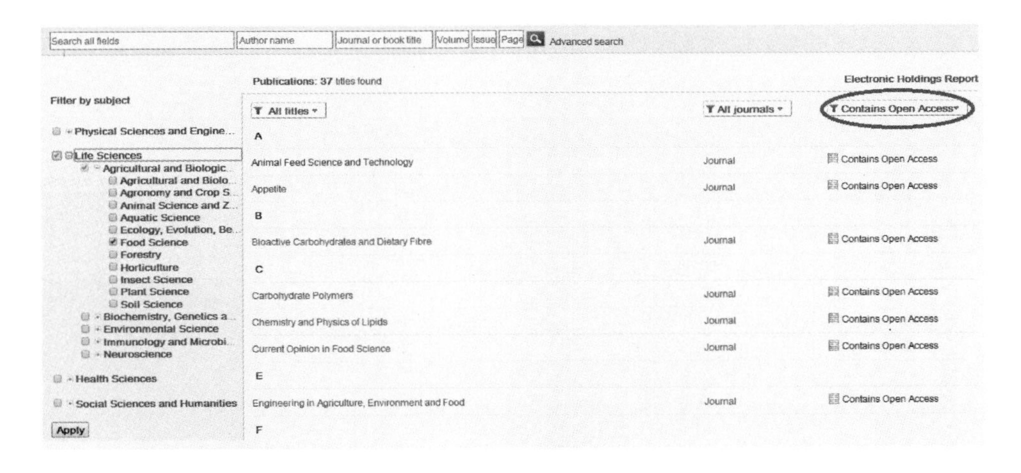

图 1.25　食品科技混合 OA 期刊检索页面

Elsevier 公司出版的食品科技 OA 期刊共有 8 种，如表 1.7 所示。其中 *Food Science and Human Wellness* 是由北京食品科学研究院主办，Elsevier B. V. 生产和托管。

表 1.7　　Elsevier 公司出版的食品科技 OA 期刊

序号	期刊名称	ISSN
1	*Aquaculture Reports*	2352－5134
2	*Food Science and Human Wellness*	2213－4530
3	*International Journal of Gastronomy and Food Science*	1878－450X
4	*Journal of Ethnic Foods*	2352－6181
5	*NFS Journal*	2352－3646
6	*Nigerian Food Journal*	0189－7241
7	*Procedia Food Science*	2211－601X
8	*Wine Economics and Policy*	2212－9774

Elsevier 公司出版的食品科技混合 OA 期刊共有 37 种，如表 1.8 所示。在这 37 种混合 OA 期刊中有 23 种是被 SCI 收录的（以 2015 年的 JCR 为标准），这对于食品科技期刊的作者来说是件好事，一般来说，如果作者选择 OA 出版，出版周期会相对短些。

表 1.8　　Elsevier 公司出版的食品科技混合 OA 期刊

序号	期刊名称	ISSN	SCI 是否收录
1	*Animal Feed Science and Technology*	0377－8401	
2	*Appetite*	0195－6663	
3	*Bioactive Carbohydrates and Dietary Fibre*	2212－6198	
4	*Carbohydrate Polymers*	0144－8617	
5	*Chemistry and Physics of Lipids*	0009－3084	
6	*Current Opinion in Food Science*	2214－7993	
7	*Engineering in Agriculture，Environment and Food*	1881－8366	
8	*Food and Bioproducts Processing*	0960－3085	是
9	*Food and Chemical Toxicology*	0278－6915	是
10	*Food Chemistry*	0308－8146	是
11	*Food Control*	0956－7135	是
12	*Food Hydrocolloids*	0268－005X	是
13	*Food Microbiology*	0740－0020	是
14	*Food Policy*	0306－9192	是
15	*Food Quality and Preference*	0950－3293	是
16	*Food Research International*	0963－9969	是

续表

序号	期刊名称	ISSN	SCI 是否收录
17	*Global Food Security*	2211 - 9124	是
18	*Innovative Food Science & Emerging Technologies*	1466 - 8564	是
19	*International Dairy Journal*	0958 - 6946	是
20	*International Journal of Food Microbiology*	0168 - 1605	是
21	*International Journal of Refrigeration*	0140 - 7007	
22	*Journal of the Academy of Nutrition and Dietetics*	2212 - 2672	
23	*Journal of the American Dietetic Association*	0002 - 8223	
24	*Journal of Cereal Science*	0733 - 5210	是
25	*Journal of Dairy Science*	0022 - 0302	是
26	*Journal of Food Composition and Analysis*	0889 - 1575	是
27	*Journal of Food and Drug Analysis*	1021 - 9498	是
28	*Journal of Food Engineering*	0260 - 8774	是
29	*Journal of Functional Foods*	1756 - 4646	是
30	*Journal of Nutrition Education and Behavior*	1499 - 4046	
31	*Journal of Stored Products Research*	0022 - 474X	
32	*LWT - Food Science and Technology*	0023 - 6438	是
33	*Meat Science*	0309 - 1740	是
34	*Pharma Nutrition*	2213 - 4344	
35	*Postharvest Biology and Technology*	0925 - 5214	是
36	*Progress in Lipid Research*	0163 - 7827	
37	*Trends in Food Science & Technology*	0924 - 2244	是

1.5 食品科技期刊详细投稿信息

通过上面的学习，食品科技期刊的作者已具备了全面收集本专业期刊的能力，对食品科技领域的中文、英文期刊，SCI 来源期刊、非 SCI 来源期刊，EI 来源期刊、非 EI 来源期刊，OA 期刊、非 OA 期刊有了一个全面的了解。如果想对某些期刊进行更深入的了解，如想了解详细情况并准备投稿，就必须找到真实、可靠的期刊网站，而不是期刊的假冒网站。本节中，传授大家几种实用可靠的方法，在已知期刊名称、ISSN 号的情况下，如何找到期刊的真实信息而不是虚假的信息。为了方便大家查看、查找相关食品科技期刊，本书作者对食品科技中文、SCI 来源期刊的投稿信息进行了全面整理。

1.5.1 期刊个刊详细信息获取途径

当今作者获取和阅读文献的习惯已发生转变，大多数人喜欢阅读单篇的电子文献，很少有人阅读整本纸质期刊的，甚至就找不到所要阅读的纸质期刊。作者想要获取期刊的基本信息，如期刊的网址等，只能靠搜索引擎上网搜索。通过百度搜索引擎对某一科技期刊进行搜索，排在前面的往往不是该期刊的官方网站，这是由于百度公司的竞价排名商业模式造成的，科技期刊的作者对此要有清醒的认知。自称是官方的不一定是官方网站，没有“官网”字眼不一定不是官方网站。因此，在用期刊刊名搜索时，凡是搜索结果中带有“推广”“推广链接”的所谓的期刊官方网站都可以不予理会，带有“百度快照”的链接可以打开，加以甄别。看该网站的联系方式中有没有固定电话，如果没有，肯定是假冒的，因为假冒网站是不敢留下固定电话的。再有一点就是，如果网站提供的交审稿费和版面费的账号不是对公账号，而是个人账号，那么该网站肯定也是假冒的。

科技期刊的纸本信息是真实可靠的，若作者手头没有纸质期刊，可以通过以下两种方式从互联网上获取刊物的纸本信息。

（1）上中国知网，万方数据、重庆维普等期刊全文数据库检索相关科技期刊的稿约、征稿简则等，因为科技期刊经常刊登这些信息，以便作者查阅，方便作者获取投稿信息。

（2）通过中国知网找到相关科技期刊，查看期刊的原版封面、版权页、目次页等。具体操作如下：首先，进入中国知网的主页，以“文献来源”为检索入口，在中间的检索框中输入相应的科技期刊名称，点击检索；然后，点击检索结果中的科技期刊名称，进入相关期刊的页面，该页面上有期刊的主办单位、刊期、刊号等信息，但是，没有期刊的电话、电子邮箱等信息。最后，在右侧的刊期栏中选择最新的一期，点击网页中间的“原版目录页浏览”，就可以看到期刊的封面、版权页等的图片，期刊的电话、网址、邮箱等重要信息都可以看到。

以上是中文科技期刊网站的获取方法，对于英文科技期刊而言，建议用期刊名称＋ISSN号在谷歌等搜索引擎上搜索，先找到科技期刊的网站，再查看详细的投稿信息。

英文科技期刊也有假冒网站，科技期刊作者也应注意防范，特别是给OA期刊投稿的作者。2015年11月21日搜狐微信公众平台发表了解螺旋的编译文章《警惕！学术期刊网站遭遇大范围黑客袭击》，文章分析了学术期刊遭到假冒的原因。长期以来，学术期刊网站都没有受到网络犯罪分子的注意，为何近来会突然大批被黑呢？首先归因于现今的在线出版规模——去年超过20000种期刊出版了超过200万篇的数字文章；第二是资金流入途径的转变。虽然这个价值100亿美元产业的大部分收入还是来自图书馆订阅等途径，但开放获取出版收费占据着越来越多的比例，在该模式下，被接收论文的作者会对文章的出版提前付费，这部分费用在去年约有2.5亿美元并有望在几年内翻倍。现金流的大幅上涨加上学术期刊网站安全等级偏低，使许多学术出版商成为了被攻击的对象。

1.5.2 中文食品科技详细投稿信息

为了便于广大食品科技领域的作者、读者和图书情报人员详细地了解我国食品科技期刊的基本情况，根据2016年版的《中国学术期刊影响因子年报（自然科学与工程技术）》《中国科技期刊引证报告：核心版．自然科学卷》和2014年版的《中文核心期刊要目总览》，收集整理了我国中文食品科技期刊的基本信息。这些基本信息包括：期刊封面图片、影响因子、英文刊名、主办单位、CN刊号、ISSN刊号、邮政编码、地址、电话、电子信箱、网址、邮发代号。

需要特别说明的有以下几点。

每种期刊都附上了最新的封面图片，让读者有一种如见实物的亲切感。期刊封面好比人的脸面，都有各自的特征，这些特征体现在封面的版式设计上，包括刊名的字体、字号、颜色等。在网络检索非常便捷的今天，恐怕好多读者阅读了某种期刊的大量单篇论文，但并不知道该期刊的封面是什么样，那就好好看看自己喜欢的期刊吧。

影响因子的数据来自2016年版的《中国学术期刊影响因子年报（自然科学与工程技术）》，是期刊的复合影响因子，这一数据是动态变化的，每年的数值都不一样。列出影响因子的目的是让读者了解期刊的学术影响力。一般来说，某种期刊的影响因子越高，其学术影响力就越大。

除了影响因子外，期刊的其他信息一般是多年不变的，甚至是终身不变的。这些信息都经过了认真的核实，有些是最新的信息。希望这些信息对于读者选择期刊、作者投稿、图书情报人员征订期刊有所帮助。

本书作者共收集整理了我国出版的54种中文食品科技期刊的详细信息，并以期刊名称有汉语拼音为序进行了排列。54种中文食品科技期刊的详细投稿信息见附录1。

1.5.3 SCI来源期刊详细投稿信息

广大期刊作者掌握了上面介绍的获取的食品科技SCI来源期刊的方法，就能够轻松地找到自己所需要的期刊的相关信息。为了节省期刊作者的时间，也为了更好地让作者查看、对比相关食品科技SCI来源期刊，本书作者根据2015年的JCR－Science Edition，收集整理了125种食品科技SCI来源的详细投稿信息，具体包括：刊名的全称、影响因子、ISO缩写刊名、JCR缩写刊名、ISSN号、每年出版期数、语种、所属国家/地区、出版机构、出版机构地址、JCR分区、中科院小类分区、期刊网址。

本书作者对每条信息都经过了反复的核对，确保准确无误，期刊的网址链接均一一进行了登录验证。所列的影响因子是2015年的JCR－Science Edition所发布的数据，该数据是动态变化的，每年6月中旬由汤森路透公司定期发布，每年9月再修正补充一次。期刊的其他信息一般说来是不经常变的，有的甚至长期不变。

如果期刊作者和读者想核实或者获取最新的期刊信息，可自己通过谷歌等搜索引擎查找，或者通过访问专业编辑网站（如LetPub上海分公司）来获取。

本书作者共收集整理了125种食品科技SCI来源期刊的详细投稿信息，并以期刊全称的英文字母为序进行了排列。125种食品科技SCI来源期刊的详细投稿信息见附录2。

2　如何选择合适的食品科技期刊

通过前面章节的学习，食品科技期刊作者对食品科技领域的专业期刊有了一个全面的了解，面对好几十种中文期刊、上百种英文期刊，到底该选择哪一种期刊或哪几种期刊呢?

作者选择期刊时，首先应关注的是期刊的用稿范围。作者论文的研究内容应符合拟投期刊的用稿范围，符合期刊的办刊宗旨，这是选择期刊的首要依据。只有满足这一条件，才能保证论文最终能得以发表。除了必须满足这一基本要求外，一般来说，期刊作者选择期刊的依据还有以下几种。

（1）论文的发表效用　期刊作者选择期刊时，必须明白此论文发表后是用来干什么用的，如学位授予、职称评定、业绩考核等，因为不同的用途对论文发表的期刊有不同的要求，比如有的要求是中文核心期刊，有的要求是 EI 来源期刊或者 SCI 来源期刊、有的要求期刊有一定的影响因子等。因此，选择期刊时，期刊的等级、影响因子等因素必须考虑。

（2）论文的发表速度　发表速度快的期刊受人欢迎，但是受期刊的出版周期、期刊容量等客观条件的限制，论文的发表速度很难满足每位期刊作者的需要。期刊作者必须考虑期刊正常的出版时滞、出版周期等因素，保证论文在自己预计的时间内发表，不耽误自己拿学位、评职称等大事。

（3）论文的出版费用　论文的出版费用主要包括审稿费、版面费、加急出版费等，对于没有经济来源的研究生作者来说，OA 期刊论文的出版费用更是一笔不小的支出。作者选择期刊时，对目标期刊的这几项费用的收取标准应了解清楚，同时应向研究生导师或者项目负责人问清楚论文的出版费用是否可以报销，以免出现论文录用了而交不起出版费用的尴尬局面。

（4）论文的录用概率　论文的录用率一直是期刊作者想知道的而期刊又秘而不宣的指标，理论上讲，期刊的录用率与期刊的整体学术质量存在一定的负相关性。为了提高论文的录用率，作者选择目标期刊时应考虑自己论文引用期刊的情况，在被引期刊中选择目标期刊是不错的办法。

一般地说，合适的科技期刊是指出版费用低、发表速度快、论文录用率高、能满足作者发表效用的期刊。每个作者的具体情况不同，对这几项的要求也不一样，能同时满足这几项的期刊不多。总之，适合作者自己的期刊就是好期刊。

本章中，本书作者将围绕科技期刊的等级、期刊评价指标、期刊出版指标、期刊出版费用等内容，向科技期刊作者，特别是研究生作者，阐述如何选择合适自己的科技期刊并普及一些期刊出版常识。

2.1 依据食品科技期刊等级划分来选择

食品科技期刊的作者平时在翻阅纸质期刊或者在阅读期刊的广告宣传页时，肯定会发现每种期刊都或多或少地标出了该期刊是某种核心期刊，是某种来源期刊，被某种数据库收录，获得了某种奖励，如图2.1与图2.2所示，这些信息在图中已用方框标记。期刊的这些头衔和荣誉是期刊综合质量的体现，是期刊等级的反映，也是期刊作者选择目标期刊的依据之一。

图2.1 《中国食品学报》封面截图

图2.2 《食品科学》封面截图

2.1.1 核心期刊与非核心期刊

《中文核心期刊要目总览》给核心期刊的定义是，刊载某学科（或专业）论文较多，能够反映该学科最新成果和前沿动态，使用率（包括被引率、文摘率、流通率等）较高，学术影响力较大，受到该学科（或专业）读者重视的期刊。通俗地讲，核心期刊就是学术水平高、学术影响力大、读者与作者都认可的好期刊，没有进入核心期刊目录的期刊为非核心期刊。

目前，在我国自然科学领域，影响力比较大的核心期刊目录有北京大学图书馆等单位研制的中文核心期刊目录，中国科学技术信息研究所评定的中国科技核心期刊（中国科技论文统计源期刊）目录，武汉大学中国科学评价研究中心（RCCSE）等单位研制的RCCSE权威、核心学术期刊目录。这3个核心期刊目录的基本情况如下。

（1）中文核心期刊　北京大学图书馆主持的中文核心期刊遴选，是国内起步较早、影响最为广泛的核心期刊评价。迄今为止，共进行了7次较大规模的遴选，每次遴选结果均以参考工具书《中文核心期刊要目总览》的形式由北京大学出版社出版，分别为1992年版、1996年版、2000年版、2004版、2008年版、2011年版和2014年版。2014年版的核心期刊评价继续采用了文献定量评价与专家定性评价相结合的方法。定量评价共选用了被索量、被摘量、被引量、他引量、被摘率、影响因子、他引影响因子、被重要检索系统收录、基金论文比、Web下载量、论文被引指数、互引指数12个评价指标，选作评价指标统计源的数据库及文摘刊物达50余种。统计2009—2011年的文献量65亿余篇次，涉及期刊14700余种。定性评价共有3700多位学科专家参加了核心期刊定性评审工作。经过定量评价和定性评审，从我国正在出版的中文期刊中评选出1983种核心期刊，分属7大编74个学科类目。

有关食品科技中文核心期刊的具体情况已在第1章中详细阐述，这里不再赘述。

（2）中国科技核心期刊　中国科学技术信息研究所受国家科学技术部的委托，自1987年开始从事中国科技论文统计与分析工作，建立了中国科技论文与引文数据库，并利用该数据库的数据，每年对中国科研产出状况进行各种分类统计与分析，以年度报告和新闻发布的形式定期向社会公布统计分析结果。中国科技论文与引文数据库选择的期刊称为中国科技论文统计源期刊，又称中国科技核心期刊。基于中国科技论文与引文数据库的《中国科技期刊引证报告》（CJCR）选用的是中国科技论文统计源期刊，这些统计源期刊的选取经过了严格的同行评议和定量评价，并每年进行调整。自1997年起，《中国科技期刊引证报告》每年定期出版，截至2016年，《2016年版中国科技期刊引证报告：核心版．自然科学卷》共收录期刊1985种。中国科技论文统计源期刊选取的是中国各学科领域中较重要的、能反映本学科发展水平的科技期刊。

《中国科技期刊引证报告》每年由中国科学技术信息研究所发布，并由科学技术文献出版社出版发行，期刊作者与读者可以购买或者到图书馆借阅此书。《2016年版中国科技期刊引证报告：核心版．自然科学卷》共收录食品科学技术类期刊24种，具体名单如表2.1所示。

表 2.1 食品科学技术类中国科技核心期刊名单

期刊名称（以汉语拼音为序）	核心影响因子	核心评价总分
包装与食品机械	0.734	29.69
河南工业大学学报（自然科学版）	0.326	34.22
粮食与饲料工业	0.269	19.85
酿酒科技	0.409	10.86
乳业科学与技术	0.378	39.06
食品安全质量检测学报	0.554	28.85
食品工业科技	0.566	52.18
食品科学	0.889	86.42
食品科学技术学报	0.564	51.43
食品研究与开发	0.365	32.10
食品与发酵工业	0.558	49.32
食品与发酵科技	0.338	27.38
食品与机械	0.671	34.70
食品与生物技术学报	0.529	48.24
食用菌学报	0.511	44.85
现代食品科技	0.793	55.05
中国粮油学报	0.708	51.01
中国酿造	0.577	36.48
中国乳品工业	0.266	22.46
中国食品添加剂	0.397	32.35
中国食品学报	0.761	59.26
中国食物与营养	0.466	37.00
中国调味品	0.374	15.40
中国油脂	0.570	35.67

（3）RCCSE 权威、核心学术期刊　《RCCSE 中国学术期刊评价研究报告》（以下简称《RCCSE 期刊评价报告》）由武汉大学中国科学评价研究中心（Research Center for Chinese Science Evaluation，缩写 RCCSE）、武汉大学图书馆、中国科教评价网（www.nseac.com）共同研制的。于 2009 年 3 月联合国内外多家科研机构正式推出第 1 版，随后于 2011 年、2013 年、2015 年分别推出第 2 版、第 3 版和第 4 版。在十多年的努力中，研制组在评价方法、评价指标、评价系统的理论研究和实践应用方面均取得了重要突破，已经形成了相对成熟完善的科学

评价体系。为进一步推进中国学术期刊质量评价事业的发展，伴随着每一版的推出，研制组都联合中国科学院自然科学期刊编辑研究会、全国高校文科学报研究会、中国科学与科技政策研究会、中国人民大学报刊资料中心、中国科学技术信息研究所、中国社会科学院中国社会科学评价中心、武汉大学中国科学评价研究中心（RCCSE）、清华大学中国学术期刊（光盘版）电子杂志社、北京大学图书馆、南京大学中国社会科学研究评价中心、中国科教评价网（www. nseac. com）等十多家单位组织举办中国学术期刊质量与发展大会，在出版界、学术界和科研管理界均产生了重要影响。到目前为止，已有2000多家出版机构和500多个科研管理部门将《RCCSE期刊评价报告》的期刊评价结果作为办刊质量评估和科研评定的重要参考依据和标准。

2017年1月12日，中国学术期刊评价研究项目组已完成了《中国学术期刊评价研究报告（武大版）（2017—2018）》（第5版）的研制工作，并于当日通过中国科教评价网正式对外发布本次评价结果。

第5版报告的评价研究工作由中文学术期刊的评价、高职高专成高院校学报的评价和中文OA学术期刊的评价三个部分构成。每个部分均从学术期刊信息征集、学术期刊评价对象的筛定、学术期刊的学科分类、评价指标和权重研究、数据整理和分析、基于定量计算的初步排序、基于系统的专家-学者-办刊人定性调查、基于定量和定性结合的系统自动排序分级、专家定性评审、形成专家评审后的结果榜单等程序完成各部分的评价研制工作。第一部分即中文学术期刊评价部分共收录6193种中文学术期刊，经过65个学科的分类评价共得到326种权威学术期刊（A^+等级）、1566种核心学术期刊（A和A^-等级）、1841种准核心学术期刊（B^+等级）、1829种一般学术期刊（B等级）和631种较差学术期刊（C等级）；第二部分即高职高专成高院校学报的评价部分共收录302种高职高专成高院校学报，经过2个综合学科类的分类评价共得到91种核心高职高专成高院校学报，其中A等级15种、A^-等级76种，91种准核心学报（B^+等级），90种一般学报（B等级）和30种较差学报（C等级）；第三部分即中文OA学术期刊评价部分共收录125种中文OA学术期刊，经5个综合学科的分类评价共得到38种核心OA期刊，其中A等级25种，A^-等级13种，准核心OA期刊37种，一般OA期刊36种和较差OA期刊14种。

以前各版的《中国学术期刊评价研究报告（武大版）》均由科学出版社出版发行，想了解详细情况的科技期刊作者可以购买或者到图书馆借阅此书。最新版即《中国学术期刊评价研究报告（武大版）（2017—2018）》（第5版）有待出版发行，科技期刊作者可以登陆“RCCSE中国学术期刊信息征集系统”（http：//qk. nseac. com/）了解详细情况。食品科技中文期刊在第5版的《中国学术期刊评价研究报告（武大版）（2017—2018）》中情况如表2.2所示，有2种为权威学术期刊，其余12种为核心学术期刊。

表 2.2　　食品科技类 RCCSE 权威、核心学术期刊

排名	期刊名称	水平
1	食品科学	A^+
2	现代食品科技	A^+
3	中国粮油学报	A^+
4	食品科学技术学报	A
5	中国食品学报	A
6	包装与食品机械	A
7	食品工业科技	A
8	食品与机械	A
9	中国油脂	A
10	食品与发酵工业	A
11	保鲜与加工	A^-
12	食品科技	A^-
13	食品与生物技术学报	A^-
14	中国酿造	A^-
15	中国乳品工业	A^-
16	中国调味品	A^-

注：A^+代表权威期刊；A 和 A^-代表核心期刊。

2.1.2　来源期刊与非来源期刊

科技期刊被国内外文摘数据库或全文数据库收录，就成了这些数据库的来源期刊。由于数据库收录期刊往往有严格的评审程序、严密的量化指标，期刊若被某些国际上的重要数据库收录，则表明期刊具有较高的学术水平，如 SCI、EI 等。因此，来源期刊比非来源期刊往往更受期刊作者的青睐。对于食品科技期刊而言，目前国内外比较有影响力的数据库有 CSCD、SCI、EI、CA、FSTA 等，相应地，来源期刊有以下几种。

（1）CSCD 来源期刊　中国科学引文数据库（*Chinese Science Citation Database*，简称 CSCD）是由中国科学院文献情报中心研制的大型数据库，它具有建库历史最为悠久，专业性强，数据准确规范，检索方式多样、完整、方便等特点，自创建以来，深受用户好评，被誉为“中国的 SCI”。中国科学引文数据库与 Thomson Reuters 公司合作，将中国科学引文数据库搭载在 Web of Science 平台上，实现与 SCI 数据库的整合检索，为从世界看中国，从中国看世界提供信息发现服务。

自1994年以来，中国科学引文数据库已逐渐开发了自己的核心产品（中国科学引文数据库的网络版、光盘版以及印刷版）并面向社会提供各种服务。中国科学引文数据库分为核心库和扩展库，数据库的来源期刊每两年评选一次。核心库的来源期刊经过严格的评选，是各学科领域中具有权威性和代表性的核心期刊。扩展库的来源期刊经过大范围的遴选，是我国各学科领域优秀的期刊。

2015—2016年度中国科学引文数据库收录来源期刊1200种，其中中国出版的英文期刊194种，中文期刊1006种。中国科学引文数据库来源期刊分为核心库和扩展库两部分，其中核心库872种，扩展库328种。

科技期刊的作者可以登录中国科学引文数据库来源期刊文献检索系统（http：//sciencechina. cn/cscd_ source. jsp），获取相关期刊的收录信息。2015—2016年度食品科技中文期刊被CSCD收录的情况如表2.3所示，共有10种期刊为CSCD来源期刊，其中核心库收录7种。

表2.3　食品科技中文CSCD来源期刊名单

期刊名称	收录情况	期刊名称	收录情况
茶叶科学	C	食品与生物技术学报	C
食品工业科技	E	中国粮油学报	C
食品科学	E	中国乳品工业	E
食品与发酵工业	C	中国食品学报	C
食品与机械	C	中国油脂	C

注：C代表核心库收录，E代表扩展库收录。

（2）SCI来源期刊　目前，国内还没有食品科技中文期刊被SCI收录，2015年的JCR显示全世界共有125种食品科技期刊被SCI收录，大部分为英文科技期刊。有关食品科技SCI来源期刊的获取方法与具体信息，读者可以阅读第1章的相关内容，此处不再赘述。

（3）EI来源期刊　截至2016年4月15日，EI共收录全世界出版的食品科技期刊71种，其中有两种中文食品科技期刊，分别为《中国食品学报》和《食品科学》。有关食品科技EI来源期刊的获取方法与详细信息，可以查阅第1章的相关内容，此处不再赘述。需要说明的是，EI来源期刊是动态变化的，有进有出，《现代食品科技》与《中国粮油学报》在2016年年初被EI调出，目前已不是EI来源期刊。

（4）CA来源期刊　CA是*Chemical Abstracts*的缩写，中文名称为《化学文摘》，是世界最大的化学文摘库。也是目前世界上应用最广泛，最为重要的化学、化工及相关学科的检索工具。创刊于1907年，由美国化学协会化学文摘社编辑出版。CA报道的内容几乎涉及了化学家感兴趣的所有领域，其中除包括无机化学、有机化学、分析化学、物理化学、高分子化学外，还包括冶金学、地球化学、药物学、毒物学、环境化学、生物学以及物理学等诸多学科领域。

根据中国高校科技期刊研究会对外联络委员会朱诚老师的统计，截至2015年7月20日，CA共收录中国（含台港澳）科技期刊1813种。根据朱诚老师提供的数据表（http：//www. cujs. com/detail. asp？id =2396），本书作者统计了我国食品科技期刊被CA收录的情况，共有25种期刊被CA收录，具体名单如表2.4所示。

表2.4　食品科技中文CA来源期刊名单

序号	期刊名称	序号	期刊名称
1	包装与食品机械	14	食品与发酵工业
2	保鲜与加工	15	食品与发酵科技
3	茶叶科学	16	食品与生物技术学报
4	河南工业大学学报（自然科学版）	17	食品与药品
5	粮食与饲料工业	18	现代食品科技
6	酿酒	19	中国调味品
7	食品安全质量检测学报	20	中国粮油学报
8	食品工业	21	中国酿造
9	食品工业科技	22	中国乳品工业
10	食品科技	23	中国食品添加剂
11	食品科学	24	中国食品学报
12	食品科学技术学报	25	中国油脂
13	食品研究与开发		

（5）FSTA来源期刊　FSTA是*Food Science and Technology Abstract*的简称，中文名称为《食品科技文摘》，是国际公认的食品科学和技术文献的首要数据库，由总部设在英国的国际食品情报服务社（International Food Information Service）编辑出版。截至2016年该数据库收录超过120万条文献，覆盖了1969年至今的资料。FSTA数据库收录了极为重要的信息，包括来自世界各地出版的与食品科学和技术相关的科学期刊，以及专刊、书籍、学会记录、报告、专论、标准、法规等。目前，FSTA已嵌入多种大型数据库，读者可以登录EBSCOHost、IHS Goldfire、Ovid、ProQuest Dialog、CAS STN、Web of Science等来检索相关内容，这些数据库都是要付费才能使用的。

详细了解FSTA的相关信息，可以登录其官方网站（https：//foodinfo. ifis. org/fsta）。中文食品科技期刊能被FSTA收录，证明其学术质量已被FSTA认可，期刊论文学术水平较高。根据中国高校科技期刊研究会对外联络委员会朱诚老师的统计（http：//www. cujs. com/detail. asp？id =2289），FSTA计划2015年对我国24种中文食品科技期刊进行收录，具体名单如表2.5所示。

表2.5　中文食品科技FSTA来源期刊名单

序号	期刊名称	序号	期刊名称
1	包装与食品机械	13	食品与发酵工业
2	保鲜与加工	14	食品与发酵科技
3	河南工业大学学报（自然科学版）	15	食品与机械
4	粮食与食品工业	16	食品与生物技术学报
5	粮食与饲料工业	17	食品与药品
6	食品工程	18	现代食品科技
7	食品工业	19	中国调味品
8	食品工业科技	20	中国酿造
9	食品科技	21	中国乳品工业
10	食品科学	22	中国食品添加剂
11	食品科学技术学报	23	中国食品学报
12	食品研究与开发	24	中国食物与营养

（6）其他来源期刊　收录我国食品科技期刊的国外数据库还有JST（日本科学技术振兴机构数据库）、AJ（俄罗斯《文摘杂志》）、IC（波兰的《哥白尼索引》）、CSA（美国的《剑桥科学文摘》）、Scopus（Elsevier公司的文摘与引文数据库）等。读者经常看到某些期刊宣传被这些数据库收录，现在应该明白其具体含义了。

2.1.3　获奖期刊与非获奖期刊

与科技期刊有关的奖项种类比较多，有国家、省（市）行政管理部门颁发的奖项，如国家期刊奖百种重点期刊、中国期刊方阵双效期刊、百强科技期刊、河南省二十佳自然科学期刊等；有行业协会、学会颁发的奖项，如中国高校优秀科技期刊、中国高校精品科技期刊等；有文献信息机构颁发的奖项，如中国精品科技期刊、百种中国杰出学术期刊、中国最具国际影响力学术期刊、中国国际影响力优秀学术期刊等。

这些荣誉称号相信广大读者在期刊的封面上或者期刊的宣传页面上经常见到。期刊作者投稿时如何选择这些获奖期刊，获奖期刊与非获奖期刊在学术质量上有没有本质的区别，这些问题都是作者非常关注的。总体来说，获奖的学术期刊的学术质量整体上应当比非获奖期刊的要高，应当说是同类中比较好的期刊。由中国科学技术信息研究所颁发的中国精品科技期刊、百种中国杰出学术期刊，中国学术期刊（光盘版）电子杂志社有限公司、清华大学图书馆、中国学术文献国际评价研究中心联合颁发的中国最具国际影响力学术期刊、中国国际影响力优秀学术期刊是同类期刊中的佼佼者，学术质量非常高，学术影响力非常大。这些期刊有相当部分是SCI、EI来源期刊，是作者投稿的目标期刊。

2.1.4 全国性期刊与地方性期刊

根据《科学技术期刊管理办法》第6条的规定：科学技术期刊，按其主管部门分为全国性期刊和地方性期刊。全国性期刊是指国务院所属各部门、中国科学院、各民主党派和全国性人民团体主管的期刊。地方性期刊是指省、自治区、直辖市各委、厅、局主管的期刊。例如，《中国食品学报》是由中国科学技术协会主管、中国食品科学技术学会主办的学术期刊，是中国食品科学技术学会的会刊，是全国性期刊；《中国粮油学报》是由中国科学技术协会主管、中国粮油学会主办的学术期刊，是中国粮油学会的会刊，是全国性期刊；《河南工业大学学报（自然科学版）》是由河南省教育厅主管、河南工业大学主办的学术期刊，是地方性期刊，《食品与机械》是由湖南省教育厅主管、长沙理工大学主办的学术期刊，是地方性期刊。

这种划分主要是管理上的需要，其主要区别只限于主管部门的不同，不反映科技期刊和所载论文的学术水平。在现行的科研评价与人才评价中，人们有这样一个误区：把全国性的期刊认为是一级期刊（国家级期刊），把地方性的期刊认为是二级期刊（省级期刊），认为国家级期刊上发表的论文质量高于省级期刊上发表的论文质量。

科技期刊的学术质量与其主管部门级别没有必然的关系，科技期刊的作者选择目标期刊时应看重期刊的学术质量，而不是期刊的主管部门。

2.2 依据食品科技期刊评价指标来选择

科技期刊的学术质量评价指标比较丰富，《中国学术期刊影响因子年报》给出了20多种文献计量指标，《中国科技期刊引证报告（核心版）》给出的评价指标有23种，汤森路透的《期刊引证报告》有13种计量指标。科技期刊作者比较关心的几项指标是，期刊的影响因子、期刊的特征因子、期刊的分区等。下面就这些指标向年轻作者，特别是研究生作者，做详细的介绍，以期了解期刊评价的基本常识，以利于选择合适的目标期刊。

2.2.1 期刊影响因子

影响因子（Impact Factor，IF）是1955年由Garfield博士提出以来的，已经发展成为评估期刊国际地位和学术影响力的最普遍、最权威的指标之一。影响因子是一个平均值，被定义为某期刊最近两年发表的所有类型文献在统计当年的被引频次与该刊最近两年内发表的可被引文献量之比。

科技期刊作者使用影响因子时应注意以下几点。

（1）数据库不同，期刊的影响因子不同　如果想用影响因子来比较两种不同期刊的学术影响力，影响因子必须是基于同一数据库的。这是因为不同的数据库收录的期刊种类不同，期刊结构比例不同。一般来说，文献规模较大、学科门类较全的数据库，期刊的影响因子相对较高。例如，《食品科学》在2016年版的《中国学术期刊影响因子年报》（基于中国学术期刊国际国内影响力统计分析数据库，包含3773多种我国的优秀学术期刊）中的（综合）影响因子为1.079，在2016年版的《中国科技期刊引证报告：核心版．自然科学卷》（基于中国科技论文与引文数据库，包含1985种学术期刊）中的影响因子为0.889，而在中国科学引文数据库（包含1200种学术期刊）中的影响因子为0.621。因此，平时说某一中文期刊的影响因子时，必须指出是基于哪个数据库。一般来说，对于SCI来源期刊而言，影响因子特指JCR中的。

（2）影响因子不是固定的，是动态变化的　汤森路透每年6月中旬发布一年一度的JCR，其中的影响因子是期刊界与学术界非常关注的指标，简直牵动着广大期刊编辑与科研人员的神经。我国的中国科学技术信息研究所和中国学术期刊（光盘版）杂志社每年年底分别发布《中国科技期刊引证报告（核心版）》和《中国学术期刊影响因子年报》。一般来说，期刊的影响因子不是固定不变的，是动态变化的。如果某类期刊在数据库中的期刊数量增多，期刊的文后参考文献的数量也增多，则这类期刊的影响因子也相应增大。图2.3为*Food Chemistry*的影响因子的年度变化情况。

图2.3　*Food Chemistry*的影响因子的年度变化

（3）计算时间窗口不同，期刊影响因子不同　平时常说的期刊影响因子的计算时间窗口为2年。为了更好反映大部分期刊的被引高峰，反映期刊论文较长期的学术影响力，JCR除了提供影响因子外，还提供了5年影响因子（5－Year Impact Factor，IF5），即某期刊最近5年发表的所有类型文献在统计当年的被引频次与该刊最近5年内发表的可被引文献量之比。5年影响因子的计算时间窗口为5年，以此类推，还有3年影响因子、4年影响因子等。图2.4为*Food Chemistry*的影响因子和5年影响因子的年度对比情况。

图2.4　*Food Chemistry*的影响因子与5年影响因子的年度对比

（4）不同学科类目期刊的影响因子差异很大　期刊的影响因子的大小与学科特点有关系，不同学科期刊的学科集合影响因子（Aggregate Impact Factor）存在着系统的差别。学科集合影响因子表示某学科期刊最近两年发表的所有类型文献在统计当年的被引频次与该学科期刊最近两年内发表的可被引文献量之比。如从2015年的JCR所列的各学科期刊影响因子来看，学科集合影响因子最高是CELL BIOLOGY，为5.602，而FOOD SCIENCE & TECHNOLOGY为2.251，排在177个学科类目的第95名，MATHEMATICS为0.735，排名第174名。

这种差别是主要由两方面的因素决定的，一是各学科自身的发展特点如合作规模、与其他学科的交叉程度、科学研究的独立性程度、科学家的引文行为等，特别是学科队伍的规模，科学家人数越多，论文的产出就越多，因而论文的引用机会也越多。二是各学科期刊在数据库来源期刊中所占的比例。从总体上来说，某学科来源期刊越多，该学科的集合影响因子就越大。因此，不同学科期刊的影响因子没有可比性，不能简单地两两比较不同学科期刊的影响因子，必须遵循同类相比的原则。如2015年的JCR中CELL BIOLOGY学科中期刊*Nature Reviews Molecular Cell Biology*的影响因子最高，为36.784；而FOOD SCIENCE & TECHNOLOGY学科中期刊*Annual Review of Food Science and Technology*的影响因子最高，仅为6.950；MATHEMATICS学科中期刊*Acta Numerica*的影响因子最高，为9.000。

（5）不同文献类型期刊的影响因子不能比较　由于综述论文的被引频次往往整体高于研究性论文的被引频次，因此综述性期刊的影响因子一般高于同类期刊的非综述性期刊。在每个学科的影响因子排序表中，排在前面的有相当部分期刊为综述性期刊。如在2015年的JCR中，在FOOD SCIENCE & TECHNOLOGY

学科125种期刊中，影响因子排在前10名的期刊里面有5种为综述性期刊，分别为第1名的*Annual Review of Food Science and Technology*（IF6.950）、第2名的*Critical Reviews in Food Science and Nutrition*（IF5.492）、第3名的*Trends in Food Science & Technology*（IF5.150）、第4名的*Comprehensive Reviews in Food Science and Food Safety*（IF4.903）、第6名的*Food Engineering Reviews*（IF4.375）。该学科仅有6种综述性期刊，就有5种期刊的影响因子排在学科前10名，还有一种为*Food Reviews International*，其影响因子为1.974，排在125种期刊的第40名。由此可见，不能用综述性期刊的影响因子与同类非综述性期刊的影响因子相比较，两者没有可比性。

需要特别说明的是，只有期刊才有影响因子，论文是没有影响因子的。因此，说某某论文的影响因子是多少，是不正确的。论文只有被引频次，影响因子就是一定时间段内大量论文的被引频次的平均值。在微观层面上，期刊的单篇论文的学术质量（被引频次）与期刊的影响因子没有正相关性，同一期刊上的论文，有的被引用多次，有的发表后一直未被引用。在宏观层面上，期刊的所有论文的学术质量（被引频次的平均值）与期刊的影响因子有一定的正相关性。正是基于这一点，人们简单地用期刊的影响因子来衡量具体论文的学术质量，这仅仅是一种简单、粗糙的论文学术水平评价方法。由此可见，期刊的影响因子，在用于宏观上判断科学技术产出的总体情况是有意义的，但不宜作为具体论文内在价值的判断标准。

科技期刊的作者在论文投稿选择期刊时，应根据自己论文的质量、目标期刊的读者群，选择合适影响因子的期刊。如果没有充足的时间和足够心理承受能力，不建议选择影响因子较高的期刊。一般来说，期刊的影响因子越高，审稿会越严格，稿件录用率会越低，等待发表的时间会越长。如有位作者的一篇论文，按影响因子大小先后投稿4次，前后审稿7次，历时2年多，论文最后还是被影响因子较低的期刊接受。

2.2.2　期刊特征因子

汤森路透于2009年1月22日宣布推出《期刊引用报告》增强版，增加了重要的文献计量指标——特征因子（Eigenfactor Metric，包括Eigenfactor Score和Article Influence Score）。增强版JCR自2007年版开始公布。Eigenfactor由华盛顿大学和加州大学圣塔芭芭拉分校的West、Bergstrom等人组成的研究团队构建和完善，其工作原理类似于Google的“网页排名”（PageRank），两者都基于社会网络理论，区别在于Google利用网页链接，而Eigenfactor则借助引文链接。它们都基于整个社会网络结构对每篇论文（或每个网页）的重要性进行评价。

与期刊影响因子不同的是，Eigenfactor不仅考察了引文的数量，而且考虑了施引期刊的影响力。某期刊如果越多地被高影响力的期刊引用，则该期刊的影响力也越高。正如 Google 考虑超链接的来源，Eigenfactor 也充分考虑引文的来源，并在计算中赋予不同施引期刊的引文以不同的权重。

特征因子分值（Eigenfactor Score）的计算基于过去 5 年中期刊发表的论文在 JCR 统计当年的被引用情况。与影响因子比较，期刊特征因子分值的优点主要有：特征因子考虑了期刊论文发表后 5 年的引用时段，而影响因子只统计了 2 年的引文时段，后者不能客观地反映期刊论文的引用高峰年份；特征因子对期刊引证的统计包括自然科学和社会科学，更为全面、完整；特征因子的计算扣除了期刊的自引。

2015 年的 JCR 中食品科技 SCI 来源期刊前 10 名的期刊的特征因子分值如表 2.6 所示。由表 2.6 可知，期刊 *Food Chemistry* 与 *Journal of Agricultural and Food Chemistry* 的特征因子分值分别排第 1 名和第 2 名，但是，它们的影响因子排第 7 名和第 19 名。这两种期刊的总被引频次分别为 66489 和 90665，在 125 种 SCI 来源期刊中分别排第 2 名和第 1 名，发文量分别为 1628 篇和 1257 篇，在 125 种 SCI 来源期刊中分别排第 1 名和第 3 名。由此可见，特征因子分值更能客观地反映期刊的重要性。

表 2.6　特征因子分值排名前 10 位的食品科技 SCI 来源期刊

期刊名称	特征因子分值	特征因子分值排序	影响因子	影响因子排序
Food Chemistry	0.09333	1	4.052	7
Journal of Agricultural and Food Chemistry	0.08796	2	2.857	19
Food Research International	0.03308	3	3.182	17
Food and Chemical Toxicology	0.03265	4	3.584	12
Journal of Dairy Science	0.03242	5	2.408	28
International Journal of Food Microbiology	0.02687	6	3.445	13
Food Control	0.02394	7	3.388	14
Journal of Food Engineering	0.02349	8	3.199	16
Analytical Methods	0.01950	9	1.915	44
LWT – Food Science and Technology	0.01921	10	2.711	22

2.2.3　JCR 期刊分区表

汤森路透每年 6 月发布上一年度的 JCR，JCR 对 SCI 来源期刊的影响因子等指标加以统计。JCR 将收录期刊分为不同学科类目，每个学科类目按照期刊的影响因子高低，平均分为 4 个区，用 Q1、Q2、Q3 和 Q4 表示，其中 Q 表示 Quartile in Category，即 4 个等级中所处的位置。各学科类目中影响因子排在前 25%（含

25%）的期刊划分为 Q1 区、前 25% ~50%（含 50%）的为 Q2 区、前 50% ~75%（含 75%）的为 Q3 区、最后 25% 的为 Q4 区。关于如何查询 SCI 来源期刊 JCR 分区情况的方法在第 1 章中已详细论述，此处不再赘述。

由于有些 SCI 来源期刊同属几个学科类目，期刊在每个学科类目中都有自己的排位，因此，这些期刊就有几个分区，可能在不同的学科类目中分区情况也不一样。如图 2.5 所示，在 2010—2015 年 JCR 中，期刊 *International Journal of Food Microbiology* 同属 FOOD SCIENCE & TECHNOLOGY 和 MICROBIOLOGY 两个学科类目，在前一个学科类目中为 Q1 区期刊，而在后一个学科类目中为 Q2 区期刊。

JCR Impact Factor

JCR Year	FOOD SCIENCE & TECHNOLOGY			MICROBIOLOGY		
	Rank	Quartile	JIF Percentile	Rank	Quartile	JIF Percentile
2015	14/125	Q1	89.200	39/123	Q2	68.699
2014	12/123	Q1	90.650	38/119	Q2	68.487
2013	11/123	Q1	91.463	38/119	Q2	68.487
2012	8/124	Q1	93.952	34/116	Q2	71.121
2011	9/128	Q1	93.359	35/114	Q2	69.737
2010	7/128	Q1	94.922	34/107	Q2	68.692

图 2.5 期刊 *International Journal of Food Microbiology* 的分区情况

2.2.4 中科院期刊分区表

中科院 JCR 期刊分区表是中国科学院文献情报中心世界科学前沿分析中心的研究成果。分区表设计的思路始于 2000 年年初，旨在纠正当时国内科研界对不同学科期刊影响因子数值差异的忽视。自 2004 年发布之后，分区表为我国科研、教育机构的管理人员提供了一份评价国际学术期刊影响力的参考数据，得到了全国各地高校、科研机构的广泛认可。从 2012 年起，JCR 期刊分区数据改为网络版，期刊分区数据在线平台（http://www.fenqubiao.com/）发布。2015 年新建了官方微信公众号（fenqubiao）。JCR 期刊分区数据每年 10 月份发布，使用期刊分区数据需要购买使用权限。

中科院分区表对汤森路透每年度发布的 JCR 中 SCI 来源期刊在学科内依据 3 年平均影响因子划分分区。它包括大类分区和小类分区：大类分区是将期刊按照自定义的 13 个学科所做的分区，大类分区包括 Top 期刊；而小类分区是将期刊按照 JCR 已有学科分类体系所做的分区。

13 个大类学科分别是数学、物理、化学、地学、地学天文、生物学、农林科学、医学、工程技术、环境科学与生态学、管理科学、社会科学。大类学科的设置、期刊与学科的对应关系均充分考虑到中国国内科研、教育体系的特点，结合科学家对学科体系的认知情况，经过广泛的调研并不断根据用户反馈加以完善而形成。期刊与13个大类学科是一一对应、不重复划分（除11本晶体学期刊外）的关系，即除11本晶体学复分期刊外，一本期刊只属于一个大类。绝大部分食品科技SCI来源期刊划入工程技术大类，只有少量期刊划入了其他大类，如期刊 *Journal of Food and Drug Analysis* 划入了医学大类，期刊 *Journal of Agricultural and Food Chemistry* 划入了农林科学大类。

中科院分区表选择学术影响力作为划分方式，把每个学科的所有期刊按照学术影响力（3年平均IF）由高到低降序排列，依次划分为4个区，使得每个分区期刊影响力总和相同。由于学科内期刊的3年IF的偏态分布，这使得1区期刊数量极少。为了保证期刊1区期刊数量，1区期刊取整个学科数量总数的5%，即3年平均IF最高的5%的期刊为1区期刊。2～4区期刊使用3年平均IF总和相同的方式划分。

计算分区数据的具体方法如下所述。

（1）把每一个学科的期刊集合（数量为 n 本）按照3年平均IF降序排列，以下各步计算，均基于此顺序。

（2）前5%期刊（该学科期刊总数量的5%，即 $5\% * n$）为1区期刊。

（3）剩下的95%期刊中，计算它们的3年平均IF的总和（S），然后求总和的1/3（$S/3$），剩下3个区的每区的期刊影响力累积和各为 $S/3$。

（4）上一步的期刊集合（也即除1区期刊外的期刊集合）中，从第1本期刊往后计数，如果它们的3年平均IF的总和（S_2）等于上个步骤计算出的总和 $S/3$，那么这些期刊就是2区期刊；用相同的方式可以划分出3区期刊，剩下所有期刊为4区期刊（$S_2 = S_3 = S_4 = S/3$）。

（5）最终划分出来的1、2、3、4个区期刊数量分布如图2.6所示。

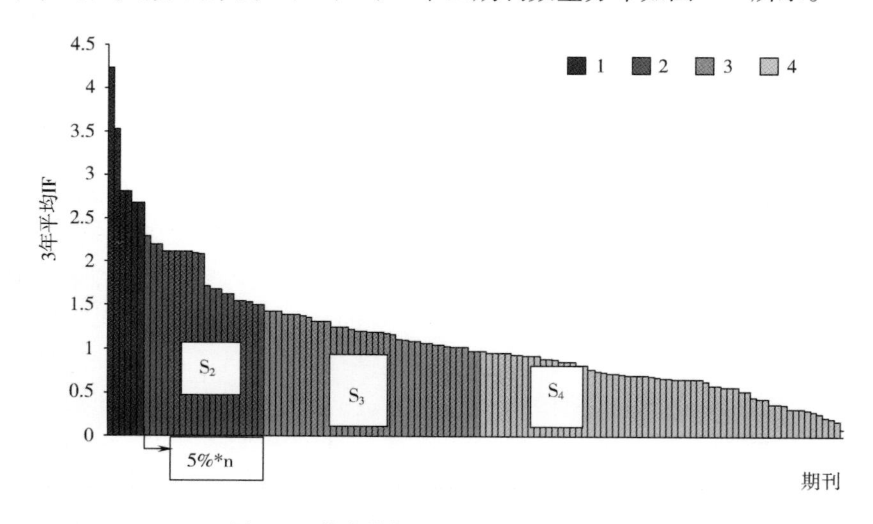

图2.6　某学科期刊分区数量分布示意图

期刊评价领域的分区理念已得到越来越多人的认可，国内主流期刊分区评价体系主要是中科院期刊分区表和汤森路透 JCR 期刊分区表。科技期刊的作者在使用期刊分区表的过程中，对于两者之间的异同有很多疑惑。为了让广大科技期刊作者彻底地理清两种期刊分区评价体系，下面从多个角度比较分析两者的差异。

（1）表达方式不同　中科院期刊分区表常用 1 ~ 4 区表示，且分区前常用大类或者小类，常用说法为某本期刊在大类某学科为某区，如期刊 *Annual Review of Food Science and Technology* 的 2015 年分区情况：大类工程技术 1 区；小类食品科学与技术（FOOD SCIENCE & TECHNOLOGY）1 区。而 JCR 的期刊分区表常用 Q1 ~ Q4 表示，其中 Q 表示 Quartilein Category，即 4 个等级中所处的位置，常用说法为某本期刊位于某学科的 Q 几。期刊 *Food Chemistry* 的 2015 年的 JCR 等级情况：CHEMISTRY，APPLIED 为 Q1，FOOD SCIENCE & TECHNOLOGY 为 Q1，NUTRITION DIETETICS 为 Q1。

（2）学科体系不同　中科院期刊分区表学科划分为大类和小类，大类为课题组根据国内科研领域的特点设计形成的 13 个大类分类体系，小类借用汤森路透的 JCR 学科分类体系。因此，中科院期刊分区表的小类分类体系与 JCR 期刊分区表的分类体系相同。

（3）分区方法不同　分区方法是中科院期刊分区表和 JCR 期刊分区表最大的不同。在中科院期刊分区表中，主要参考 3 年平均 IF 作为学术影响力，最终每个分区的期刊累积学术影响力是相同的，各区的期刊数量由高到底呈金字塔式分布；在 JCR 期刊分区表中，主要参考当年 IF，最终每个分区的期刊数量是均等的。

（4）获取方式不同　中科院期刊分区表有独立的数据在线平台（www. fenqubiao. com），单位用户可以订购，同时开通微信公众号（fenqubiao），为个人用户提供有限的查询服务。JCR 是汤森路透集团旗下的期刊评价数据库，有偿为用户提供期刊影响因子等信息查询，新版系统已并入 InCites。

按中科院期刊分区规则，2015 年 JCR 收录的 125 种食品科技 SCI 来源期刊的小类分区情况是，食品科技小类 1 区 10 种、2 区 19 种、3 区 27 种、4 区 69 种。

2015 年部分食品科技 SCI 来源期刊在中科院期刊分区表与汤森路透 JCR 期刊分区表的对比情况如表 2. 7 所示，表中仅列出了食品科技学科小类 1 区与 2 区中的期刊名单。由表 2. 7 可见，大部分食品科技期刊归类于工程技术大类，少部分归类于其他学科，如期刊 *Journal of Agricultural and Food Chemistry* 等 8 种期刊划入了农林科学大类，期刊 *Chemical Senses* 划入了医学大类；大类分区与小类分区等级有存在不一致的情况，如期刊 *Food Chemistry* 大类分区为工程技术 2 区，小类分区为食品科技 1 区，期刊 *Journal of Agricultural and Food Chemistry* 大类分区为农林科学 1 区，小类分区为食品科技 2 区。

表 2.7　　部分食品科技 SCI 来源期刊的分区比较

序号	期刊名称	中科院大类（工程技术）	中科院小类（食品科技）	JCR（食品科技）
1	*Annual Review of Food Science and Technology*	1 区	1 区	Q1
2	*Critical Reviews in Food Science and Nutrition*	1 区	1 区	Q1
3	*Trends in Food Science & Technology*	1 区	1 区	Q1
4	*Comprehensive Reviews in Food Science and Food Safety*	2 区	1 区	Q1
5	*Molecular Nutrition & Food Research*	1 区	1 区	Q1
6	*Food Chemistry*	2 区	1 区	Q1
7	*Journal of Functional Foods*	1 区	1 区	Q1
8	*Food Hydrocolloids*	1 区	1 区	Q1
9	*Global Food Security – Agriculture Policy Economics and Environment*	农林科学 1 区	1 区	Q1
10	*Food Microbiology*	2 区	1 区	Q1
11	*Food Engineering Reviews*	农林科学 1 区	2 区	Q1
12	*Food Quality and Preference*	2 区	2 区	Q1
13	*Food and Chemical Toxicology*	2 区	2 区	Q1
14	*International Journal of Food Microbiology*	2 区	2 区	Q1
15	*Food Control*	2 区	2 区	Q1
16	*Food & Nutrition Research*	农林科学 2 区	2 区	Q1
17	*Journal of Food Engineering*	2 区	2 区	Q1
18	*Food Research International*	2 区	2 区	Q1
19	*Innovative Food Science & Emerging Technologies*	2 区	2 区	Q1
20	*Journal of Agricultural and Food Chemistry*	农林科学 1 区	2 区	Q1
21	*Meat Science*	2 区	2 区	Q1
22	*Journal of Food Composition and Analysis*	2 区	2 区	Q1
23	*LWT – Food Science and Technology*	2 区	2 区	Q1
24	*Food and Bioproducts Processing*	2 区	2 区	Q1
25	*Food & Function*	农林科学 1 区	2 区	Q1
26	*Postharvest Biology and Technology*	农林科学 2 区	2 区	Q1

续表

序号	期刊名称	中科院大类（工程技术）	中科院小类（食品科技）	JCR（食品科技）
27	*Food and Bioprocess Technology*	农林科学1区	2区	Q1
28	*Chemical Senses*	医学3区	2区	Q1
29	*Journal of Dairy Science*	农林科学2区	2区	Q1

2.3 依据食品科技期刊出版指标来选择

科技期刊的出版指标较多，与作者选择期刊有关的主要指标有：期刊的年发文量、期刊的出版周期、出版时滞、稿件的录用率等。下面就这些指标，介绍一下中外食品科技期刊的情况，供作者投稿时参考。

2.3.1 年发文量

期刊的年发文量是指某种期刊一年内发表论文的数量，它反映了期刊的出版规模，是期刊整体实力的重要指标之一。期刊只有达到一定的出版规模，先做大以后，才能进一步提高学术水平，达到做强的目的。

获取期刊的年发文量的途径主要有3种：一是先查看期刊的某期发表的论文数量，再乘以每年的出版期数，可以大致估算期刊的年发文量；二是通过期刊全文数据库，如中国知网、万方数据、SpringerLink、ScienceDirect等，按出版年份检索某一期刊的论文。三是通过期刊引文分析报告查阅或者检索某种期刊的年发文量，如国内的《中国学术期刊影响因子年报》、国外的JCR等。

期刊年发文量大，表明期刊容量大。理论上，在其他条件相同的情况下，向年发文量较大的期刊投稿，论文录用的概率相对较大。2016年版的《中国学术期刊影响因子年报》显示，年发文量大于1000篇的期刊有5种，其中《食品工业科技》发文量最高，为2130篇；之后的是《食品安全导刊》，为1895篇；《食品科学》排第三，为1505篇，年发文量大于300篇的中文食品科技期刊如表2.8所示，共有20种。这20种食品科技期刊的年发文量占到了52种食品科技期刊年发文总量的约76%。

表2.8　年发文量大于300篇的中文食品科技期刊

序号	期刊名称	年发文量
1	食品工业科技	2130

续表

序号	期刊名称	年发文量
2	食品安全导刊	1895
3	食品科学	1505
4	食品研究与开发	1106
5	食品工业	1022
6	食品科技	942
7	食品安全质量检测学报	932
8	酿酒科技	766
9	农产品加工	729
10	中国食品学报	699
11	现代食品科技	616
12	食品与发酵工业	569
13	中国酿造	568
14	食品与机械	437
15	中国调味品	410
16	中国食品添加剂	382
17	中国茶叶	374
18	中国粮油学报	367
19	中国油脂	358
20	粮食与饲料工业	305

2015 年的 JCR 共收录 125 种食品科技期刊，年发文量大于 300 篇的期刊如表 2.9 所示，共有 20 种，其中 *Food Chemistry*、*Analytical Methods*、*Journal of Agricultural and Food Chemistry* 居前 3 名，分别为 1628 篇、1305 篇、1257 篇。对于英文期刊而言，中国作者选择投稿时，不仅要看其年发文量，更应关注中国作者的发文量及其比例，这方面的内容在后面的章节中会讲到。

表 2.9　　　　年发文量大于 300 篇的食品科技 SCI 来源期刊

序号	期刊名称	年发文量
1	*Food Chemistry*	1628
2	*Analytical Methods*	1305
3	*Journal of Agricultural and Food Chemistry*	1257
4	*Journal of Food Science and Technology – Mysore*	939

续表

序号	期刊名称	年发文量
5	*Journal of Dairy Science*	837
6	*LWT - Food Science and Technology*	807
7	*Food Control*	555
8	*Journal of Functional Foods*	554
9	*Food Research International*	533
10	*Natural Product Communications*	515
11	*Journal of The Science of Food and Agriculture*	392
12	*Food Hydrocolloids*	386
13	*Food & Function*	380
14	*Journal of Food Science*	374
15	*Journal of Food Engineering*	370
16	*International Journal of Food Microbiology*	364
17	*Journal of Food Processing and Preservation*	345
18	*International Journal of Food Science and Technology*	335
19	*Journal of Food Protection*	302
20	*Food Science and Biotechnology*	300

2.3.2 出版周期

根据期刊的出版周期可将期刊分为：旬刊，出版周期为10d；半月刊，出版周期为15d；月刊，出版周期为30d；双月刊，出版周期为两个月；季刊，出版周期为一个季度，即3个月；半年刊，出版周期为6个月；年刊，出版周期为1年。期刊的出版周期是作者选择期刊的重要依据，它影响着论文的发表速度。

我国54种中文食品科技期刊的出版周期如下：旬刊1种，半月刊4种，月刊21种，双月刊22种，季刊6种。由此可见，月刊、双月刊是我国食品科技期刊的主流。《食品安全导刊》为旬刊，该刊的为综合性期刊，刊登部分技术类文章，有相当部分文章为食品行业资讯。《农产品加工》《食品工业科技》《食品科学》《食品研究与开发》为半月刊。受一个期刊刊号不允许出版多个版本的期刊的限制，《农产品加工》回归正位，继承了原来子刊《农产品加工（学刊）》(已停刊）的学术性，由原来的综合性期刊转变为学术期刊。半月刊期刊的出版周期短，期发稿量大，内容涉及面广，是食品科技期刊作者快速发表论文的较好选择。

2015 年的 JCR 显示：125 种食品科技 SCI 来源期刊中，双周刊 1 种，月刊 40 种，双月刊 36 种，季刊 37 种，半年刊 3 种，年刊 1 种。这只是大概的统计情况，JCR 中两组数据不能前后照应，可能的原因是国外的期刊出版不像国内期刊的出版周期严格固定，对国外期刊而言，一般用每年出版的期数来推算期刊的出版周期。经登录期刊 *Analytical Methods* 官方网站，确认该刊为双周刊，即每年 48 期，是食品科技 SCI 来源期刊中出版周期最短的期刊。许多国外期刊只分卷，不分期，即只有卷号，没有期号，*Food Chemistry* 就采用这种方式来编号，2016 年该刊出版 190 ~ 213 卷，共计 24 卷。该刊被认为是半月刊。从这一点可以看出，JCR 提供的信息有的不一定准确、及时，如果想了解某一具体 SCI 来源期刊的信息，必须登录期刊网站来核实，以免影响投稿决策。

2.3.3 出版时滞

科技期刊出版时滞是指论文收稿日期与发表日期之间的时间间隔，是衡量科技期刊时效性的重要指标，与期刊、作者和读者的利益息息相关。出版时滞主要包括审稿时滞和待刊时滞。

审稿时滞指论文从投稿到确定录用的时间间隔。审稿时滞也就是平时所说的审稿周期，科技期刊的审稿周期一般为 1 ~ 3 个月，快的只有几天，慢的有 1 年多的。审稿时滞具体包括编辑初审、同行专家评议、作者修改、主编终审等环节花费的时间。

待刊时滞指从论文录用到论文发表的时间间隔。待刊时滞包括编辑加工、校对时间与稿件排队等待发表时间。在国内，因科技期刊的刊期与每期页码相对固定，期刊的容量是一定的，而不能根据录用稿件的多少来随意调整期刊刊期与页码，所以，难免会出现稿件发表排队的情况。国内科技期刊只能“定时定量”出版，因此必须储备一定数量的稿件，否则可能出现“无米下锅”的窘态。在国外，许多刊物不固定刊发页码，到出版时间录用几篇文章就出版几篇，所以一般不存在排队等待发表的情况。

为了缩短待刊时滞，我国科技期刊采用了优先数字出版模式。优先数字出版是指通过互联网、手机等移动客户端以数字出版方式提前出版印刷版期刊的内容。优先数字出版既可以出版经编辑定稿的稿件，也可以出版编辑部决定录用但尚未编辑定稿的稿件。优先数字出版摆脱了纸质媒介出版的束缚，实现科技期刊论文录用即发表的出版模式，极大地加快了出版速度。

食品科技期刊的出版时滞没有现成的数据可查，如果想了解某一目标期刊的出版时滞必须亲自动手统计来计算，一般统计某一期上的所有论文即可大致估算出某种期刊的出版时滞。经统计可知，《河南工业大学学报（自然科学版）》的出版时滞约为 200d，《中国粮油学报》的出版时滞约为 600d，《中国食品添加剂》的出版时滞约为 180d。

了解目标期刊的出版时滞，对于研究生合理规划实验、论文写作与投稿时间大有裨益。研究生毕业往往需要发表一定数量的期刊论文，有的院校要求有论文录用证明就行，有的院校要求能在中国知网等期刊全文数据库中检索到，有的院校则要求毕业时要见到样刊。尽管在国外发表论文待刊时滞非常短，但审稿时滞是少不了的，且论文发表后被 SCI、EI 等数据库收录还有一段等待时间。因此，根据自身实际情况选择合适的出版时滞的科技期刊是非常重要的。

2.3.4 稿件录用率

稿件录用率通常是指一定时间段内通过评审被录用的来稿量与同期收到的投稿总量的比值，与录用率相对应的是退稿率。一般认为，退稿率在 70%～90% 时应视作高水平期刊，退稿率在 40%～70% 的应视作中等期刊，退稿率在 20%～40% 的期刊质量堪忧，退稿率 <20% 的期刊将无法保证质量。

退稿率越高，说明稿源丰富，筛选余地大，期刊质量越高。一般来说，学术水平较高的期刊的录用率都比较低，这是因为科研人员都希望能在较好的期刊上发表他们的研究成果，来提升自己的学术影响力、社会价值和社会认可程度，比如 *Science* 与 *Nature* 的录用率非常低，一般在 6%～8%。

大部分期刊是把录用率当作自己内部使用的评估指标来使用的，而不会在网站上发布这个数据。因此，科技期刊的作者是无法知道目标期刊的录用率的，只能凭同事或同行的投稿经历，来感知期刊审稿的严格程度，估计期刊的录用率。虽然没有具体某个期刊的录用率，但这里有一组数据可供向国外投稿的作者参考。汤森路透曾在 2012 年发布了一份全球发表白皮书“Global Publishing: Changes in Submission Trends and The Impact on Scholarly Publishers”，统计分析了 2005—2010 年来自世界各国的通过 ScholarOne 系统投稿的稿件数量及稿件录用率的情况。白皮书的数据显示，在 2010 年投稿量前十的国家中，中国稿件的录用率仅比印度的 19.9% 高，排在倒数第二位，为 26.8%，远低于整体录用率 37.1%，投稿量第一和第三的美国和英国的录用率更是达到了 50% 以上。

如果某种期刊审稿特别的严格，期刊的出版时滞也较长，那么这种期刊的录用率一般不会太高。对于此类期刊，科技期刊作者得慎重考虑，如果自己的结果不是很突出，从投稿策略上来说建议换一家更合适的期刊，以便节省 2～3 个月的审稿时间。但是，如果是抱着学习的态度试一试，那么未尝不可。

关注目标期刊的重大事件，可以捕捉更好的投稿机会，或者回避潜在的风险。当期刊扩版、缩短刊期时，期刊的来稿量可能暂时不足，这时会适度提高稿件录用率，以激发作者的投稿积极性。当期刊被重要检索系统收录时，投稿量短期会猛增，在期刊容量不变的情况下，稿件的录用率肯定会直线下降。2016 年《食品科学》被 EI 收录，与此同时，《现代食品科技》《中国粮油学报》两刊被 EI 调出，这可谓我国食品科技期刊界的大事，食品科技期刊作者不可不知。

2.4 依据食品科技期刊收费标准来选择

科技期刊出版是科技事业的重要组成部分，对促进科学研究发展和技术进步发挥了重要作用。现在，科技论文的发表已经成为衡量作者及其单位学术水平的重要依据之一。在这种大趋势下，论文出版的过程和所涉及的费用问题也受到更多人的关注。随着出版机构体制改革的深入，各期刊社财政独立，自负盈亏。关于出版发行过程中涉及的费用项目和收发标准也开始变得千差万别。特别是随着世界范围内 OA 期刊的兴起，论文出版费用由作者支付，向国外 OA 期刊投稿发表论文需要支付巨额的出版费用。本节就科技期刊出版过程中可能收取的各项费用展开讨论，供作者投稿时参考。

2.4.1 论文审稿费

审稿费一般是指出版机构向作者收取的，用于支付给审阅其所投稿件内容和质量是否符合期刊要求的审稿人的酬劳。审稿费与版面费相比是一个相对新生的事物，收取的历史不是很长。研究人员调查表明，国外的科技期刊不收取审稿费，而收取审稿费是近年来我国部分期刊社的独有做法。这是因为国外科技期刊一般不支付专家审稿费，而专家的审稿回报大多是以荣誉的形式来体现的，审稿专家以审稿为荣。这一点与我国有很大的不同，国内的期刊社对专家的回报多是以酬劳来体现的。

科技期刊收取论文审稿费的主要原因有两方面。一方面，出版体制的调整，现在大多数期刊社都已经转企，财务上自负盈亏。在固有的人力、印刷费用等支出的基础上，额外支付聘请审稿专家的费用，这对于本就入不敷出的办刊经费来说更是雪上加霜。所以向作者收取适当审稿费聘请专家进行审稿，既保证了所投论文的质量也减少了杂志社的运营压力。另一方面，向作者收取审稿费对于防止因一稿多投和恶意投稿所产生的各种弊端也具有一定的抑制作用。很多免费提供审稿服务的期刊编辑人员经常会遇到一种情况：经过多次专家审稿退修的作者，在文章采用后，因为各种主观原因（论文数据需要修改、导师或其他作者不同意发表或论文已经抢先在其他杂志刊出等）拒绝缴纳版面费。这种行为造成的后果非常恶劣，极大地浪费了人力资源。

据了解，国内有部分食品科技期刊收取一定数量的审稿费，如《中国粮油学报》征稿简则明文规定，投稿时需支付审稿费 100 元；《食品科学》投稿须知规定，文章初审通过需送外审的本刊将收取适当的审稿费；《食品工业科技》稿件审理流程规定，初审合格的稿件系统会自动发送 e－mail 通知作者缴纳审稿费（100 元）；《中国食品学报》征稿简则规定，来稿经审核录用后，收取审稿费。因此，食品科技期刊的作者投稿时要特别注意拟投期刊是否收取审稿费、什么时候收审稿费、收取的标准是多少等细节问题，没有明示的，可以直接电话咨询相关期刊，以免耽误稿件的审理。

2.4.2　论文版面费

科技期刊对作者收取一定数额的论文版面费，用于维持刊物的生存并有所发展，这种现象并非我国首创，世界上许多比较知名的科技期刊对发表的论文都采取不同程度的收费政策。在欧美国家，收取版面费的期刊几乎都在其《作者指南》中有明确规定，并明码标价。研究人员调查表明：有以篇为单位收费的，标准为350～1000美元/篇，有的期刊其中还包含了论文的注册费；有以页为单位收费的，标准为55～150美元/页；许多期刊还按彩图的幅数或彩版数量收取几百至1000多美元的图版费；不少期刊还对校样修改较多的论文收取校样修改费。

我国科技期刊收取论文版面费是合理合法的，是有据可依的。

早在1987年，我国有个别学术期刊开始收取论文版面费，当时因纸张、出版及发行费用急剧增加，绝大多数科技期刊财政上都有亏损，且数额日益增大，有相当一批期刊濒临倒闭。在此危急关头，按照中国科协的部署，中华医学会编辑出版部承担了科技期刊发表论文是否应该收费的调研课题。经过广泛调研并认真听取多方意见，中国科协采纳了调研建议，将对科技期刊的扶植落到实处，及时出台了［1988］科协学会发字039号文，允许各学会主办的学术期刊收取版面费。这是我国科技期刊收取论文版面费的最早依据。

在1994年召开的全国政协八届二次会议上，有4位科学家提交了《建议允许科学技术期刊酌情收取版面费案》。国家科委办公厅在对该提案的答复中表示："科技期刊出版工作，是我国科学技术事业和出版事业的重要组成部分。科学研究离不开科技期刊。每一科研课题从立项起，就要查阅以科技期刊为主的科技文献；项目完成之后，其研究成果在科技期刊上发表，又是被社会承认的主要手段。因此，著名科学家卢嘉锡曾说过，科技期刊是科研事业的龙头和龙尾。每一个科研项目都有经费，项目咨询、鉴定等都允许合理开支。因此，在科技期刊上发表论文支付发表费也是理所当然，何况国外许多国家也都采取类似做法，收取发表费（或称版面费）。从科技期刊管理的角度看，我们同意这种合理收费的做法。"此后，中国科学院、财政部、国家自然科学基金委员会也分别出台了支持学术期刊收取论文版面费的政策。

2006年12月5日财政部与国家税务总局发布的财税［2006］153号《关于宣传文化增值税和营业税优惠政策的通知》中明确指出："对报社和出版社根据文章篇幅、作者名气收取的'版面费'及类似收入，按照'服务业'税目中的广告业征收营业税。"通过这一通知我们看到国家有关部门是支持收取版面费的，并要求依法纳税。

鉴于以上依据，国内科技期刊可以根据自身定位、学术影响力、稿源情况、经营状况等因素，收取一定的版面费来弥补办刊经费的不足。

目前，国内食品科技期刊对于版面费的收取，没有做到明码标价，基本都是“酌情收取”。对于没有经济收入的研究生作者来说，论文的版面费是一笔不小的支出，投稿前务必问清楚版面费的收取标准、论文版面费能否报销等问题，以免出现论文录用了交不起版面费的情况。

需要说明的是，并不是每家科技期刊都收取论文版面费，许多办刊经费充足的期刊都免收版面费，并给付一定的稿酬，如《食品科学技术学报》不收取任何费用。有的科技期刊对于知名专家、学者的稿件，期刊约稿也是免收版面费的。有的期刊为了吸引优质的稿源，对某些特定作者的稿件也是免收版面费的，比如《河南工业大学学报（自然科学版）》为了提高稿件质量，对来自211、985高校的食品科学专业的研究生稿件免收版面费，并付优厚的稿酬。

2.4.3 加急出版费

加急出版费具体包括加急审稿费、加急版面费，是期刊作者为了缩短稿件审理与等待刊出时间，在正常支付稿件审稿费与版面费之外，额外支付给期刊的部分费用。尽管科技期刊收取加急出版费没有充分的政策依据，但是科技期刊收取加急出版费的现象是不争的事实。由于晋升职称、申请学位等都对论文的刊出时间有严格的限制，而交纳加急费提前刊出无疑在一定程度上满足了部分作者的需求。

科技期刊是否收取加急费，收取标准是多少，加急出版费是否开发票，是否与版面费一起开具发票，这些细节问题科技期刊是很少公布的，投稿作者只能通过电话或者邮件来进行咨询。对于想加急发表论文而没有经济来源的研究生作者，投稿前一定要弄清楚这些问题。

据调查，只有个别中文食品科技期刊已明示收取论文加急审稿费，如《食品工业科技》。该期刊稿件审理流程显示：该刊完整的审稿流程所用时间为2～3个月，作者如需加急至2个月内完成审稿，需交纳加倍审稿费，即200元人民币。

2.4.4 OA论文发表费

开放存取（Open Access，简称OA）出版采取作者或机构付费、读者免费的出版模式，在很大程度上消除了信息获取的障碍，从而提高了论文的影响力和传播范围。因此，OA出版模式在21世纪初一经推出便得到全球科学界的广泛响应和强力推动。OA论文主要发表于“完全OA期刊”和“混合OA期刊”。“完全OA期刊”通常是指没有纸版的纯网络期刊，“混合OA期刊”则是传统出版和OA出版相结合的一种出版方式，即期刊在保留传统订阅出版模式的同时，允许作者自由选择是否将自己的论文OA出版，选择OA出版的前提条件是作者预先支付一定数额的出版费用。

作者或相关机构支付的 OA 论文发表费也称作 OA 论文处理费（article processing charge，APC），APC 中一般包含稿件在线处理系统的开发和维护、同行评议、语言润色、文字编辑、图表制作、排版、校对、在线预出版、出版后论文推送服务、向国际检索系统推介服务、论文的长期存档等整个出版过程中发生的各种成本。不同期刊的 APC 金额相差很大，每篇论文收取的 APC 可能低于 100 美元，也可能高于 5000 美元，通常为 1000～3000 美元。

一般来说，期刊的稿件录用率越低，花费的成本越高，收取的 APC 也越高。期刊影响因子与 APC 大致呈正相关，高影响因子期刊收取相对较高的 APC。OA 期刊出版商在定价时，也会在一定程度上考虑价格与影响因子的关系。作者在选择 OA 期刊时也会在 APC 费用和期刊声誉之间进行权衡，选择对自己更有利的 OA 期刊出版。

由于 OA 出版是将收入来源由传统的出版后征订转向出版前的作者支付，因此，出版机构的收入直接取决于 OA 论文的发表数量。也正因为如此，近年来 OA 期刊数量和 OA 论文数量均呈爆发式增长，远远超过传统订阅类期刊同期所发表论文总数的增幅，并引发科学界对 OA 期刊的质量信任危机，并且不断有人质疑某些出版商或作者出版或发表 OA 论文的动机。2015 年年底，一篇题为“学术界每年向国外‘进贡’数十亿的论文版面费，惊心触目”（http://www.kunlunce.cn/ssjj/guojipinglun/2015-12-19/16630.html）的文章更是引起了我国科学界和政府部门对 OA 出版的极大关注和广泛讨论。

据中国农业科学院作物科学研究所《作物学报》、*The Crop Journal* 副主编程维红编审和《中国科学基金》责任编辑任胜利博士调查，2015 年中国在 SCI 收录 OA 期刊共发表 OA 论文 43581 篇（文献类型为研究论文、综述和研究快报），按推测出的收费标准（SCI 收录 OA 期刊的篇均 APC 为 1656 美元）计算，中国在 2015 年度共支付了 7217 万美元的 APC，约合 4.5 亿人民币。

需要说明一点是，并不是所有的 OA 期刊都收取论文发表费，那些处于创办初期的完全 OA 期刊，由于学术影响力有限，大多数是免收论文发表费的，甚至有些 SCI 来源期刊的 OA 期刊也是免收论文发表费的，如食品科技 SCI 来源 OA 期刊 *Food Technology and Biotechnology*（ISSN1330-9862，2015IF1.179）。从该刊下面的作者告知中可知，该刊为完全 OA 期刊，有政府财政支持，免收论文发表费。

Food Technology and Biotechnology is an international open access journal published by the Faculty of Food Technology and Biotechnology, University of Zagreb, Croatia. It is an official journal of Croatian Society of Biotechnology and Slovenian Microbiological Society, financed by the Croatian Ministry of Science, Education and Sports, and supported by the Croatian Academy of Sciences and Arts.

All published papers are peer-reviewed (see the chapter Editorial Process) and posted online as soon as they are accepted (first in an unedited form ahead of press and then in the final form after printing). The content of the Journal is available free of charge and there areno publication charges, except for the additional costs of colour printing.

OA 期刊论文发表费是否收取，收取标准如何，这些信息科技期刊作者可以登录访问相关期刊的官方网站来获取。例如，食品科技 SCI 来源完全 OA 期刊 *Food & Nutrition Research*（ISSN1654 - 6628，2015IF3.226）给作者明示如下所述。

Publication Fees

The publication of an article (up to 7 typeset pages) in *Food & Nutrition Research* incurs a charge of EUR 1750 excl VAT (Europe) or USD 2020 (rest of the world). Articles exceeding 7 pages incur an additional charge of EUR 85/USD 100 per page. It is customary that the author's institution covers the publication costs for articles resulting from research undertaken at the institution, or that money has been earmarked in the grant or stipend the author has received to be able to carry out the research. For a list of OA - friendly universities and funding agencies, please see here. Additional information on how to claim reimbursement/support for publication fees can be found here.

The total sum will be charged to the author (s) upon acceptance of his/her article. It is the publication year that governs the publication fee, not the submission year.

WAIVER POLICY - please see here.

WITHDRAWAL OF MANUSCRIPT If you withdraw your manuscript after it has been peer reviewed, or after it has been typeset (but not yet published) you will be charged according to the following:

For peer review: EUR 475/USD 565 per article

For peer review and typesetting: EUR 650/USD 755 per article

从以上信息可以看出，完全 OA 期刊 *Food & Nutrition Research* 对 7 个版面以下的论文收取发表费 2020 美元，每超 1 个版面加收 100 美元。该刊还对已通过同行评议而撤稿的论文收取论文评审费 565 美元，对已通过评审且排好版而撤稿的论文收取 755 美元的费用。

食品科技 SCI 来源期刊 *Food Chemistry* 是食品科技领域的大刊、名刊，该刊是混合 OA 期刊，它的 OA 政策如下所述。

Open access

This journal offers authors a choice in publishing their research:

Open access

- Articles are freely available to both subscribers and the wider public with permitted reuse.

- An open access publication fee is payable by authors or on their behalf, e. g. by their research funder or institution.

Subscription

- Articles are made available to subscribers as well as developing countries and patient groups through our universal access programs.
- No open access publication fee payable by authors.

Regardless of how you choose to publish your article, the journal will apply the same peer review criteria and acceptance standards.

For open access articles, permitted third party(re) use is defined by the following Creative Commons user licenses:

Creative Commons Attribution (CC BY)

Lets others distribute and copy the article, create extracts, abstracts, and other revised versions, adaptations or derivative works of or from an article (such as a translation), include in a collective work (such as an anthology), text or data mine the article, even for commercial purposes, as long as they credit the author (s), do not represent the author as endorsing their adaptation of the article, and do not modify the article in such a way as to damage the author's honor or reputation.

Creative Commons Attribution – NonCommercial – NoDerivs (CC BY – NC – ND)

For non – commercial purposes, lets others distribute and copy the article, and to include in a collective work (such as an anthology), as long as they credit the author(s) and provided they do not alter or modify the article.

The open access publication fee for this journal is USD 2600, excluding taxes. Learn more about Elsevier's pricing policy: https://www.elsevier.com/openaccesspricing.

Green open access

Authors can share their research in a variety of different ways and Elsevier has a number of green open access options available. We recommend authors see our green open access page for further information. Authors can also self – archive their manuscripts immediately and enable public access from their institution's repository after an embargo period. This is the version that has been accepted for publication and which typically includes author – incorporated changes suggested during submission, peer review and in editor – author communications. Embargo period: For subscription articles, an appropriate amount of time is needed for journals to deliver value to subscribing customers before an article becomes freely available to the public. This is the embargo period and it begins from the date the article is formally published online in its final and fully citable form.

This journal has an embargo period of 12 months.

从以上信息可知：期刊 *Food Chemistry* 提供论文 OA 出版服务供作者自愿选择，若作者选择 OA 出版，2016 年的收费标准是每篇 2600 美元；不管作者选择哪种出版方式，期刊都对论文进行严格评审；对绿色 OA 有具体要求，延迟期为 12 个月。

2.5　依据自身论文引用期刊情况来选择

上面谈到选择期刊的依据，大多是从投稿作者自身的需要出发展开讨论的，如作者需要影响因子较高的期刊，需要发表速度较快的期刊，需要出版费用较低的期刊，很少从稿件自身与拟投期刊的引证关系方面来探讨。众所周知，开展一项科学研究，必须在已有研究成果的基础上进行，也就是必须站在巨人的肩膀上，这样才能站得高、看得远，避免重复劳动，节省大量时间、人力、物力和财力。反映到科技论文中，就是引用大量的已有文献来说明开展某项研究的意义，证明自己成果的科学与新颖，反映自己论文的研究价值。一般来说，一篇科技论文少则有几篇参考文献，多则几十篇，甚至上百篇的参考文献。本节中，将从自身论文引用参考文献的情况来讨论如何选择投稿目标期刊。

2.5.1　论文的相关性

参考文献引用的基本目的是论证论文的创新性、科学性或价值，即通过引用已有文献的论题、观点、概念、理论、方法、结果、结论、事实、数据等，为论文的论证过程发挥论据、借鉴、参照和对比作用。一篇论文的参考文献在数量上可多可少，但都必须与论文的主题内容有一定的内在关联，确实起到一定的学术论证作用。拟投论文与所有被引用论文的相关程度不是相同的，有高的也有低的，其中相关程度较高的论文所在期刊就是投稿目标期刊。下面 3 种情况的相关程度较高，被引期刊是较好的目标期刊。

（1）如果拟投论文引用了某学科领域某一期刊近期发表的相关研究成果，用来说明论题的新颖性、开拓性，或论题虽然相同但研究内容有独到之处，如不同的研究视角、不同的研究方法、新的论据、新的观点和见解等，那么该被引期刊就是较好的目标期刊。

（2）将引文的观点、理论、方法、结果、结论等作为质疑、争论或反驳的对象，通过论证得出新的观点或创新见解。这种情况的相关性最好，但对拟投论文的要求也最高。如果能做到有理有据，论证严密，投稿的命中率是非常高的。

（3）通过引述已有文献理论、方法、结果或结论与论文提出的理论、方法、结果、结论进行对比分析，论证新的发现或新的应用。这种情况对论文的创新性要求最高，被引期刊是非常愿意接受这方面的论文的。

2.5.2 期刊的被引量

作者完成论文后，仔细看看文后的参考文献，不难发现，有些期刊被引用得多，有些期刊被引用得少，这是非常正常的引文行为。拟投论文引用较多的期刊一般可以作为投稿的目标期刊。理由有以下几点。

（1）作者引用了该期刊上的多篇论文，说明作者的论文内容与该刊已发表的论文有密切的关系，这些论文对作者的研究有一定的借鉴作用，否则，就不会成为引文。

（2）期刊被引用得多，说明作者比较关注该期刊。作者对某一期刊感兴趣，就会经常翻阅某一期刊，仔细阅读上面的论文，就成为该期刊忠实的读者。

（3）期刊是比较喜欢自己被引用的。一般来说，期刊被引用的越多，对期刊的定量评价、排名越有好处。众所周知，科技期刊的影响因子等评价指标是作者选择投稿的参考指标，期刊被引用的越多，期刊的总被引频次就越大，影响因子就可能越高。科技期刊的作者应明白这一点，正常的期刊自引是非常受目标期刊欢迎的。

2.5.3 引用的时效性

上面介绍了根据期刊的被引频次的多少来选择目标期刊，如果进一步深化，还可以根据期刊被引频次的年度分布来选择目标期刊。将稿件的参考文献的出版年份按降序排列，选取最近两三年内被引次数较多的期刊作为投稿的目标期刊，不失为一种较好的投稿选择。

如果投稿论文引用最近两三年发表的论文较多，说明稿件研究的主题紧跟时代，极有可能是目前关注的重点、热点或难点课题。这样的论文发表后，也同样容易得到其他研究人员的引用、借鉴。

科技期刊接受这种带有期刊自引的稿件，不仅能紧跟学科研究热点，还可以提高期刊的被引频次与影响因子。所以，一般科技期刊是乐意接受这样的稿件的，只要同行评议专家不是明确否决，稿件的初审和终审通过率是非常高的。

2.5.4 被引者的身份

上面介绍的是从被引期刊中选择目标期刊的方法，这里将介绍如何从被引论文的作者身份来间接选择投稿的目标期刊。众所周知，科技论文发表之前都必须经过严格的同行评议，要进行同行专家审稿，期刊编辑就要选择合适的期刊审稿专家。然而，当今科学技术的发展日新月异，一方面，各专业学科的划分越来越细，学科的专业化程度越来越深，研究层次越来越高；另一方面，各专业学科又相互交叉、渗透，交叉学科、边缘学科不断涌现。现代科学技术的这种高度分化和综合对科技期刊的同行评议工作提出了极大的挑战。对于一些专业程度较深的论文，即使是专业对口的专家，如果他的研究领域与所审论文课题的研究领域不同，也可能得不到理想的评审效果。因此，科技期刊编辑常常利用作者论文的文后参考文献来选择相关论文的作者作为期刊的审稿人。

大多数科研工作者，对于自己所从事的研究领域无疑是最感兴趣的。当他收到一篇恰好与他的研究课题相同或相似的论文，他就能对稿件内容的每个细节进行认真的推敲，对于专业术语的规范化、文后参考文献的真实性、完整性等能做出一般审稿人不易觉察的订正；对稿件是否具有科学性、创新性等重大问题能做出客观的评价；对稿件存在的问题和不足也往往提出得比较准确；对稿件的修改意见提得比较详细具体，甚至还能为作者今后进一步的研究方向提出宝贵的意见和建议。

大多数科研工作者，往往比较关心其论文发表后的被引情况。当他审阅一篇引用了他的论文的稿件时，常常会引起他的兴趣和关注，即使工作再繁忙，也能及时予以审评，审稿周期也较一般审稿人短，审稿态度也更为认真。

由此可见，选对合适的审稿人，不但审稿质量高，而且审稿速度快，这是每个投稿作者梦寐以求的。如果投稿作者对自己拟投论文所引用论文的作者进行细致的分析，就可能发现这些论文作者中就有某某期刊的编委、副主编或者主编等信息。国内外所有的科技期刊的编委，特别是 SCI 来源期刊的编委，一般是要承担所在期刊的部分审稿工作的，不过国内科技期刊的编委如果是行业知名专家，承担的审稿任务会相对少些，因为他们的社会活动与行政事务太多。如果拟投论文引用的论文作者中有期刊的编委，那么该期刊就是较好的目标期刊。因为投稿作者不仅引用了拟投期刊，而且引用的可能是审稿专家的论文，这对期刊与审稿专家都是有利的，论文的评审通过率会相对较高。

3　如何有条理地对初稿进行检查

论文初稿完成后，千万不要急于投稿。因为初稿中难免存在不少问题，需要论文作者或者他人仔细检查才能发现。存在问题不可怕，关键是要认真对待，不能将论文存在的问题，呈现给期刊编辑、同行评议专家，否则，会严重影响稿件的评审。

对论文初稿进行检查，涉及的内容相当多，大到论文的逻辑结构，小到论文的标点符号。目前，科技论文写作规范方面的书籍较多，这些书籍对科技论文的编排格式、数字用法、量和单位、外文字母、标点符号、图表设计、数据处理、语言文字等方方面面都有详细的阐述，论文作者应对以上各方面的内容进行细致认真的检查，力争做到论文表达规范，符合期刊的投稿要求。本章中本书作者不再对以上内容专门进行讲解，将从科技期刊编辑的视角，以科技论文的内容模块为脉络，列举出论文各部分的检查要点，提醒论文作者对照检查。本章中列出的检查要点，大多是期刊编辑在审阅来稿时经常遇到的、论文作者容易忽视的问题，论文作者一般难以发现这些错误，有些错误甚至是致命性的，直接导致论文评审不能通过。

3.1　论文题名

《科学技术报告、学位论文和学术论文的编写格式》(GB/T 7713—1987) 对题名的定义与要求是题名以最恰当、最简明的词语反映报告、论文中最重要的特定内容的逻辑组合。题名所用每一词语必须考虑到有助于选定关键词和编制题录、索引等二次文献可以提供检索的特定实用信息。题名应该避免使用不常见的缩略词、首字母缩写字、字符、代号和公式等。题名一般不宜超过 20 字。

一般来说，题名的确定应遵循的原则是具有新意创意，富含信息简明扼要，概念准确并具有吸引力和可检索性。因此，一个好的题名应该用最少的字、最精确的词语、最准确地反映论文的内容。

科技论文的题名应能准确地表达论文的特定内容，恰如其分地反映研究的范围和达到的深度。同时，题名还应简洁，而且符合中文或者英文的语法规则、逻辑规则，没有语病。但是，在期刊来稿中，题名存在的问题较多，也较普遍。因此，建议论文作者从以下 3 个方面对论文题名进行检查。

3.1.1　检查文题是否相符

期刊来稿的文题不符是比较常见的。文题不符是指题名严重脱离了论文的内容或题名不确切，不能准确地表达论文的特定内容。

有位作者的来稿为《高灵敏的磁酶免疫吸附分析法用于谷物中伏马菌素FB1的快速检测》，从论文的题名来看，大致可以推断出高灵敏的磁酶免疫吸附分析法是一种现成的检测方法，应该是作者首次将该方法用于谷物中伏马菌素的快速检测。但是，仔细阅读该论文后发现，高灵敏的磁酶免疫吸附分析法是作者建立的一种用于谷物中伏马菌素的快速检测的新方法。此论文的题名不仅不能反映论文的内容，而且掩盖了论文的创新性。如果将题名改为《一种快速检测谷物中伏马菌素FB1的新方法》或者《一种快速检测谷物中伏马菌素FB1的新方法——高灵敏的磁酶免疫吸附分析法》，就能准确地表达作者的意图，做到文题与内容的一致。

有位作者利用差的茶叶末作培养基，液体发酵培养灵芝，然后把混合发酵物作为液态灵芝菌茶。此研究得到的论文题名为《灵芝在茶叶发酵中的应用研究》，该题名太笼统，体现的内容太广泛，但实际内容却很局限，可以修改为《利用灵芝菌在茶培养基中发酵生产灵芝菌茶》。

某实验采用GC-MS法，对黄酒中的挥发性成分进行了分析。论文题名为《色谱法分析黄酒的化学成分》，该题名中的“色谱法”和“化学成分”都不够具体，很宽泛，可以修改为《GC-MS法分析黄酒的挥发性成分》，因为挥发性成分一般都是采用GC-MS法分析的。

有篇来稿为《基于不同制剂脂质体制备方法选择的研究》，仅看题名可以判断此文是对脂质体制备方法的研究，应该为对几种制备方法进行比较与选择。但是，仅看论文的摘要部分“介绍了传统脂质体制备方法（如薄膜分散法、逆相蒸发法和溶剂注入法等）和现代脂质体制备方法（如超临界流体逆相蒸发法、复乳-冻干法和膜接触器法）的原理、过程和特点”，便知这是一篇综述论文，题名可以改为《不同制剂脂质体制备方法的研究进展》。

由于论文写作的时间较长，作者的思绪不是非常连贯，往往出现文题不符的现象，因此，论文初稿完成后，要静下心来，好好理顺一下论文的脉络，尽量减少文题不符的现象。

3.1.2 检查是否存在歧义

论文题名中含有多种含义的词语，或者选词与词序存在歧义，容易使读者产生误解。

某论文题名为《煎炸油质量测试仪的研制》，由于“质量”具有所含物质多少的质量（mass）与产品优劣程度品质（quality）等不同含义，而论文内容是指测量煎炸油的品质，而不是煎炸油的多少，因此题名可改为《煎炸油品质测试仪的研制》。

某来稿题名为《稀土与吡啶甜菜碱和2-2-联吡啶配合物的研究》，读者可以从题名中得出 3 种理解：①稀土、吡啶甜菜碱、2－2－联吡啶配合物 3 种物质的研究；②稀土、吡啶甜菜碱与 2－2－联吡啶配合物的研究；③稀土、吡啶甜菜碱和 2－2－联吡啶三元配合物的研究。从论文具体内容来看，其题名应改为《稀土－吡啶甜菜碱－2－2－联吡啶三元配合物的合成》，这样才能文题相符。

3.1.3　检查题名是否简洁

题名应当言简意赅，以最少的文字概括尽可能多的内容。一般来说，中文论文的题名不应超过 20 字，英文论文的题名建议使用 10～12 个单词。

在平常的期刊来稿和已公开发表的论文中，经常会看到论文题名中含有“……的研究”“……的实验研究”“……的实验观察”“……的初步研究”“试论……”“……的浅论”“……的初探”“Studies on……”“An investigation……”“Experimental observation of ……”等，这些词都是冗余的，应当尽量避免。实际上，无论是“实验”，还是“观察”“研究”等，都是完全无用的词，应该避免使用这些“废字”（waste word）。道理很简单，因为论文本身就是实验，就是观察，就是研究，无需在题名中再行赘述。至于是不是“初步的”“基本的”“重要的”研究，是“初探”，还是“深论”，也无需作者在题名中加以声明，而应留出更多的空间让读者去判断和评论。

题名《关于粮食中所含黄曲霉毒素的快速分析方法的研究》给人的感觉不够简短，过于冗长，可修改为《粮食中黄曲霉毒素的快速分析法》，字数由 22 个减少为 14 个字，修改后的题名简洁明了。

题名《The study of effects of Lingzhi extracts on human colon cancer HCT116 cells》和题名《The experimental study of effects of Lingzhi extracts on human colon cancer HCT116 cells》中使用了“垃圾词汇”“the study of”和“the experimental study of”，此题名可修改为《Anticancer effects of Lingzhi extracts on human colon cancer HCT116 cells》，新题名简明而清晰。

3.2　作者署名

科技论文的写作离不开作者，而科技论文的发表牵涉作者署名的问题。署名一般包括作者姓名、作者单位、地址及邮政编码、作者简介、通信作者等信息。《科学技术报告、学位论文和学术论文的编写格式》（GB/T 7713—1987）规定：学术论文的个人作者，只限于那些对于选定研究课题和制订研究方案、直接参加全部或主要部分研究工作并做出主要贡献，以及参加撰写论文并能对内容负责的人，按其贡献大小排列名次。

科技论文的署名是非常严肃的事情，一定要实事求是，认真对待。论文的初稿完成后，可以从以下 3 个方面对论文的署名进行检查，以便明确责任，方便读者联系，提高自身成果识别的准确性。

3.2.1 是否确认作者的贡献

作者对论文的贡献主要表现在以下多个方面：构思与设计、研究准备、数据分析、数据解释、论文撰写、论文修订、数据搜集、数据整理、提供试剂（案例）、提供分析工具（技术）、监督管理、获取资助、执行实验、文献调研与整理、构建模型、绘制图表等。

国际医学期刊编辑委员会（International Committee of Medical Journal Editors，简称 ICMJE）规定论文中署名作者应该具备的 4 条标准：①对论文（该项研究）的构思、设计及数据搜集、分析和解释有实质性贡献；②撰写论文/参与论文重要内容的修改；③最终版本的确定；④同意负责所有方面的工作，以确保相关问题的正确性和完整性都能够得到适当的调查和解决，并规定上述 4 条标准如果缺少一条，就不能被当作作者列入，但是这些学者应该列入“致谢”中，要求每一名作者都应该对自己所做的工作负责任。

目前 ICMJE 的标准已经成为众多期刊规范科研环境的标准，诸多国外学术出版社都以此为标准明确相关政策。国内外部分期刊都增设了新内容“Authors' contributions”，对应的中文名称为“作者贡献”。这一做法的好处是不仅解决了作者之间的矛盾，明确了不同作者在研究过程中所做的具体工作，而且为日后的著作权纠纷和学术不端的认定起着重要作用，因为每个作者在研究中所做的工作都有具体的描述和记录。

图 3.1 为期刊 *Nutrition Journal* 上发表的一篇论文，文中有“Authors' contributions”的具体内容，对每位作者所做的工作都进行了说明。

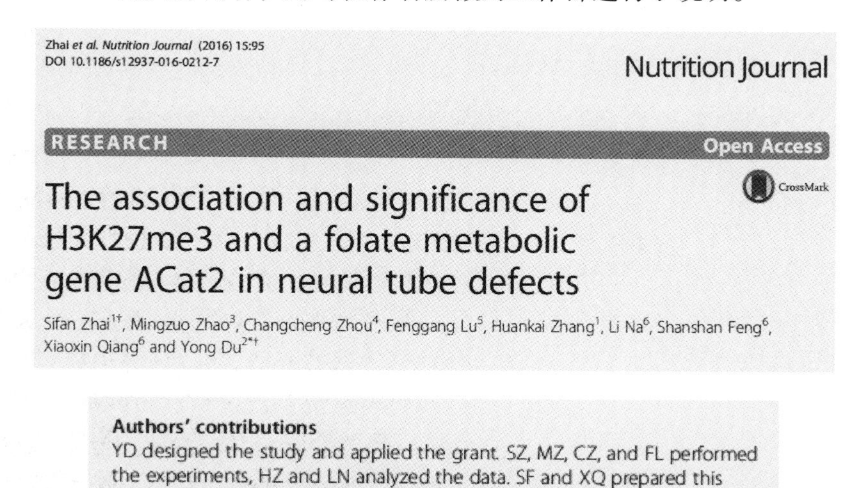

Zhai *et al. Nutrition Journal* (2016) 15:95
DOI 10.1186/s12937-016-0212-7

Nutrition Journal

RESEARCH Open Access

CrossMark

The association and significance of H3K27me3 and a folate metabolic gene ACat2 in neural tube defects

Sifan Zhai[1†], Mingzuo Zhao[3], Changcheng Zhou[4], Fenggang Lu[5], Huankai Zhang[1], Li Na[6], Shanshan Feng[6], Xiaoxin Qiang[6] and Yong Du[2*†]

Authors' contributions

YD designed the study and applied the grant. SZ, MZ, CZ, and FL performed the experiments, HZ and LN analyzed the data. SF and XQ prepared this manuscript. All authors read and approved the final manuscript.

图 3.1 期刊 *Nutrition Journal* 的 Authors' contributions

科技期刊公布“作者贡献”是一项新的举措，值得广大论文作者采纳与执行。即使拟投期刊不要求提供作者贡献声明，论文作者也应尽量明确论文每位作者的贡献，作为论文的原始资料的一部分加以保存。做到谁做的工作谁承担相应的责任，以免日后出现学术不端等问题时说不清。

3.2.2　检查是否有通信作者

通信作者（corresponding author）是论文的通信联系人和主要责任人，对论文内容的真实性、数据的可靠性、结论的可信性以及是否符合法律规范、学术规范和道德规范等方面负主要责任。通信作者常常承担着课题经费保障、仪器设备保障、研究方案设计、文章修改等职责。

多数情况下，第一作者一般为直接参与课题研究的助手、研究生进修人员，通信作者一般为研究生导师或者课题负责人。目前，国内外许多科技期刊都要求作者注明谁是通信作者，以便期刊编辑与期刊读者联系。

通信作者既可以是第一作者，也可以是第二、第三、末位的作者，还可以是其他位次的作者。在西方，科技论文的通信作者一般排在最后。不管通信作者排在什么位置，一定要标出通信作者的具体联系方式。需要特别提醒的是，当通信作者与第一作者不是同一人时，第一作者一定要经常提请通信作者关注稿件的编辑出版状态，以免耽误论文的正常发表。因为经常有“甩手掌柜式”的通信作者，他们行政事务、学术活动繁多，不能及时处理邮件。

近年来，出现了共同第一作者（co－first author）和共同通信作者（co－corresponding author）的情况。图3.2所示的论文有8位作者，第一作者Zi－Fei Qin与第二作者Yi Dai为共同第一作者，姓名的右上方均带有相同标识，页面脚注为These authors have equal contribution to this work；第三位作者Zhi－Hong Yao与第八作者Xin－Sheng Yao为共同通信作者，姓名的右上方均带有星号（*），页面脚注为Corresponding authors at：College of Pharmacy，Jinan University，Guangzhou 510632，PR China（Z.－H. Yao；X.－S. Yao）。

3.2.3　检查是否申请ORCID

ORCID是Open Research and Contributor ID的简称，即开放学术出版物及学术产出的作者（即科研工作者）标识符。ORCID是一套不产生任何费用的、在全世界范围唯一的16位身份识别码，是科研工作者在学术领域的身份证。科研工作者的ORCID，相当于文献领域数字对象的DOI、期刊的ISSN、中国公民的身份证。ORCID有4组共16位数字组成，每4个数字之间用短线连接，例如0000－XYZQ－ABCD－EFGH，其中，国别用XYZQ表示，姓名和邮箱用ABCD－EFGH表示。

科研产品（包括论文、著作等）的责任者的名称具有复杂性，其具有的歧

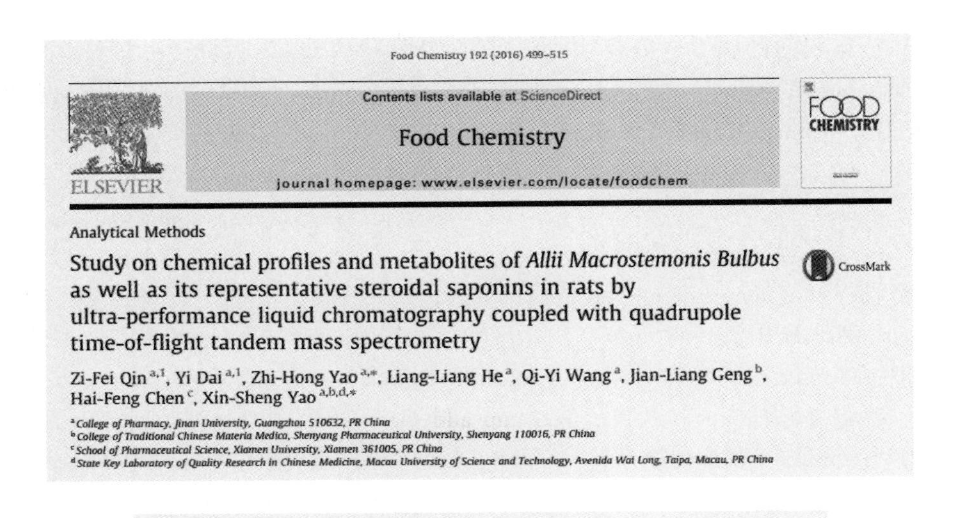

Food Chemistry 192 (2016) 499–515

Contents lists available at ScienceDirect

Food Chemistry

journal homepage: www.elsevier.com/locate/foodchem

ELSEVIER

FOOD CHEMISTRY

Analytical Methods

Study on chemical profiles and metabolites of *Allii Macrostemonis Bulbus* as well as its representative steroidal saponins in rats by ultra-performance liquid chromatography coupled with quadrupole time-of-flight tandem mass spectrometry

CrossMark

Zi-Fei Qin[a,1], Yi Dai[a,1], Zhi-Hong Yao[a,*], Liang-Liang He[a], Qi-Yi Wang[a], Jian-Liang Geng[b], Hai-Feng Chen[c], Xin-Sheng Yao[a,b,d,*]

[a] College of Pharmacy, Jinan University, Guangzhou 510632, PR China
[b] College of Traditional Chinese Materia Medica, Shenyang Pharmaceutical University, Shenyang 110016, PR China
[c] School of Pharmaceutical Science, Xiamen University, Xiamen 361005, PR China
[d] State Key Laboratory of Quality Research in Chinese Medicine, Macau University of Science and Technology, Avenida Wai Long, Taipa, Macau, PR China

* Corresponding authors at: College of Pharmacy, Jinan University, Guangzhou 510632, PR China (Z.-H. Yao; X.-S. Yao).

E-mail addresses: tyaozh@jnu.edu.cn, yaozhihong.jnu@gmail.com (Z.-H. Yao), tyaoxs@jnu.edu.cn (X.-S. Yao).

[1] These authors have equal contribution to this work.

图 3.2　共同第一作者、共同通信作者示例

义性是国际上普遍存在的问题。由于我国的姓名的命名、书写等规则与英语的差距较大，就导致了在实践中会遇到重名、别称、名字变动、发音相同或相近的名字，这些用中文表示是没有问题的，但是用国际通用语英文来表示，就会出现责任者唯一性的不确定，例如，同音不同字的两个人，“李丽” 和 “李利” 用中文很容易区分，但是用英语翻译都是 “Li Li”、难以区分，影响了以人为中心的信息组织。因此，责任者姓名歧义是一个阻碍我国期刊界、学术界与国际接轨和通畅交流的重要问题。我国汉字具有英语不具备的一音多字和姓名结构等特点，因此采用英语为官方语言的国际组织很难对我国作者进行准确地识别，姓名写法问题已经导致了我国科研工作者在国际交流中的身份识别危机问题。

科研工作者的名字具有多样性，在科研成果发表过程中会遇到科研工作者的名字重名、同一个科研工作者有几个名字、翻译的前后顺序问题、西方名字缩写、同音字或形近字的名字，这些问题导致了科研工作者的唯一性被混淆、属性信息失真。因此，为了准确地关联科研工作者的标识与其发表的作品，同时在最大程度上促进科研成果归属的组织和规范，汤森路透集团和自然出版集团等全球性学术出版机构于 2009 年 11 月发起了 ORCID 项目。

ORCID 注册系统可以免费供个人使用，科技期刊的作者可以通过 http：//orcid. org 注册获取 ORCID 标识符，管理其活动记录或在注册系统搜索其他内容。

食品科技 SCI 来源期刊 *Journal of Agricultural and Food Chemistry* 在其 Scope ·

Policy · Instructions for Authors 中有如下的叙述：

All authors are strongly encouraged to register for an ORCID iD, a unique researcher identifier. With this standard identifier, you can create a profile of your research activities to distinguish yourself from other researchers with similar names and make it easier for your colleagues to find your publications. Learn more at http://www.orcid.org. Authors and reviewers can add their ORCID iD to, or register for an ORCID iD from, their account in ACS Paragon Plus.

The ORCID Registry is available free of charge to individuals, who may obtain an ORCID identifier, manage their record of activities, and search for others in the ORCID Registry. Authors and reviewers can add their ORCID ID to, or register for an ORCID ID from, their account in ACS Paragon Plus. Submitting authors have the option to provide existing ORCID IDs for coauthors during submission, but they cannot create new ORCID IDs for coauthors.

由此可见，使用 ORCID 的好处是非常明显的，国际主流的食品科技期刊强烈推荐作者使用 ORCID。

3.3 摘要与关键词

摘要又称概要、内容提要，是一篇论文的缩影，是论文主要内容的摘录。《科学技术报告、学位论文和学术论文的编写格式》(GB/T 7713—1987) 阐述：摘要是报告、论文的内容不加注释和评论的简短陈述。摘要应具有独立性和自含性，即不阅读报告、论文的全文，就能获得必要的信息。摘要中有数据、有结论，是一篇完整的短文，可以独立使用，可以引用，可以用于工艺推广。摘要的内容应包含与报告、论文同等量的主要信息，供读者确定有无必要阅读全文，也供文摘等二次文献采用。摘要一般应说明研究工作目的、实验方法、结果和最终结论等。而重点是结果和结论。

关键词是论文中若干个具有关键性的自然语言词汇，是反映该论文主题内容的最重要的词、词组或短语。《科学技术报告、学位论文和学术论文的编写格式》(GB/T 7713—1987) 规定：关键词是为了文献标引工作从论文中选取出来用以表示全文主题内容信息款目的单词或术语。

3.3.1 摘要是否有结构式摘要要点

摘要按功能来划分，可分为报道性摘要、指示性摘要、报道－指示性摘要和结构式摘要 4 种类型。

（1）报道性摘要　报道性摘要是一次性文献的内容概要，实际上相当于简介。这种摘要一般用来反映科技论文的目的、方法、主要结果和结论。它要求作者在有限的字数内提供尽可能多的定量及定性的信息，充分反映研究的创新之处。学术性期刊大多采用这种报道性摘要。

（2）指示性摘要　指示性摘要是一次性文献的论题及所取得成果的性质和水平的简短陈述。指示性摘要适用于内容较少或数据不多的论文，其目的是使读者对研究的主要内容有一个概括的了解。

（3）报道－指示性摘要　报道－指示性摘要是对论文中价值较高的部分采用报道性摘要的写法，其余部分采用指示性摘要的写法。

（4）结构式摘要　结构式摘要是20世纪80年代中期出现的一种摘要文体，该摘要实质上是报道性摘要的结构化表达。结构式摘要与传统摘要的差别在于其为便于读者了解论文的内容，行文中用醒目的字体（黑体、全部大写或斜体等）直接标出目的（aim/objective/purpose）、方法（methods）、结果（results/findings）和结论（conclusions）等词语。图3.3为期刊*Nutrition Journal* 2016年发表的一篇论文（DOI 10.1186/s12937－016－0212－7）的摘要，该摘要是典型的结构式摘要。

Abstract

Aim: To study the association between the expression of H3K27me3 and ACat2 (a folate metabolic protein), in order to elucidate the protective mechanism of folic acid (FA) in neural tube defects (NTDs).

Methods: Eighteen female SD rats were randomly divided into normal, NTD and FA group. NTD group was induced by all-trans retinoic acid (ATRA) at E10d. FA group was fed with FA supplementation since 2 weeks before pregnancy, followed by ATRA induction. At E15d, FA level in the embryonic neural tube was determined by ELISA. Neural stem cells (NSCs) were isolated. Cell proliferation was compared by CCK-8 assay. The differentiation potency was assessed by immunocytochemical staining. H3K27me3 expression was measured by immunofluorescence method and Western blot. ACat2 mRNA expression was detected by qRT-PCR.

Results: Cultured NSCs formed numerous Nestin-positive neurospheres. After 5 days, they differentiated into NSE-positive neurons and GFAP-positive astrocytes. When compared with controls, the FA level in NTD group was significantly lower, the ability of cell proliferation and differentiation was significantly reduced, H3K27me3 expression was increased, and ACat2 mRNA expression was decreased ($P < 0.05$). The intervention of FA notably reversed these changes ($P < 0.05$). H3K27me3 expression was negatively correlated with the FA level ($rs = -0.908$, $P < 0.01$) and ACat2 level ($rs = -0.879$, $P < 0.01$) in the neural tube.

Conclusion: The increased H3K27me3 expression might cause a disorder of folate metabolic pathway by silencing ACat2 expression, leading to reduced proliferation and differentiation of NSCs, and ultimately the occurrence of NTD. FA supplementation may reverse this process.

图3.3　科技论文的结构式摘要示例

目前，无论是中文还是英文食品科技期刊，采用结构式摘要形式的期刊并不多，大多采用的是报道性摘要。由于年轻作者特别是研究生作者，撰写摘要不是很老练，写出的摘要内容不够全面。因此，强烈建议论文作者按结构式摘要的要点来撰写，将摘要分成目的、方法、结果、结论4个部分来写，然后根据拟投期刊格式要求适当整理即可。这样的好处是，可以做到所有期刊通用，只要论文内容不变，投哪家期刊摘要都不用重新撰写。

3.3.2 看关键词是否体现论文主旨

关键词既可以是规范的主题词，也可以是未加规范的自由词。无论是选用主题词还是自由词作为关键词，都必须准确、客观、完整地提示论文的主题思想，反映论文的本质内容。适宜的关键词有利于科技论文在数据库中被准确检索到，因而起到促进学术交流的作用；有利于增加读者对论文的兴趣，使论文拥有更为广泛的读者，也起到了促进学术交流的目的；有利于读者准确检索，提高论文的被引用率。

关键词的合适与否，对期刊、论文作者、读者都有一定的影响。关键词选取不当不仅会给论文的检索带来一定的影响，而且会使期刊论文失去许多被引用的机会。因此，论文初稿完成后，必须认真检查关键词是否体现论文的主题内容。大致可以从以下两个方面加以判断。

（1）关键词与题名、摘要的相关性　所选取的关键词一般应在论文的题名或摘要中出现过，能够反映论文主要信息和内容并具有实质性意义。当然也不排斥从论文的其他核心内容中选取能高度概括论文信息的词或词组作为关键词。

（2）关键词的专指性与通用性　对于科技论文题名中经常出现的一些通用词，如对策、应用、探讨、开发、原则，有机化合物、实验动物、药用植物等，不宜作为科技论文的关键词。因为通用词在大多数科技论文中都可使用，使其在揭示某一论文主题内容的专指性方面作用大大降低，失去了关键词的作用。

3.3.3 核查摘要字数与关键词数量

《科学技术报告、学位论文和学术论文的编写格式》(GB/T 7713—1987）规定：中文摘要一般为200～300字，外文摘要不宜超过250个实词。每篇论文选取3～8个词作为关键词。

国外许多英文期刊对摘要的长度要求更短些，如 *Journal of Agricultural and Food Chemistry* 和 *Food Chemistry* 对摘要的篇幅限制为不超过150个单词，而有的杂志，如 *Food Nutrition Research*，允许摘要篇幅稍长些，为200～300个单词。因此，应根据目标期刊的要求来适当调整摘要的长度。

一般来说，无论是中文还是英文科技期刊，关键词的数量不应少于3个、超过10个。对于有具体数量要求的期刊，应严格按要求执行。对于没有明示的期刊，如食品科技两大期刊 *Journal of Agricultural and Food Chemistry* 和 *Food Chemistry*，可以遵循上述原则。

3.4 引言

引言是一篇论文的引导语或开场白，是科技论文的重要组成部分。撰写引言的目的是向读者交代进行本研究工作的背景材料、研究的动机和原因、试图达到的目的等，使读者对论文有足够的了解和认识。《科学技术报告、学位论文和学术论文的编写格式》(GB/T 7713—1987) 规定：引言简要说明研究工作的目的、范围、相关领域的前人工作和知识空白、理论基础和分析、研究设想、研究方法和实验设计、预期结果和意义等。引言应言简意赅，不要与摘要雷同，不要成为摘要的注释。引言反映了作者对文献的掌握程度、对问题的认识深度，是审稿人评判论文的关键因素之一。

3.4.1 引言的内容是否完整

一般来说，比较完整的引言应主要包括以下几方面的内容，作者可以对照初稿，检查论文引言的内容是否完整。

(1) 介绍研究背景　在论文的引言中，作者应简述所研究领域的背景材料，也就是该研究的历史回顾。介绍所要研究问题的历史情况与现实状况，让读者了解本研究的理论依据、来龙去脉、前人已达到的水平、已解决的问题和尚待解决的问题等。

(2) 提出研究问题　对研究背景进行介绍后，应明确地把问题提到读者面前，并且说明问题的重要性，让读者都深切地感到此问题亟待解决。这些问题包括以前的学者还没有或处理得不够完善的重要课题、由过去的研究衍生出来的有待探讨的新问题、对以前使用的方法或者技术进行改进和完善、对以前成果的错误进行指正等。

(3) 解决研究问题　提出了要进行研究的问题后，应明确指出要解决这些问题的思路、设想和办法，简述实验设计、方法、路线及研究的理论基础等。通过实验研究，让读者确信解决问题的设想和方案是有道理的，整个引言的思路是顺理成章的。

(4) 阐述研究意义　简要说明本研究的预期结果和研究意义，让读者明白为什么解决这些问题是必须的，本研究理论意义是什么，或者有什么应用价值。

3.4.2 文献的引用是否全面

引言相当于一篇篇幅较短的综述，需要引用大量的文献。任何研究都离不开前人的研究基础，必须在前人研究的基础上进行。在引言中所综述的研究背景、所发现的不足和问题、所提出的解决方案等都需要引用文献作基础、支撑和依据。可以说，一篇论文的引言如果没有参考文献简直是不可想象的。论文的引言直接影响审稿人对论文的评判，其中文献的引用情况至关重要。

要把某一领域中的过去和现在的基本状况概括而简明地总结出来，就必须引用该领域内最经典、最权威、最新颖的文献。如果审稿人认为作者掌握的文献不全面、不新颖，拒稿的可能性就比较大。同时，作者引用自己的论文，一定要根据论文的需要来决定取舍，要做到恰当、合适、自然。

3.4.3　成果的评价是否客观

引言的写作过程中，难免要指出前人的研究成果存在的问题与不足，阐述自己取得的研究结果具有的价值与意义。不管是对自己还是对他人的成果进行评价，都应客观公正、实事求是、尊重科学。

提示别人研究存在的问题与局限性时应尽量客观，不可有意无意地贬低别人的工作，更不可断章取义、曲解别人的研究成果，使用语言应尽量婉转平和，避免一针见血。阐述自己的创新点时要谨慎小心，不可过于夸张。在评价自己的研究成果时，要慎重使用“首次发现”“国际水平”“填补空白”“第一次”等词语，以免引起期刊编辑与审稿人的反感，降低论文通过的概率。作者只要如实报道自己的成果就行了，论文水平的高低、论文质量的好坏，留给读者与审稿人来评价。

3.5　材料与方法

材料与方法主要是说明研究所用的材料、方法和研究的基本过程。它回答的问题是如何研究所提出的问题，用什么具体方法进行研究，用这种方法是如何进行研究的，用什么方法进行统计处理。写作材料与方法的目的是使读者能在相同的条件下，用同样的方法能够做重复试验或采用类似的方法能够解决相同的科研问题。当论文提交给评审专家时，审稿专家常常会仔细阅读材料与方法部分，如果评审专家对作者是否采取了正确可行的研究方法或技术或实验能否被重复高度怀疑，就会建议退稿。由此可见，材料与方法部分的规范表达对于论文的评审至关重要。

3.5.1　材料描述是否清楚准确

材料描述中应该清楚地指出研究对象的数量、来源和准备方法。如果采用具有商品名称的仪器、化学试剂或者药品时，还应包括对仪器进行精确的技术说明，并列出试剂或药品的主要化学和物理性质，甚至包括仪器和样品制造商的名称和所在地。

实验用的动物、植物和微生物应用学名准确地标识出，并说明其来源和特殊性质、抽样的要求或标准等。如果选用了人作为研究对象，应给出挑选标准，同时还要求作者提供研究对象授权同意的声明和作者所在单位的同意函，投稿时如果缺少这方面的材料，稿件将不被受理。

需要指出的是，有些作者喜欢将所用的全部试剂与仪器设备一一列出，这一点是不可取的。提醒年轻作者注意：只需要列出重要试剂，特别是可能会直接影响测试结果和重复性的标准品等，一般的化学试剂不需要列出。仪器设备的要求也同样。

3.5.2 方法叙述是否详略得当

作者可以根据以下3种情况来检查论文所使用的方法，检查方法叙述是否详略得当。

当使用的方法为国际标准、国家标准或者行业标准时，写出具体的标准代码和标准名称即可，不提倡将标准作为参考文献进行标注。因为知道了标准的代码与名称，就能查到标准的具体内容，不管作者是通过什么渠道得到的。

当使用别人或者自己以前正式发表过的论文中阐述的方法时，就不必详细地重复介绍方法的细节，而应采用引文的方式加以标注，这不仅是尊重前人成果的表现，而且可以精练文字，节省版面。如果读者想进一步了解方法的详细情况，可以查找相关参考文献来获取。

当使用自己新建立的方法，或者对他人的方法进行实质性改进，则应说明采用此方法的理由，并详细地介绍方法的具体细节，以便同行能够用此方法重复实验，也便于审稿人更好地评判稿件。

3.5.3 统计方法简介是否规范

统计学处理是材料与方法部分不可欠缺的内容，作者来稿中经常出现表达不规范的问题。一些论文只交代统计软件，而不交代具体的统计分析方法；或只交代统计分析方法，而不交代使用的统计软件；还有的不交代检验水准。这些问题对论文的评审有一定的负面影响。

一般来说，比较规范的统计学处理内容包括统计软件及版本、统计分析（包括统计描述与统计推断）方法、检验水准三部分。以题为《槲皮素对前列腺癌细胞热休克蛋白27表达的影响》为例，其统计学处理如下：采用SPSS 17.0统计软件，所有数据以均数±标准差表示，组间比较采用t检验，$P<0.05$为差异有统计学意义。从中可以看出，所用软件为SPSS，版本为17.0，统计描述方法为均数±标准差，统计推断方法为t检验，检验水准$\alpha=0.05$。

3.6 结果

结果是科技论文的重要组成部分，是科技论文的根基、核心，可以比喻成论文的心脏和灵魂，是作者提出理论或假说的依据。结果主要告诉读者在研究期间发现了什么，把作者所观察到的结果，客观而准确地呈现给读者。要求作者在组织、总结、分析、科学归纳及统计学处理的基础上，采用文字、插图和表格的方式，把在实验中所观察到的现象、所记录到的数据、所拍摄的资料和所测试的数据都一清二楚地呈现出来。

3.6.1 图表文字内容是否重复

对于实验结果可以采用文字、表格、插图3种形式表达。期刊来稿中经常出现的写作问题是插图、表格内容重复，即同一组数据既用插图表示又用表格表示；用文字重复叙述图与表中的所有数据。

如果实验数据用表格来呈现，就不要同时再用插图来呈现，反之亦然。至于说用插图还是用表格来呈现同一数据，就具体情况具体分析。一般认为，既可以用插图也可以用表格时，建议首选插图。

如果只有一个或很少的测定结果，在正文中用文字描述即可；如果数据较多，可采用图表形式来完整、详细地表达，文字部分则用来指出图表中资料的重要特征或趋势。切忌在文字中简单地重复图表中的数据，而忽略叙述其趋势。

以观察形态特征为主的论文，一般不适于用表格表达，而以文字描述为主，配合使用形态学图片。

3.6.2 文中图表的自明性如何

插图是一种形象化的表达方式，表格是简明、规范化的科学用语。使用插图与表格的要求是正确合理，简明清晰且具有自明性。所谓自明性是指通过图与表就能大体了解研究的基本结果和内容。对于有经验的读者和审稿专家来说，他们要尽快了解论文的实验结果，并非一字一句地阅读结果中的正文，而是径直地审视论文的图与表，这样就能在较短的时间内了解作者的实验结果与论文的大体内容。

在对初稿的图与表的自明性进行检查时，可以从图与表的构成要素入手，逐项核查。

曲线图和直方图是科技论文中最常见的两类图形。曲线图和直方图一般由坐标轴、标值、标目、曲线、图例、图序、图题、图注等部分组成。曲线图常用来表示连续性的变化趋势或不同变量在某特定区间的变化与关系，直方图主要用于表示相关变量之间的对比关系。灵活选用图例与图注，可以增强插图的自明性。

三线表是科技论文常用的表格形式，主要由表序、表题、顶线、表头、栏目线、表身和底线组成。在表格的设计和编排过程中，一定要注意所要描述的内容是否适合列表格、是否适合列在同一个表格中，灵活地添加辅助线。同时对表题、表头、表身及表注等应综合考虑、精心安排。

3.6.3 是否有讨论与文献引用

一般来说，科技论文的结果与讨论是单独的两部分，对于没有将结果与讨论合并的论文，论文的结果部分最好不要有讨论，也不要有引文。

在论文的结果部分，只允许作者表达自己的研究成果，不外加任何分析、评论和推理；不需要引用任何参考文献，不能夹杂以前的和他人的研究成果。如果确实有一些段落与别人的工作有关，需要引用参考文献，那么把这一部分移到后面的讨论中去。

有些期刊允许将结果与讨论合并，但作者在撰写初稿时最好将二者分开撰写，然后根据目标期刊的要求来决定是否合并。

3.7 讨论

科技论文的讨论是从实验和观察的结果出发，从理论上对其进行分析、比较、阐述、推论和预测，是对结果与分析的提炼，是对结论的推理论证过程，是把结果提高到理论高度的过程，其目的是为最终结论提供理论依据，并让读者通过论文的讨论了解该论文的价值及其意义，明确还存在的问题及今后的研究方向。讨论是论文中最重要的部分，也是最难写作的部分，许多论文被拒，原因就在于讨论部分没有写好，不能达到审稿专家与期刊编辑的要求。讨论的写法没有固定的套路，但有基本的内容要求，即解释实验结果、比较已有成果、突出创新成果、提出不足之处。对于初稿的讨论部分的检查可以着重考虑以下 3 个方面的内容。

3.7.1 解释推理是否合理

对实验结果的各种数据和现象，从理论上进行综合分析，找出各项因素之间的关系，解释其因果关系，是否符合原来预期的研究目的或假设，能够得出何种结论或推论，以及本研究结果所提示的原理及其普遍性。如果有例外或反常的现象，在对这些数据或结果核对时，应解释可能的原因，能否从异常的结果中得到启发或有新的发现。

根据结果进行推理时要适度，论证时一定要注意结论和推论的逻辑性。在探讨实验结果或观察事实的相互关系和科学意义时，无需得出试图去解释一切的极具普遍意义的结论。如果把数据外推到一个更大的、不恰当的结论，不仅无益于提高作者的科学贡献，甚至现有数据所支持的结论也将受到怀疑。

3.7.2 相左结果是否解释

在论文讨论部分，作者常常将自己得出的实验结果与已有的同类研究的结果进行比较，用来说明自己实验结果的可靠性。对于与前人结果一致的实验，只需要归纳、综合、摘录所对比文献的要点，说明自己的实验结果与文献报道的一致。而对于与前人研究结果不一致的情况，不能回避，也给出合理的、可被接受的解释。

与前人的研究结果不一致，首先应从自身寻找原因，而不是武断地推翻前人的研究成果。分析查找是否是实验方法、实验材料、计算方法、仪器设备的不同而导致的差异，找出造成差异的因素，进行具体分析。如果对自己的实验结果确信无疑，本着学术争鸣的原则，可以指出前人的成果存在的问题，但要注意语气的委婉，保持谦虚谨慎的态度。做到既要把论文发表出来，让正确的结果面世，纠正不正确的甚至不真实的结果，又给同行留有一定的空间，让同行自己去思考。

有种特殊情况需要说明，作者得到的与前人不一致的结果，属于新的结果或新的发现。遇到这种情况，作者应认真对待自己的实验结论，从各个方面和不同角度考量结果的真实性与可靠性，避免因为实验方法、计算方法和仪器使用的误差而造成不真实的结果。在确证自己实验结果的基础上，阐述和讨论自己的实验结果，争取论文早日发表。

3.7.3　不足之处是否说明

客观地讲，任何一篇论文，哪怕是 SCI 论文，都不可能是十全十美的，都难免有一定的局限性，存在一些不足之处，所不同的是问题的大小或严重程度。对于论文中存在的短处、缺陷、不足等，作者必须正视，不能回避，在论文的讨论部分必须予以说明。向国外 SCI 期刊投稿的作者更应注意这点，因为西方的期刊编辑和审稿人比较注重论文的短处、局限与不足。如果他们发现论文的短处而作者并未进行讨论，那么他们对作者的信任将大打折扣，论文接受的概率就大大降低。

需要说明的是，在讨论论文的局限性时，语言表达上要讲究一定的策略。例如，在谈到实验的不足时，只说数据的精度不高，而没有具体说明客观条件，这样就可能会令人觉得是不是该项研究本身有问题。在这种情况下，如果能将当时的实验条件、使用的设备等客观原因作背景说明，虽然也在谈不足，但令人觉得这种不足并非研究本身的问题，而是受客观条件的限制所致。

3.8　致谢

科学研究工作的顺利完成离不开他人的帮助，也离不开各类基金的资助，作者表达谢意是理所当然的。期刊作者在论文的致谢部分，可以向为自己提供帮助的个人或者组织表达谢意。另外，各类基金项目要求在工作结束时有一个总结，发表科技论文是其中极为重要的科研成果。在论文的致谢部分写明资助单位、资助项目，不仅是对资助单位的致谢，也是对资助单位的一个工作汇报。

致谢不是论文的必备部分，可以根据需要灵活选择。在绝大部分科技论文中，致谢位于正文后，参考文献前。

3.8.1 致谢的对象是否全面而合适

依据《科学技术报告、学位论文和学术论文的编写格式》(GB/T 7713—1987)的规定，致谢的对象包括国家科学基金、资助研究工作的奖学金基金、合同单位、资助或支持的企业、组织或个人；协助完成研究工作和提供便利条件的组织及个人；在研究工作中提出建议和提供帮助的人；给予转载和引用权的资料、图片、文献、研究思想和设想的所有者；其他应感谢的组织和个人。

致谢与作者署名一样，同样是件严肃的事情。撰写致谢时，要防止两种情况：一是不能遗漏对研究确实给予重要帮助的人，以免有失对别人的尊重；二是不能把没有任何帮助的专家或领导列入致谢，以免有攀附名流之嫌。

3.8.2 致谢的格式与要求是否规范

致谢的具体格式与要求可以参考目标期刊的作者须知和已发表论文的致谢部分。需要强调的是，撰写致谢时，以下几点要求是具有共性的，适合所有期刊。

致谢中应尽量指出感谢对象的具体帮助与贡献，不能省略。因为如果笼统地表示致谢某人而不作具体说明，可能暗含着某人同意论文的观点或结论，如果被感谢的人并不同意论文的全部观点或结论，那么论文公开发表后被感谢的人会感到非常尴尬。

致谢应征得被感谢人同意，然后才能将其列入致谢，禁止假借对知名专家致谢等学术不正之风，来提高论文评审的通过率。

对列出的被感谢的人员，一定不能写错其姓名，否则，是对别人的不尊重。如果是长者，应冠以学术头衔或尊称，如某某教授、某某老师等。

3.8.3 基金资助项目表达是否规范

目前，国内科技期刊大多将基金资助信息作为脚注放在论文的首页，而国外科技期刊多将其作为致谢的一部分。无论是中文科技论文还是英文科技论文，基金项目标注不规范的问题还是比较常见的，如基金项目名称中英文名称不规范，缺少项目批准号等。

为了便于期刊作者规范表达我国主要的基金资助项目的英文名称，下面摘录曹会聪博士整理的部分基金资助项目的英文全称，如表3.1、表3.2、表3.3和表3.4所示，供作者在检查时参考。对于有异议或没有把握的基金名称表达，论文作者可以通过查询相关资助机构的官方网站或基金资助指南获取正确的表达。

表 3.1　国家自然科学基金委资助项目

序号	中文名称	英文翻译
1	国家自然科学基金资助项目	National Natural Science Foundation of China
2	国家自然科学基金重点项目	Key Program of National Natural Science Foundation of China
3	国家自然科学基金重大项目	Major Program of National Natural Science Foundation of China
4	国家自然科学基金重大研究计划	Major Research Plan of National Natural Science Foundation of China
5	国家自然科学基金专项类项目	Special Funds of National Natural Science Foundation of China
6	国家自然科学基金香港、澳门青年学者合作研究基金	National Science Foundation for Hong Kong and Macau Young Scholars of China
7	国家自然科学基金海外青年学者合作研究基金	Joint Research Fund for Overseas Natural Science of China
8	国家自然科学基金创新研究群体科学基金	Foundation for Innovative Research Groups of National Natural Science Foundation of China
9	国家自然科学基金国家基础科学人才培养基金	National Science Foundation for Fostering Talents in Basic Research of National Natural Science Foundation of China
10	国家自然科学基金联合基金项目	Joint Funds of National Natural Science Foundation of China
11	国家自然科学基金国际合作与交流项目	Funds for International Cooperation and Exchange of National Natural Science Foundation of China

表 3.2　国家科技部资助项目

序号	中文名称	英文翻译
1	国家基础研究计划	National Basic Research Priorities Program of China
2	国家高技术研究发展计划项目（863 计划）	National High Technology Research and Development Program of China（863 Program）
3	国家重点基础研究发展计划项目（973 计划）	Major State Basic Research Development Program of China（973 Program）
4	国家科技支撑（攻关）基金项目（计划）	National Key Technology Research and Development Program of China
5	国家重点基础研究项目专项基金	Special Foundation for State Major Basic Research Program of China

续表

序号	中文名称	英文翻译
6	国家重大国际（地区）合作研究项目	Major International (Regional) Joint Research Program of China
7	国际科技合作计划项目	International Science and Technology Cooperation Program of China
8	国家杰出青年科学基金	National Science Foundation for Distinguished Young Scholars of China
9	国家国防基金	National Defense Foundation of China
10	国家核科学基金	Nuclear Science Foundation of China
11	国家攀登计划	National “Climbing” Program of China
12	国家攀登计划基础研究	National Basic Research in “Climbing” Program of China
13	国家攀登计划重点研究项目	Key Research Items in “Climbing” Program of China
14	“十一五”国家科技支撑计划（原科技攻关计划）	National Key Technology Research and Development Program for the 11th Five - year Plan of China

表 3.3　　国家教育部资助项目

序号	中文名称	英文翻译
1	国家教育部科学基金	Science Foundation from Ministry of Education of China
2	国家教育部科学技术研究重大项目基金	Foundation for Key Program from Ministry of Education of China
3	国家教育部博士点基金	Doctoral Foundation from Ministry of Education of China
4	国家教育部回国人员科研启动基金	Scientific Research Foundation for Returned Overseas Chinese Scholars Ministry of Education of China
5	国家教育部高等学校骨干教师基金	Foundation for Key Teachers in Universities from Ministry of Education of China
6	国家教育部跨世纪人才训练基金	Trans - Century Training Program Foundation for Talents from Ministry of Education of China
7	高等学校博士学科点专项科研基金	Specialized Research Fund for Doctoral Program of Higher Education of China
8	高等学校优秀青年教师教学、科研奖励基金	Teaching and Research Award Program for Outstanding Young Teachers in Higher Education Institutions of China
9	高等学校优秀青年教师研究基金	Foundation for Outstanding Young Teachers in Higher Education Institutions of China

续表

序号	中文名称	英文翻译
10	霍英东教育基金	Fok Ying – Tong Education Foundation, China
11	霍英东教育基金会高等院校青年教师基金	Fok Ying – Tong Education Foundation for Young Teachers in Higher Education Institutions of China
12	长江学者与创新团队发展计划	Program for Changjiang Scholars and Innovative Research Team in University of China
13	新世纪优秀人才支持计划	Program for New Century Excellent Talents in University of China

表 3.4　　其他类别资助项目

序号	中文名称	英文翻译
1	国家重点实验室开放基金	State Key Laboratory Program
2	海峡两岸自然科学基金	Science Foundation of Two Sides of Strait
3	海外香港青年学者合作研究基金	Joint Research Fund for Young Scholars in Hong Kong and Abroad
4	中国博士后科学基金	Science Foundation for Post – doctoral Scientists of China
5	铁道部专项科研基金	Special Research Foundation of National Railway Ministry of China
6	北京市自然科学基金	Beijing Municipal Natural Science Foundation
7	广东省自然科学基金	Natural Science Foundation of Guangdong Province, China
8	上海市科委科技基金	Science and Technology Foundation of Shanghai Committee, China
9	江苏省高校自然科学研究基金	Natural Science Foundation of Higher Education Institutions of Jiangsu Province, China
10	湖北省高等学校科研基金	Scientific Research Foundation of Higher Education Institutions of Hubei Province, China
11	湖南省教育厅项目	Foundation of Education Bureau of Hunan Province, China
12	山西省归国人员基金	Foundation for Returned Scholars of Shanxi Province, China
13	山西省青年科技研究基金	Natural Science Foundation for Young Scientists of Shanxi Province, China
14	山西省青年学者基金	Foundation for Young Scholars of Shanxi Province, China

续表

序号	中文名称	英文翻译
15	辽宁省科技项目	Science and Technology Program of Liaoning Province, China
16	实验室开放基金	Opening Foundation of State Key Laboratory for Natural Science

3.9 参考文献

参考文献是科技论文的必不可少的重要组成部分，为撰写或编写论著而引用的有关文献资料。在科技论文的引言、材料与方法以及讨论中，都会引用参考文献。凡是引用了文献中的重要理论、观点、数据和研究方法等，都要在文中出现的地方标明，并在文后列出参考文献表。目前，我国执行的参考文献著录标准为《信息与文献　参考文献著录规则》(GB/T 7714—2015)。

从长期的科技期刊编辑出版工作的实践来看，作者来稿中参考文献存在的错误非常多，是科技期刊编辑最头痛的事情。可以毫不夸张地讲，没有一篇来稿的参考文献著录不存在问题，只是多少不一而已。有位导师曾对自己的学生许诺，如果谁的论文的参考文献著录全部正确，谁的毕业论文就给满分，结果没有一人得到满分。由此可见，正确而规范地著录参考文献不是一件容易的事，是一项十分繁琐而细致的工作，按期刊格式要求编排好参考文献是科研人员论文写作的基本功。

科技期刊的编辑与审稿人非常在意来稿中参考文献的著录质量，如果参考文献不按期刊要求著录、或缺少著录项、或存在拼写错误等，他们会认为作者治学不严谨，对他人不尊重，从而影响到稿件的评审，甚至直接退稿。参考文献著录是科技论文写作的小环节，但反映出的是作者的治学、处事态度的大问题，期刊作者对此务必要高度重视。

3.9.1 著录的格式是否规范

不同期刊对参考文献的著录格式有不同的要求，作者应阅读目标期刊的投稿须知或者已发表的论文，尽量满足期刊的人性化要求，力争做到参考文献的著录制式相符，著录项目齐全，著录符号正确。

(1) 两种制式不能混用　目前国内外科技期刊绝大多数都采用顺序编码制和著者－出版年制，每种期刊都有其固定的一种著录制式，使用时两者不能相互混淆。稿件中常常存在两种著录编码制式混用的现象，主要表现为：①正文中引用文献采用顺序编码制，而参考文献表中的各篇被引文献则按著者－出版年制编排；②正文中引用文献采用著者－出版年制，而参考文献表中的各篇被引文献则按顺序编码制编排；③正文中引用文献同时采用两种编码制，而参考文献表中的各篇被引文献则按顺序编码制或者著者－出版年制编排。

（2）著录项目必须齐全　文后参考文献必须完整无缺，包括作者姓名、标题、期刊名称、出版年份、卷、期、页码等信息。但是在期刊来稿中，经常见到作者丢三落四，参考文献缺这少那。如有的期刊文献，作者姓名不全，没有给出前3名作者的姓名；有的专著文献缺出版地或者缺少页码等。作者应知道这些细小的问题都可能成为论文退稿的原因。

（3）著录符号力争正确　这里的著录符号不仅仅指标点符号，还指《信息与文献　参考文献著录规则》（GB/T 7714—2015）规定的文献类型与文献载体的标识代码，如期刊用J表示，报纸用N表示等。对作者来说，著录符号要求过于繁琐，正确著录确实有一定的难度，以致来稿中错误很普遍。如要求用分号时，而作者错用了逗号；要求用冒号时，却用分号来代替；有些是句号、逗号不分。总之，不管著录有多繁琐，作者必须一丝不苟地著录好每一个符号。

3.9.2　文献的顺序是否正确

对于顺序编码制而言，参考文献在论文的正文与文后均应按文献在文中出现的顺序，按从小到大排序编码。然而，看似简单的问题，仍然有作者犯这样的低级错误，引言中出现的第一个文献不是以阿拉伯数字1开始标注，或者在文献的排序过程中，不按顺序连续排号，如从8直接跳跃至12。出现这种低级错误的原因就是论文反复修改的过程中，顾此失彼，照应不周。出现这种错误的性质是相当严重的，给期刊编辑的印象非常不好，结果常常是论文直接被退回，甚至被退稿。

对于著者－出版年制而言，参考文献在正文中只标注著者姓氏和出版年，参考文献在文后先按文种集中，然后按著者姓氏的字母顺序和出版年份先后排序。在正文中，当论文同一处引用多篇参考文献时，参考文献的标注顺序应遵循如下规则：①著者姓氏不同时，按姓氏字母顺序标注；②著者姓氏相同时，按出版年先后顺序标注；③著者姓氏相同，出版年相同时，出版年后加小写字母a、b、c等，按小写字母顺序标注；④著者姓相同名不同时，加名字缩写以示区别，并按名字缩写字母顺序标注。文后的参考文献的排列顺序同样遵循上述4条规则。

3.9.3　文中与文后是否对应

无论是顺序编码制还是著者－出版年制，文中引用的所有文献都应包含在文后的参考文献表里，同时，文后参考文献表里的所有文献也都应在文中标引过，文中与文后的参考文献要一一对应。

出现文中与文后文献不对应的现象有其客观原因，作者人工排列参考文献，当文献量较大时，常常发生这类错误，有时甚至会出现文献重复的现象。如果使用文献管理软件，如 EndNote、Reference Manger、RefWorks 等，就可以将错误降低到最小的限度。

4 如何有效地提高投稿的命中率

在初步锁定目标期刊和对论文的初稿进行检查完善后，下一步的工作就是根据目标期刊的具体要求和格式，精心组织论文与其他材料，向目标期刊投稿。每一位投稿者都希望自己的论文得到编辑的及时处理，尽快通过同行专家的评审，最终得到录用。古人云：知己知彼，百战不殆。期刊作者要想提高投稿的命中率，首先，必须对自己的论文的学术水平、写作水平、英语语言表达水平有一个正确的评估，此可谓知己；其次，必须对目标期刊的声望与水平（影响因子）、格式要求、审稿流程有一个全面的了解，此可谓知彼。只有认真做到了这两点，论文才会顺利通过期刊评审。

本章中本书作者拟从期刊编辑的视角，向年轻投稿者介绍科技期刊的审稿流程和期刊评审的三审制、同行评议等与审稿密切有关的内容，使期刊作者了解自己的论文是如何被评审的。其目的是消除作者对期刊审稿的神秘感，促进作者对期刊审稿的深入了解，减少盲目投稿，减轻作者等待评审结果的焦虑，主动满足期刊的要求而提高稿件通过评审的概率。

4.1 了解科技期刊的审稿流程

期刊编辑部收到作者稿件后，一般先进行初步筛查，将符合期刊要求的论文分配给期刊编辑或者期刊编委去处理，然后由他们根据论文内容选择合适的专家来进行同行评议，最后，期刊的主编或副主编再根据外审专家的意见来决定稿件的取舍。科技期刊的审稿流程如图 4.1 所示，这是目前 SCI 来源期刊与国内主流的科技期刊均采用的审稿流程。每个期刊可以根据自身的实际情况对这个流程来进行适当调整，不过普遍采用的编辑初审、专家复审、主编终审的三级审稿制度是不可缺少的。

4.1.1 编辑初审

初审是稿件质量评价中的第一道关口，主要审查稿件的撰写格式、实用性、规范性，判断其是否符合刊物要求，并对其学术质量进行初步审查。认真的初审，对于宏观把握稿件质量、减轻同行专家负担以及提高编辑加工效率都起着重要作用。因此，国内外绝大多数科技期刊对稿件的初审工作都非常重视。

论文初审工作既可以由专职的期刊编辑来执行，也可以由期刊的学科编委来执行。目前，国内绝大多数科技期刊的论文初审工作都由期刊编辑来执行，而国

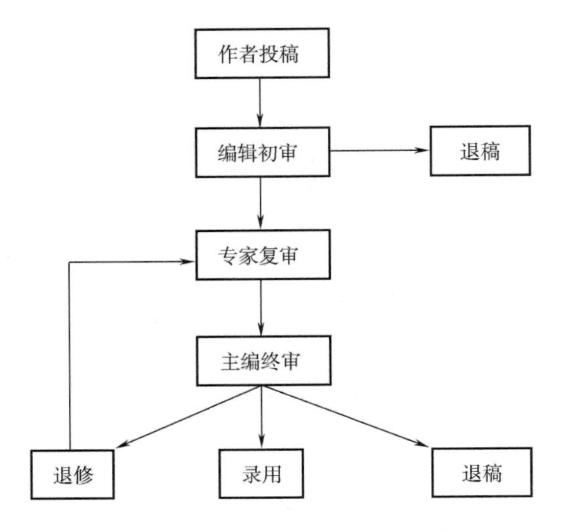

图 4.1　科技期刊审稿流程简图

外 SCI 来源期刊的初审工作大多由期刊的编委来完成。期刊编委一般为某一领域的专家，对论文的学术质量把握更准，对学科的发展状况更了解，在选择审稿人时更有优势。为了叙述方便，本节中不刻意区分编辑初审与编委初审，统称编辑初审。

编辑初审主要包括以下 3 个方面的内容。

（1）格式规范审查　格式规范审查是指对稿件撰写的规范性进行审查。审查的范围包括：通过投稿系统上传的文档的图表能否正常打开；稿件是否符合投稿须知中的各项要求，即报道范围、语言文字、图表、摘要、参考文献、字体行距等是否与刊物要求一致；伦理学证明和相关法律声明文件是否完备等。

对于表达不规范的稿件，编辑将详细列出所需要修改的项目，退回稿件请作者修改；而对于严重不符合投稿规范的稿件，编辑则拥有直接退稿的权力。稿件通过格式规范审查这关后，才能进行后续的工作，如挑选合适的审稿人审稿。

格式规范审查在科技期刊稿件初审过程中起到了筛选稿件和规范稿件形式的作用。如果作者投稿后两三天内就收到期刊编辑的反馈信，则预示着稿件被退回。对于来稿丰富的期刊来说，编辑会不给作者修改的机会，直接拒稿；而对于来稿相对不足的期刊，编辑可能会给作者修改的机会，让其将所缺材料补充完整后再次提交稿件。

（2）学术不端检测　对来稿进行学术不端检测是编辑初审的必不可少的环节。目前，科技期刊都采用了先进的检测软件来检查论文是否存在抄袭、重复发表等学术不端行为。国内使用较广的检测软件为中国知网的学术不端文献检测系统（AMLC），国外使用较广的检测软件为 CrossCheck 反剽窃文献检测系统。

科技期刊一般通过检测到的论文的文字复制比来评判来稿作者的学术不端行

为，其实这只是一种粗略的评判办法。事实上，文字复制比低，并不意味着论文作者没有抄袭、剽窃行为，反之亦然。但是，由于鉴定作者的学术不端行为是一项复杂的科研活动，期刊只好采用简单的方法快速地、低成本地加以鉴别。对于超过一定比例的文字复制比的来稿，编辑予以拒收，具体标准由各期刊编辑部根据期刊的学术声誉与来稿数量来自行掌握。如《食品科学》规定，文字复制比超过30%的稿件，将不予采用。

（3）学术水平初评　期刊编辑根据自己的专业知识，对符合期刊宗旨和范畴的来稿的学术性进行初步评估，主要查看论文有无创新，创新程度如何，是否达到期刊的学术质量基本要求。对于学术水平较低的来稿，经编辑初审，可直接退稿。对于自己拿不准的稿件，或者认为学术质量符合期刊要求的稿件，可以选择同行评议专家来进行学术把关及甄别。

4.1.2　专家复审

复审也叫外审、同行评审、同行评议，是指作者投稿以后，经初审合格的稿件由刊物编委或编辑邀请相关专业人员，评议论文的学术和文字质量，提出意见和判定。复审对于学术期刊学术质量起着把关与提升的作用，一方面，复审将论文质量较差的稿件挡在了期刊外面；另一方面，复审专家提出的修改建议对稿件的质量提升有很大的帮助，有助于提高期刊的学术水平。

比较规范的复审一般至少由两位同行专家参与，当两位专家的意见一致时，不再邀请其他专家评审，当两位专家的意见相左时，需要再邀请第3位专家来评审。评审专家的意见是决定稿件录用的重要因素，但不是唯一因素。

根据作者与专家之间的了解程度，可将同行评议分为以下3种。

（1）单盲审稿（Single - Blind Review）　单盲即单向隐匿，指作者不知道谁审自己的稿子，而评议专家知道作者姓名。只有经手的期刊编辑知道稿子发给谁了，而评议专家的情况是向作者保密的。当评议专家的意见回到编辑部时，评审的具体意见要经过编辑部的详细审查之后才发给作者。单盲审稿是目前国际上采用的审稿方法之一，它具有一定的保密性，手续又不过于复杂，编辑部运作过程中出错率相对较低。但是，单盲审稿容易受作者职称、单位等非学术因素的影响，对评审结果的公正性有一定的影响。

（2）双盲审稿（Double - Blind Review）　双盲即双向隐匿，指作者和评议专家双方均不了解对方是谁，只有主编或编辑部的工作人员对双方了解。从理论上讲，双盲审稿应该能够更好地体现审稿的公平和公正性，有利于保护年轻学者，使他们受到公平的待遇，有利于审稿人对手头的文章尽可能地做出客观的评判，避免人情稿和关系稿等发生，确保专家审稿活动的公正、公平。因此，相比于单盲审稿，双盲审稿更应该值得提倡。

（3）公开评议（Open Review）　公开评议最早开始于1996年的*Journal of*

Interactive Media Education，即作者与评议专家彼此相互知晓，作者和评议专家都在明处。给学者们的印象似乎是在规则上透明，但这也是相对的，而且也是有代价的。因为双方知己知彼，评议专家很可能会有顾忌，说话时瞻前顾后，给实话实说打了折扣。再说不是所有的学者都赞成和支持公开评议，刊物也会因此失去一部分专业上很有造诣的审稿人。

4.1.3 主编终审

主编终审是指期刊的主编、副主编、编委会主任或者编委会所有成员等人员根据同行评议的情况，给予稿件录用、修改、退稿的决定。具体由什么人来终审，不同的期刊有不同的做法。国内科技期刊的主编大多是兼任的，专职的比较少，一般不承担稿件的终审任务，大多由专职的副主编来承担。而国外的学术期刊的主编多为专职，承担着稿件的终审任务。

主编终审时，一般会参考同行评议专家的审稿意见，如果两位审稿人的意见相同，则按审稿人的建议给予决定；如果两位审稿人的意见相左，又没有第3位审稿人的意见可供参考，这时主编一般会根据自己对稿件学术水平的评判来决定取舍。

需要指出的是，当两位审稿人都同意接受，主编有权不同意发表，这也是一种正常的情况。正常情况下，一个学术期刊，对于论文是否录用，取决于编辑，而不是审稿人。因为审稿人的作用是向期刊编辑提建议，稿件录用与否，还有许多决定因素，如期刊的稿源，利益冲突等。这里有一个真实的案例——两个审稿人均同意录用发表却被编辑拒稿（http：//blog. sciencenet. cn/blog - 117889 - 1011189. html），有兴趣的读者可以进一步阅读。

4.2 顺利通过编辑的初步审查

作者的稿件通过投稿平台提交后，一般先由期刊编辑或者学科编委来进行初审。从长期的编辑出版实践来看，初审后直接退稿和退改是非常普遍的，主要原因是作者对期刊的办刊宗旨不了解，所投稿件超出了期刊的报道范围，或者没有按照期刊的格式要求来准备稿件。这说明作者没有仔细阅读投稿须知，对投稿重视不够。在投稿前，特别是在投SCI来源期刊前，对照目标期刊的具体要求对稿件进行格式整理，写好投稿信，在条件允许的前提下，请专业的英语润色公司对论文的语言进行润色，这些措施对于论文顺利通过编辑的初步审查是非常有帮助的。

4.2.1 熟知期刊的投稿须知

投稿须知是指投稿人对目标期刊必须知道、了解和熟悉的事项。投稿须知在英文期刊中有不同的名称，如 Instructions for Author、Guide for Authors、Note to Authors 等。一般来说，投稿须知包括如下内容：期刊的宗旨与学术范畴、法律事宜、版权转让、对稿件的格式与结构要求、图表及照片要求、校对与修改、抽印本等。

获取期刊投稿须知的方式有多种，中文期刊与英文期刊略有不同。对于中文科技期刊而言，在纸质期刊的封二、或封三、或封底上常常可以见到投稿须知等信息，在期刊的网站上也可以找到电子版的投稿须知，还可以参照第 1 章介绍的方法“期刊个刊详细信息获取途径”，通过中国知网来获取与纸本期刊同样的信息。由于获取纸本英文科技期刊相对困难，英文科技期刊的投稿须知一般只能通过其网站获取。

认真阅读期刊的投稿须知并按期刊格式要求规范整理自己的论文，是一项非常细致的工作，这项工作看似简单，从平时的作者来稿来看，很少有百分之百做到的。年轻作者特别是初次投稿的作者更应加强这方面的训练。首先，通读投稿须知，对撰写论文的要求有个整体概括的了解。然后，精读每项要点，对照自己的论文认真修改、规范格式。最后，一丝不苟地对照检查，保证符合期刊的格式与规范。

为了让大家对中文与英文食品科技期刊的投稿须知有一个详细的了解，这里摘录了国内《食品科学》与国外 *Food Chemistry* 的投稿须知，详见附录 3。

通过比较，不难发现中文科技期刊的投稿须知比英文科技期刊的投稿须知内容上相对简单些，对格式的要求也相对较少。但是，许多中文科技期刊有论文写作模板，写作模板大多是对格式的细化，是对投稿须知的补充，作者严格遵照执行即可。《食品科学》给广大作者提供了 2017 版论文模板（http：//www. spkx. net. cn/journalx_ spkx/basicinfo/viewHtmlFile. action？ magId = 1&id = 23），投稿作者可以下载使用。

需要强调的是，作者来稿的创新程度、学术质量是由作者的能力决定的，而作者来稿的规范程度、编排质量是由作者的态度决定的。如果期刊作者态度不端正，不在文稿的格式规范上花工夫，即使论文的学术质量再高，也有可能影响到稿件的评审，甚至拒稿。提交符合期刊规范要求的稿件不仅是对期刊编辑人员的尊重，更是对自己负责的表现。给期刊编辑提供方便，也就是给自己提供方便。

4. 2. 2　提交规范的投稿信函

为了便于作者与期刊编辑之间的交流，也为了给期刊编辑提供一些有助于稿件送审及决策的信息，作者提交论文的同时，应附上一封投稿信（Cover Letter）。给国内科技期刊投稿时附上的稿件说明，相当于给国外科技期刊投稿时的投稿信，它们的内容相差不大。投稿信并不复杂，但却不可缺少。没有投稿信的稿件，有可能不被编辑部接收，或者被要求追加。因为投稿信中包含了论文作者的重要信息和承诺。

一般来说，投稿信应包括以下内容：①论文的题名和所有作者的姓名；②为什么此论文适合于在该刊而不是其他刊物上发表；③稿件适宜的栏目；④关于重复和部分发表或已投他刊的说明（如会议摘要）；⑤建议审稿人及存在竞争关系而不宜作审稿人的名单；⑥通信作者的姓名、详细地址、电话、传真、e - mail；⑦不一稿多投的承诺等。

投稿信是作者自我介绍的文件，它为期刊编辑提供了有关作者和稿件的必要信息，为编辑决定稿件的取舍提供了参考。投稿信的具体要求一般在投稿须知中都有交代。不同期刊对投稿信的要求不完全相同，但上述几点内容是相同的。这里给大家摘录一个比较完整的投稿信模板（http：//blog. sciencenet. cn/blog - 473924 - 665713. html），供大家参考。

SCI 来源期刊投稿信模板如下所示。

[Insert Journal Editor's name here]

Editor - in - Chief

[Insert journal name here]

[Insert date here - Day Month Year]

Dear Dr [insert editor's surname here],

Please find enclosed our manuscript entitled "[insert title of your manuscript here]", which we would like to submit for publication as an [insert article type here] in [insert journal name here].

[Insert a sentence on the broad topic of the study and its importance. Then, insert 1 - 2 sentences explaining what is known on your subject and the relevant knowledge gap you are filling. In the final sentence, explain the objectives of the study and its novel aspect]

[Insert about 3 sentences briefly describing the methods of the study and the main findings]

[State the implications or potential applications of the findings. Explain who will be interested in the findings and why they should care about them. Explain how this is appropriate for the readership of the journal]

We confirm that this manuscript has not been published elsewhere and is not under consideration by another journal. All authors have approved the manuscript and agree with submission to [insert journal name here]. The study was supported by a grant from the [insert funding body here]. The authors have no conflicts of interest to declare.

We would like to recommend the following researchers as potential reviewers for this paper:

1. [Reviewer 1 name plus contact information]
2. [Reviewer 2 name plus contact information]
3. [Reviewer 3 name plus contact information]

We ask that the following researchers are excluded as reviewers because of potential conflict of interest:

1. [Reviewer 1 name plus contact information]
2. [Reviewer 2 name plus contact information]

Please address all correspondence to:
[Insert contact address, telephone and fax numbers, and e-mail address.]

We look forward to hearing from you at your earliest convenience.

Yours sincerely,
[Insert name], [Insert title]

4.2.3 满足期刊的语言要求

发表科技论文的主要目的是交流成果和传播知识。一篇论文的价值不仅取决于作者的研究发现和对数据的记录与解释，也取决于读者对论文的理解。这就要求作者不能仅仅满足于将数据转化为文字，关键在于读者能否准确地理解作者的表达。不管是中文稿件还是英文稿件，或多或少都会有语法错误、逻辑混乱、用词不当等方面的问题。

语言表达不清楚，不准确，常常使人产生误解，会直接影响到稿件能否被录用或及时发表，甚至会发生撤稿的情况。这里有一个典型的案例——中国学者论文因用词不当被撤稿（http://news.sciencenet.cn/html/shownews.aspx?id=339768），大致情况如下所述。

2016年1月5日，华中科技大学熊蔡华教授研究团队的文章“Biomechanical Characteristics of Hand Coordination in Grasping Activities of Daily Living”在开放获

取期刊 PLoS ONE 上发表。该项目旨在研究人手复杂的生物机械结构。他们通过运动数据统计分析检视手部协调性的特征，并寻找肌腱关联特性与抓取协调性的相关性，最终确定人手结构与协调性之间的机能关系。研究发现，肌肉与关节之间的肌腱连接结构起着至关重要的作用。这也表明，设计多功能机械手将可以更好地模拟这些基本构造。文中摘要、引言和结论部分三次出现了“Creator”一词，因而被攻击是神创论，宣扬上帝造人。最终被期刊 PLoS ONE 撤稿。在接受 Nature 杂志访问时，论文通讯作者熊蔡华教授称：“实际情况是，我们是来自母语非英语国家，因此完全误解了如‘Creator’这样词语的隐含之意。我对此非常抱歉。”论文第一作者也发表道歉声明，他表示研究与神创论没有关系。因为英语并非母语，对于“Creator”一词的理解与母语为英语的人不同，作者把“Creator”理解成了大自然。

论文因为语言问题而招致拒稿、撤稿，这对论文作者来说是一件非常不幸的事。对于母语非英语的作者而言，避免此类情况发生的措施就是在投稿之前加强论文的语言润色，可以请有发表 SCI 论文经验的同事、朋友帮助，也可以委托一些语言润色公司处理。现在许多 SCI 期刊都与语言润色公司有业务合作关系，当然也可以寻找互联网上的这样的语言润色公司服务。

需要注意的是，选择语言润色公司时，要选择信誉好的品牌公司，比如在科学网上开博客的几家润色公司，自己上科学网博客上可以查询到。要防止论文内容被泄露，被他人抢先发表，做好相应的防范措施。让专业人员来做专业事情是值得的。单纯的语言润色不是学术不端，只有那种论文代发代投的情况才是学术不端。

4.3 征服挑剔的同行评议专家

同行评议专家的审稿意见对于稿件是否录用起着非常大的作用，因为主编或者编委决定稿件的取舍时都会尊重同行评议专家的意见，一般会综合参考几位同行评议专家们的意见后，再向作者给出期刊的最终评审结果。如果作者能合理地评估自己论文的学术水平，找一个水平相当的期刊投稿，能遇上一个熟悉自己研究内容的专家来评审，那将会大大提高审稿的通过率。

4.3.1 知晓同行评议内容

期刊作者非常想知道同行评议专家的审稿标准是什么、专家是如何审稿的。期刊的审稿单是这一问题的最好答案，审稿单上有详细的供审稿专家评审参考的选项，这些选项不仅是专家审稿的内容，更是作者选题、论文写作时应注意的重点。目前，专家审稿大多是网上在线评审，审稿单多为电子表单，操作并不复杂。

审稿单包括的评审内容有：稿件的论题是否适合于期刊，稿件的内容是否新颖、重要，作者的论证是否合乎逻辑，讨论和结论是否合理，稿件中的实验描述是否清楚并且被读者重复，实验数据是否真实、可靠，图表的使用和设计是否必要、规范、清楚，文字表达是否正确、简明、清楚，参考文献的引用是否妥当。期刊作者了解这些审稿内容对提高论文的质量和审稿通过率肯定会有好处。

下面摘录国内与国外各一家科技期刊的审稿单，让作者了解专家是从哪些方面审稿的。

审稿单 1　国内某期刊的专家审稿单

国内某期刊专家审稿单

题目		稿号	
评价参考	设计与方法	□合理　□有创新　□不完整　□不合理　□有误	
	内容及表达	□有新意　□无新意但可作为资料　□表达不清晰　□无参考价值	
	数据及图表	□正确可靠　□有误　□数据图表不完整	
	推理、论证及结论	□论点明确与内容相符　□重点不够突出　□无深入推理论证	
	参考文献引用的合理性	□优　□良　□一般　□较差	
综合意见	□优先采用　□采用　□修改后采用　□修改后重审　□不宜采用		
具体意见：			
审稿专家签名：　　　　　　年　月　日			

审稿单 2　国外某期刊的专家审稿单

Reviewer's Report

Journal Name	
Manuscript ID	
Title	
Author	
Type	

续表

To be completed by Referee	
Level of interest	(High, Moderate, Low)
Quality of written English	(Easy to understand, unacceptable)
General comments	
Decision Based on your assessment of the validity of the manuscript, what do you advise should be the next step? 1. Major Compulsory Revisions (why?) 2. Minor Essential Revisions (why?) 3. Refusal (why?)	
Specific comments if any	

以上是两个期刊的审稿单，从中不难看出，中文科技期刊的审稿单的内容相对较多、较细，而国外科技期刊的审稿单的内容相对简单一些。当然，这不是普遍现象。但是，这并不是说国外科技期刊的审稿要求不如国内科技期刊严格，实际上，国外科技期刊都有详细的审稿指南，审稿专家大多知道审稿内容与要求，而国内科技期刊缺少相应的审稿指南，制定较详细的、可操作性强的审稿单有利于同行专家审稿。

现在国内外科技期刊大多采用在线审稿系统，可能根本就没有上面所示的审稿单。另外，国外科技期刊同行专家审稿后一般会分别给期刊编辑与作者分别提交审稿意见，内容与措辞是不一样的，对作者可能委婉些，对期刊编辑可能直白些，这一点与国内科技期刊是不同的。因此，向国外科技期刊投稿时，要仔细揣摩审稿专家的意见，以免发生误会。

4.3.2 慎重推荐同行专家

目前，无论是国内还是国外的科技期刊，在作者投稿时一般会要求推荐 2 ~

5名审稿专家，需列出姓名、详细通信地址、e-mail和传真号码等。作者提供审稿人的好处有两点：一是帮助期刊编辑尽快找到合理的审稿人，顺利完成稿件评审；二是避免某些审稿人因不熟悉该研究方向，低估论文的价值而退稿。

其实，科技期刊要求作者提供审稿人还有另外的目的，就是从侧面考察期刊作者的学术水平与学术道德。如果作者对所在研究领域没有一个全面的、深度的了解，就很难挑选出本专业的真正的同行，常常会出现作者推荐的审稿专家的专业与论文的专业内容相差甚远的情况，那么作者的研究水平就值得怀疑了。如果作者推荐的审稿人是作者同单位的专家、同一研究课题的成员，或者同一国家的有利益关联的研究人员，就说明作者没有严格遵守学术道德规范，难免会对作者的治学态度产生负面影响。

期刊作者可以根据期刊的要求，灵活应对，既可以推荐审稿人，在期刊没有强制要求和自己没有十足把握的情况下也可以不推荐审稿人。其实，不推荐审稿人，直接让期刊编辑选定审稿人未必是坏事。近年来，学术期刊界出现了许多虚假的同行评议，即投稿作者伪造同行评议专家，自己给自己审稿（http：//www.guokr.com/article/439702/）。根据Retraction Watch统计，自2012年同行评议造假现象首次在网站披露以来，已有1500篇论文遭到撤稿，同时，Retraction Watch还表示，过去3年中的所有撤稿，有15%与审稿造假有关（http：//www.editage.cn/insights/springer-retracts-64-papers-from-its-journals-all eging-fake-reviews）。

面对防不胜防的同行评议欺诈（http：//www.guokr.com/article/439702/），再加上本身期刊编辑对有些作者就不信任，有些期刊编辑有时只能这样：作者推荐谁，就不选谁作审稿人。以后，国内科技期刊编辑在选择审稿人时，出现这种推荐谁就不选谁的现象恐怕会越来越多。

推荐审稿人的规范做法有以下两点。

（1）推荐被引用论文的通信作者或第一作者　拟推荐审稿人的论文最好被自己合理、恰当的引用，与自己所投论文有紧密的联系，而被引论文又发表在所投期刊上的情况。这是推荐审稿人的最佳方案，推荐的审稿人被选做审稿人的概率非常高，因为这是名副其实的同行评议。

（2）推荐年轻有为的研究人员　这里特别强调的是年轻的同行专家，如具有博士学位的副教授等，因为他们有精力，思维活跃，与那些学术专家们相比，他们的社会活动相对较少，审稿时间有保障。即使稿件被拒，也能得到比较中肯的修改意见，对作者以后完善论文、改投其他期刊也是有好处的。

需要提醒的是，期刊作者推荐的审稿人，期刊编辑不一定采用。但是，期刊作者要求回避的审稿人，期刊一般都会予以考虑。作者投稿时要充分利用好期刊赋予自己的这一项权利，以免稿件遭到利益冲突人的拒稿，影响论文的发表。

4.3.3 合理评估论文水平

一般来说，期刊的声誉、学术水平与期刊上发表的论文的学术质量是相匹配的，也就是说，期刊的影响因子越高，期刊上发表的论文的学术质量就越高。相应地，期刊的声誉越高，期刊审稿的要求就越高，审稿人对论文内容的创新性、推理的逻辑性、表达的规范性等方面的要求就越高。同一审稿人给不同声誉水平的期刊审稿，审稿控制的标准也不一样，往往是影响因子较高的期刊，审稿控制得比较严格。即使同一审稿人给不同期刊评审同一稿件，也可能会给出两种截然不同的评审意见，这是非常正常的现象。

一般而言，大多数作者，特别是年轻作者和初次投稿者，容易对自己的论文估计过高，常常把论文投到水平较高的期刊，这种投稿心理是可以理解的。但差距太大，必然会遭到拒稿，最终延误论文的发表，在竞争激烈的领域还可能令他人抢先发表类似的研究成果而丧失成果首发权。这种盲目投稿行为是得不偿失的。与此同时，有些作者过低估计自己论文的水平，常把论文投到档次较低的期刊，这种自卑的投稿行为也是不可取的。因此，合理评价自己论文的学术水平，选择与论文水平相当的期刊投稿，不仅能保证论文顺利通过评审，还能发表在学术水平较高的期刊上。

客观评价自己论文的学术水平可以从以下几方面着手。

（1）正确地估计自己研究的创新性　自己的研究成果有没有新的发现、新的发明、新的内容，这是正确评价自己研究的重要的依据，也是期刊编辑和审稿人评价论文价值的基本点。没有任何新成果、新内容的论文，恐怕任何期刊都难以接受。另外，也要根据当时的实际情况，正确、如实地估计这些新成果的科学意义和实用价值，过高或者过低估计都可能导致不佳后果。

（2）与已发表的类似论文进行比较　有比较才有鉴别，有鉴别才有评估。用实事求是的精神将自己的论文与已发表的类似的论文进行比较，可以大致知道自己论文的水平如何。具体而言，可以比较以下 5 点内容：①从整体研究内容来说，自己的论文有无突破性进展？有多少？有多大？②从整个论文层面来看，自己的论文有无学术上的突破？有多少？有多大？③研究的学术意义如何？自己的论文有没有重大的发现或发明？④自己的研究的实用价值如何？在哪些领域、哪些方面可以应用？应用后能产生什么效应和效益？⑤研究方法是否先进？较前人有无改进？改进多少？有没有显著意义？

（3）找出自己论文中的缺点与不足　研究论文的欠缺包括应该做而尚未完成的工作，如欠缺动物实验或临床试验，实验数量不足，有些实验数据缺乏显著性，机制的研究不太完善等情况。这些缺陷都会影响论文的评审，影响评审的结果。

（4）查阅他人相关成果发表的期刊　一般说来，作者在论文写作的过程中会阅读大量相关文献，除了查找自己需要的科研写作信息，还要多多留心，要对相关研究发表在哪些期刊上进行了解，这样才有可能定位自己的论文大概能发表在什么档次的期刊上。如果他人相关成果发表在影响因子为2左右的期刊上，而自己却要投稿到影响因子为10左右的杂志上。这样的做法有些太离谱，直接拒稿的可能性较大，难免会浪费时间。

5　如何正确应对不同的审稿结果

稿件通过投稿平台提交后，就会进入前面讲到的三审环节。首先，期刊编辑或编委对稿件进行初步审查，检查来稿是否符合期刊的报道范围，大致评估稿件的学术水平，对于超出期刊宗旨和范围、有学术不端嫌疑、学术水平低下的稿件，直接退稿（reject without reviewing），对于因格式规范不符合期刊要求的稿件，退回给作者进一步完善。然后，初审通过的稿件经过多位同行专家评议。最后，主编或者副主编等再根据同行专家的审稿意见，对稿件做出录用（accept in its present form）、修改后录用（accept with major revisions 和 accept with minor revisions）、修改后重投（revise and resubmit）、拒稿（reject）等决定，并向作者反馈审稿结果。

本章中本书作者拟从期刊编辑的视角，向期刊作者介绍稿件评审后的 5 种常见结果与应对措施。希望期刊作者特别是初次投稿者，能客观分析各种退稿的原因，掌握正确对待退稿的方法，能根据专家审稿意见来修改完善自己的论文，能对审稿专家的错误意见采用适当方式予以回复，从而达到论文早日发表的目的。

5.1　初审后退改或退稿

科技期刊收到作者的来稿后，一般先从稿件研究内容方面对来稿进行审查，退掉那些不符合期刊宗旨和范畴的稿件，再从学术水平方面进行大致评估，退掉那些学术水平与期刊声誉与水平不相称的稿件，再对来稿进行学术不端检测软件检测，退掉那些有学术不端嫌疑的稿件。对于符合期刊格式要求、学术水平达标的稿件，安排同行评议，对于学术水平较高，论文格式不符合期刊要求或者语言表达较差的稿件，退回让作者完善后再投稿。

5.1.1　分析具体的原因

如果作者投稿后，没过几天就收到了期刊编辑部的信件，则意味着退稿的可能性比较大。科技期刊退稿信的大意是："非常遗憾地通知您，您投我刊的稿件××××××不适合我刊发表，请您另投他刊，感谢您对我刊的支持。"这些都是期刊编辑的客套话，根本没有告诉作者退稿的真正原因，作者也无法得知。对此，期刊作者要认真分析，找出原因。

重新找出期刊的投稿须知，核实期刊的用稿范围，查阅最新的期刊目录，查看期刊的用稿情况，看看期刊的用稿范围是否有变化。初审后的退稿中，因内容不符合期刊的报道范围而退稿情况不在少数，由此可见，有些作者根本不了解所投稿件的期刊，抱着侥幸的心理乱投，结果只能是做无用功。如果退稿不是用稿范围的原因，那就是其他方面的原因。

翻阅该期刊近期发表的论文，看看这些论文的学术水平怎样，自己的论文水平是否与这些论文有一定的差距？如果自己都感觉与大部分的论文相差甚远，就可能是论文学术质量的问题，退稿也是合情合理的。有些作者想不明白，该期刊每期也发表少量学术水平非常一般的论文，而自己的论文比它们还强，反而遭到退稿。对此，只能告诉大家，凭学术质量发表论文是大多数作者的正规选择，非常规方法发表论文的情况在本书中不便讨论。

期刊作者撰写论文时，如果作者用自己的语言来组织、撰写，没有进行简单的“复制”“粘贴”，一般就不会出现文字复制比超标的情况，就可以排除因学术不端嫌疑而退稿的情况。

对于学术水平较高，但在规范化、语言表达上比较欠缺的来稿，期刊编辑一般给予作者一次修改完善的机会，给作者的退改信比退稿信的内容具体、直白。作者不用揣测期刊编辑的心思。

如果期刊作者想知道退稿的真正原因，需与编辑联系沟通。

5.1.2 完善后重新投稿

稿件没有经过同行评议而退回，让作者修改完善，这对期刊作者来说并不是件坏事。至少说明目标期刊的选择是对的，初审的编辑对稿件的学术质量是认可的，否则，就不是退改而是直接退稿了。同时也说明，稿件在格式规范、语言表达方面存在较大的问题，这些问题严重影响到同行评议专家对稿件内容的正确理解、把握和评判。论文同行评议前对论文进行退改对提高论文的专家评审通过率是非常有利的，作者应珍惜这一修改完善的机会，针对编辑给出的意见，认真进行修改完善，争取一次修改成功。

如果是论文的格式规范方面出现了问题，应对照期刊的投稿须知逐条检查、修改自己的论文，投稿前对照检查清单，一丝不苟地按要求准备各项材料。具体方法前面章节已有讲述，此处不再赘述。

对于英文论文，如果语言表达方面有问题，可以请母语是英语的同事、朋友帮忙修改、润色，当然，交给专业的论文编辑公司进行语言的润色也是可以的。

论文修改完善后，及时返回给期刊编辑部，如果论文的语言润色是由专业的编辑润色公司来完成的，可以让其开具相关证明，证明论文的语言表达已经过专业处理，能够满足期刊的要求。

返回修改稿是否应以新稿的形式返回，每个期刊编辑部的要求可能不一样。如果是以新稿投稿，两次投稿，给的论文编号是不一样的，如果不以新稿的方式投稿，按第一次投稿后续操作进行，在投稿系统中提交修改稿即可。如果按新投稿对待，期刊作者提交修改稿时，必须重新撰写投稿信件，除了前面介绍的投稿信的必备内容外，还应当说明此论文是按编辑要求修改后重新投稿的，以引起编辑的注意，节省再次初审时间，达到论文早日送同行专家评审的目的。

5.1.3 向其他期刊投稿

经期刊编辑初审后退回的稿件，只能改投其他期刊。改投前，作者必须弄清楚退稿的具体原因。

如果论文的文字复制比较高，会有学术不端的嫌疑，投哪个期刊都不合适，直接退稿的概率非常大。排除这一原因的方法有：一是自己心中有数，在论文写作的过程中，根本就没有抄袭别人的内容，不存在复制、拷贝的现象；二是询问过编辑的退稿原因，明确表示不是有学术不端的嫌疑；三是自己用学术不端检测软件检测过论文，文字复制比非常低。有的作者抄袭的水平不高，连复制部分的字体、字号都没有修改，别人错误的东西也照搬，期刊编辑一看就会反感。这种不负责的态度与不严谨的作风直接影响稿件的评审，论文被拒的可能性非常高。

因不符合期刊的宗旨与范畴的退稿，作者需要重新选择别的期刊。作者可对照拟投期刊的投稿须知和最近的期刊目录，为自己的论文选择目标期刊。

因稿件的学术水平达不到期刊的要求而退稿，是一件非常正常的事情，作者不要灰心。在学术成长的过程中，很多人都经历过退稿。有作者调侃说自己的学术史就是一部退稿史。这说明退稿很常见，退稿很正常，退稿还能促进个人学术成长。退稿并不可怕，关键是如何对待退稿情况。

合理评价自己论文的学术水平，细心选择另一个声誉和水平与自己论文相称的期刊投稿，这是正确应对编辑直接退稿的最好办法。选择目标期刊时应注意，如果某期刊近期发表过与自己论文内容相似的论文，则应高度重视。应在创新性、实验方法、实验结果等方面将两篇论文进行仔细对比，如果感觉自己的论文略胜一筹，就大胆地投给该期刊，否则，另选别的期刊为好。

5.2 经同行评议后退修

稿件经同行评议后，编辑会收到审稿人的建议与意见，根据审稿意见，编辑会对投稿论文做出最后决定，在期刊编辑做出的5种决定中有两种是要求作者修改后可以考虑发表，即小修后接受（accept with minor revisions）和大修后接受（accept with major revisions）。大修与小修国内科技期刊一般统称修改后发表或者修改后录用。

（1）小修后接受　也称为有条件接受，这表示论文需要进行一些小幅度的修改后方能接受，这种情况也不是非常常见，收到这个决定的论文作者，可能不需要再经历审稿，通常期刊编辑会自己审阅核准，不过，作者必须要明白小修后发表不代表期刊一定接受，前提是期刊编辑对修改的内容满意。

（2）大修后接受　如果编辑认为论文被接受前需要大幅度的修改时便会做出这个决定，作者在递交修改稿时必须要附上审稿意见的逐点回复，修改后的论文也有可能再次送给专家评审，通常会送给同一审稿人。不过编辑也有可能选择不同的审稿人，第二轮的审稿（有些期刊称作再审稿）的结果是根据作者针对审稿及评审意见的修改还有回复的完整性来决定的，如果作者没有认真回答所有的意见，有可能需要再进一步修改，或者拒稿。

5.2.1　遵循回复原则

作者回复期刊编辑与审稿人的意见时，应遵循以下两条原则。

（1）回复应礼貌客气　作者应感谢期刊编辑与同行评议专家为审稿而付出的辛勤劳动。审稿人投入大量的时间的精力对作者的论文进行评审，基本上是尽学术义务，国外科技期刊的审稿是不付报酬的，国内审稿虽是有偿的，但也是象征性的。在大多数情况下，他们的评审意见对作者提高论文质量是有帮助的，所提的意见也是比较专业的。

如果审稿专家的意见欠妥或者存在明显错误，期刊作者也不要得理不让人，应以完全包容的态度，礼貌地提出不同的观点，明确指出其不合理之处或者概念性错误。同时，作者应反思，造成专家理解错误的原因是否是论文的语言表达不清楚，应多从自身找原因。

如果有的审稿人与论文的研究方向有差异，或者没有认真读论文，导致对论文的理解有误，从而提出一些莫名其妙的问题。回答这些问题的时候，可以首先引用一下论文的相关句子，然后指出文章的真正意思。接着承认是自己的表达出现问题了，让审稿人曲解了意思，最后指出句子已经重写，表达的意思已经更准确了。这样的回答，既避免了正面回答该问题，也避免了审稿人尴尬。

（2）回复应有理有据　对于审稿专家提出的意见，作者应认真推敲审稿人的意见，细心考虑修改方案，完全按审稿专家的建议，认真地进行修改。必要时再查一些文献资料，从侧面验证所阐述的观点。

如果不同意评审专家的建议，作者应该如实作答。但是，不能只是简单地说明自己的意见不同，应尽可能多地提供必需的详细信息，以帮助评审专家理解自己的论点。如有可能，应引用已发表的论文来支持自己的观点。

对于审稿专家提出的完全正确但因客观条件的限制而难以满足的意见，作者应委婉回答，或引用一些资料加以说明，或找一些合适的理由为自己辩解，希望能得到期刊编辑的理解或谅解。当然，没有作修改的地方应说明理由，最好有文献支持。

5.2.2　掌握应对方法

当通信作者收到退修稿件后，首先应仔细地阅读期刊的决定信和审稿专家的意见，看看期刊编辑的处理意见，是大修还是小修。再仔细看看每一位审稿专家的意见，哪些意见比较中肯，哪些意见不能接受，要做到心中有数。反复看几遍后，看不明白的地方，可请教同事、朋友。通信作者可以将需要回答的问题，分解给其他的作者，最后统一交回处理，由通信作者或者第一作者执笔回复期刊编辑。

回复审稿意见时，最好分别对期刊编辑、不同的审稿人进行回复，回复每个人的意见时应逐条回复，切忌不能有遗漏。如果两个审稿人都提了同样的问题，也应分开分别回答。这样做有利于期刊编辑给审稿人反馈修改意见，做到有条不紊，也有利于审稿人对作者修改情况进行审核，提高审稿的效率，加快审稿的速度。

回答问题时，应标明审稿人的编号与问题的编号，最好采用一问一答的方式，即上面是专家提出的问题，下面是作者的回答内容。如果能做到用不同的字体与颜色以示区别问题与回答就更好了，这样给人一目了然的感觉，便于查看与阅读。

对修改稿中已作修改的地方要用颜色加以标出，要标出修改稿页号与行号，便于审稿人查询。

5.2.3　撰写修改信函

修改稿完成后，通过期刊采编平台提交时，应附上论文的修改说明信，也称修改稿的投稿信。修改说明信一般包括以下 3 项内容。

（1）对期刊编辑和审稿专家表示感谢　在修改说明信中，应礼貌地对编辑和审稿人表示感谢。这不仅是对他们的辛勤劳动表示感谢，更是对期刊编辑与审稿专家表示尊重。表示感谢决非一种形式上的表达和多余之举，而是一种发自内心的致谢。注意语言表达要掌握分寸，不可过分。

（2）标示出稿件的编号、题名和作者　在修改说明信中，必须标出稿件的编号、题名和通信作者的姓名。这样不仅给期刊编辑工作带来方便，也利于稿件的快速审查和后期的发表。对于没有采用在线投稿与审稿的期刊来讲，这一点尤其重要，如果修改稿说明信中无稿件编号，无论文题名，只有论文作者，难免给期刊编辑的日常工作带来许多不便，可能会延误论文的审查与发表。

（3）对同行专家审稿意见的详细说明　对同行专家审稿意见的详细说明是修改说明信的主体内容，作者应按上面讲的原则与方法予以详细说明。这里需要强调的是，要以谦虚的态度尊重审稿人的意见，尽量地满足审稿人的要求，务必做到有问必答，不能遗漏任何人的任何问题。但是，不能单纯了为了发表论文，一味无原则、无条件地接受审稿人的欠妥的或者错误的审稿意见。

如审稿人的意见正确，要积极肯定并按其要求修改。如审稿人的意见欠妥，可以委婉地指出，并说明不予以修改的理由。这样可以给期刊编辑留下实事求是的好印象，有利于稿件的发表。

5.3 经同行评议后被拒

经过同行专家审稿后的退稿，与编辑初审后的退稿不同，审稿后的退稿，期刊作者可以收到审稿专家的详细审稿意见，初审后的退稿是没有的。尽管论文被拒，但是作者得到了专家审稿意见，这些意见一般非常有见地，对于作者修改论文再改投他刊是非常有益的。

收到退稿，心情沮丧，是可以理解的。有人说，一个领域发表论文最多的人往往是那些曾经收到退稿信最多的人。退稿信收得越多，论文发表的可能性就越大。由此可见，退稿是一件非常正常的事情，并不是什么坏事，作者要调整好自己的心态。

分析退稿的原因，如有需要，适当申辩，认真修改论文，准备另投他刊，是退稿后作者应当做的事情。

5.3.1 分析退稿原因

同行评议后退稿的原因是多方面的，从研究本身来看，有选题、设计、实验、数据、统计等方面的原因；从论文本身来看，有图表设计、语言表达、逻辑推理、文献引用等方面的问题；从学术道德来看，有抄袭、剽窃，数据造假等方面的问题。具体来说，同行评议后退稿有以下几种情况。

（1）原创性、创新性或重要性不足　期刊编辑一般偏向于发表具有开创性的新研究，都在不断寻找着令人眼前一亮的创新研究。以前从未被研究过，没有相同或者相似的报道，这样的论文才有吸引力。

（2）研究设计缺陷、研究问题组织不良　具体为研究问题不当、回答研究问题的方法设计不当、所选方法无效或不可靠、选择与研究问题不符的不正确方法或模型、统计分析错误、数据不可靠或不完整、所选仪器不当或不达标、样品量少或样品选择不当等。即使写得再好的论文也不能掩盖研究设计中的缺陷。事实上，这是在研究的初始阶段即在研究的构思阶段必须解决的一个基本问题。防止这种缺陷的最好方法是进行仔细的文献查阅，以确定适合自己研究的最好方法和做法。

（3）写作与组织技巧太差，没有按照 IMRaD 架构准备论文　所谓 IMRaD 是指引言（Introduction）、方法（Methods）、结果（Result）和（and）讨论（Discussion）的英文首字母的缩写。科技论文的架构看似简单，一般由 5 部分构成，但是写好每一部分，没有一定的写作经验是很难驾驭的。常见的问题有方法说明不充分、论述部分仅重复结果而未进行解释、研究的原理阐述不充分、文献综述不充分、研究数据好像不支持结论、未将研究置于广阔背景中、导言部分未确立研究问题的背景。

（4）语言表达太差　这是英语为非母语作者最头痛的问题。语言表达不佳，并不能代表学术水平不高。但是，语言表达有问题，影响评审专家的理解与判断，甚至产生误解。

（5）图表等视觉要件表达太差　插图、表格的自明性不强，图片、图谱等模糊不清，图表等是论文结果的重要表现形式，图表等有问题都会直接影响审稿人对结果的判断。

（6）违反了学术出版道德　不管是有意还是无意的学术不端行为，都是不能容忍的。只要发现，必然拒稿。

（7）非论文学术质量导致的退稿　论文的学术质量低并不是期刊拒稿的唯一原因，某些其他因素也会影响期刊的决定。如同时收到同一主题的若干论文，只能发一篇；来自审稿人的误审或者审稿人对不同地区作者的偏见。

有研究表明，导致同行评议后退稿的因素中，占比从大到小的顺序依次为科研设计有问题（71%）、结果解释不清（14%）、课题的重要性不足（14%）、其他原因。由此可见，科研设计在论文发表中非常重要。科研设计有问题，所得出的结果和结论必将会有误，会严重影响论文的质量。科研设计时一定要有恰当的实验对照，所用的实验方法要可靠，观察的样本数要足够，而且实验组和对照组的样本要有可比性。在论文写作中，材料和方法、结果应尽可能写得详细些，以便审稿人和编辑能读懂实验设计，这样可减少被拒的机会，同时也有利于他人进行重复实验。

5.3.2　进行适当申辩

有些作者，特别那些科研比较认真的作者，更难接受退稿的事实，总想与审稿人、编辑、主编论理。稿件被拒，作者进行适当的申辩未尝不可。理由有如下两点。一是审稿人对稿件的误判。金无足赤，人无完人，人人都有犯错误的时候，审稿人也不例外。受审稿人的学术水平、学术专长、学术道德等因素的影响，审稿意见中出现欠妥、错误的情况也是常有的现象。二是作者有权利指出审稿人的错误，进行申辩。作者不仅有各种各样的责任，如遵守学术出版道德、应对审稿人的意见，而且有各种各样的权利，如向期刊投稿的权利、接收审稿人意见的权利。同时，指出、纠正审稿人的错误也是作者的权利。

如上所述，退稿的原因非常多。作者收到退稿信后，一定要认真阅读，确认稿件被退的原因。如果是因为审稿人的误判导致了稿件被拒，同时，自己有十足的把握证明审稿人的某些意见是错误的，是不能接受的。在这种情况下，作者可以给期刊编辑、期刊主编写申辩信，指出审稿人的错误，要求对稿件重新审稿。

目前，国内的科技期刊大多没有正式的退稿申辩的操作指南，作者想申辩只能先询问期刊编辑，问清楚期刊是否接收作者的申辩、如何处理作者的申辩。国内期刊《物理学报》开始了这方面积极的尝试，如果遭遇退稿，作者可以给期刊编辑发邮件并阐述理由，如果申辩理由让编辑信服，那么编辑会在系统内激活作者的稿件，要求作者重新上传修改稿和申辩理由，同时追加审稿人。

稿件被拒，是否申辩，申辩成功的可能性有多大？这些问题没有标准答案。从国内外科技期刊的作者申辩情况来看，既有经过申辩，稿件顺利接受的，也有经申辩后，依然是拒绝接受的。申辩与否，没有对错之分，要视作者个人的情况与期刊的学术声誉。申辩是作者自己的权利，可以选择行使，当然也可以放弃。有人认为，如果作者确信审稿人对论文的评价有失偏颇或对论文的内容存在误解，作者对自己的论文结果与结论有十足的把握，同时，所投期刊的学术声誉也非常好，不妨试试。同时，也有人认为，与其申辩，不如把稿件做适当的修改，早点改投其他刊物。

这里给大家推荐一个科学网上的退稿申辩的案例（http：//blog. sciencenet. cn/blog－616140－636798. html），博文作者讲述了自己与 SCI 杂志日本主编抗辩的故事。博文作者总结了自己的 4 点体会，值得广大期刊作者借鉴、学习。

（1）一些国际期刊的审稿人，视野狭窄，傲慢自大，经常会给出不合理的意见和建议。能说出“不值得作为一篇科学论文”的话，其人品和修养也难以让人恭维。国际 SCI 杂志审稿中的问题不少，像 *Science* 杂志所讨论的，有待国际学术界共同努力改进。

（2）不要对国际 SCI 杂志的工作程序评价太高，更不要认为国际学术期刊都是公正民主的高尚之地。连一个公正的审稿都不能做到，还谈什么公平公正呢？就像西方媒体会有不负责任的报道一样，国际学术界也有很多问题。

（3）虽然我们的抗辩最终没有得到令人满意的结果，但在国际 SCI 杂志编辑和审稿人打交道的过程中，要敢于据理力争。虽然我们同杂志的区域编辑和主编有不愉快的经历，但是我同期另一篇投给这个杂志的文章，并没有因为这件事受影响，而是被接受发表了。这说明国际学术界还是有底线的。

（4）我们开始对国际 SCI 杂志的公平性期望太高了，同在国内遇到不公平、不公正的待遇一样，没必要大动干戈，从容对待各种不平事是工作和生活中的重要态度，这也是这件事给我们上的一课。

5.3.3 改投其他期刊

经同行评议后退稿，除了上面讲述的可以进行适当申辩外，在绝大多数情况下，绝大多数作者的选择是改投其他期刊。

任何事情都有两面性，退稿也一样。对于退稿，作者最大的收获是得到了同行专家的评审意见，这些意见出自本专业的专家，大多比较专业、中肯，指出了论文的存在的问题与不足，对于论文的修改完善是非常有帮助的。平时，作者完成论文后，想找一个专业对口的专家认真地审阅论文，也不是件容易的事情。把退稿当作免费的专家审读，会是一件快乐的事情。即使有些科技期刊收取少量的审稿费，也是非常值得的。

论文改投之前，作者务必做好以下几件事情。

（1）充分消化吸收审稿专家的意见，对论文进行修改与完善　有些论文作者嫌麻烦，不管审稿人的意见对与否，对论文都不做任何修改，直接改投其他期刊。这样做的弊端是，如果新投稿的期刊也选择了同一审稿人，对此审稿人肯定特别的反感，那么论文被拒的概率是相当大的。因为同一专业的科技期刊，选择同一审稿人的可能性是存在的。作者平时不难发现，同一专家同时担任多个期刊的编委的情况比比皆是，同一审稿人为多家期刊审稿的也不在少数。

（2）按照新投稿期刊的格式，重新规范整理论文　不经过任何的格式修改，而原封不动地投给另一家期刊，是论文改投的大忌。这种做法是对自己极不负责任的表现，因为不同的期刊有不同的格式要求，论文格式不符，编辑看出后的第一反应就是退稿。这是作者对编辑不尊重的表现，也是作者治学不严谨的表现，这种不认真对人对己都不利。

5.4　经同行评议后重投

修改后重投（revise and resubmit）是期刊给出的5种评审结果之一。有时候论文被拒了，但期刊编辑会表现出重新考虑的意愿，论文可在修改后重新作为新投稿提交，如果作者愿意接受的话，必须根据审稿和编辑的意见深度修改论文，然后再重新投稿同一家期刊，这次的再投稿必须准备一封信函，提供第一次投稿的稿件编号，还有根据审稿意见进行了什么修改，编辑会检查修改后的论文还有信函，必要时将论文送交新一轮的评审。

5.4.1　补充追加实验

修改后重投说明期刊编辑认为稿件有一定的发表价值，只是目前尚有欠缺，需要作者进一步完善，常常需要追加一些实验。作者应仔细考虑，分析有没有必要补充追加实验，并且看看有没有条件与时间进行追加实验。一般有以下3种情况。

（1）追加实验　一般来说，大多数审稿人是同一研究领域的专家，他们提出的意见和建议多是有建设性的，对稿件的完善及科学性将会有很大的帮助。在实验条件、时间及人力物力都允许的条件下，应采纳审稿人的意见，补充相关实验，使论文更加完善，说明问题更加充分，更有说服力。实验结束后，应把实验方法与结果补充在论文的相应部分，并在讨论中充分说明。

（2）追加部分实验　如果作者认为审稿人所提出的追加实验项目没有必要全部实施，而只要完成部分实验即可说明问题。作者可以按照自己的考虑设计、完成部分实验工作，并把追加的实验补充在论文的相应部分，并充分加以说明。

（3）不需要或没有条件追加实验　作者认为不追加这些实验，已有足够的证据阐明所讨论的问题，因此无需再补充实验。或者要求的实验超出了本论文所研究的范围。在这种情况下，作者应引经据典，提出能够说服审稿人的理由。

作者认可追加实验的必要性，但由于条件限制不能进行追加实验。这时，作者必须说明未能进行追加实验的理由。一个较为有效的解释是通过进一步查阅有关资料，找到直接或者间接证据或者能从侧面说明问题的证据。这样可以有效地说服编辑和审稿人，在一定程度上也许比追加实验更为有效。

5.4.2 撰写相关信函

论文修改完善后，需要重新给期刊写一封投稿信，这封信与第一次投稿时的信件是有区别的，除了包含第一次投稿信应该有的有关内容外，还应向编辑交代清楚此稿是修改后的重投稿，第一次投稿时的稿号是多少，编辑和审稿人给的评审结果怎样，简要说明已按审稿意见对论文进行了哪些修改等。告诉期刊编辑这些信息，主要目的是让编辑快速了解论文的来龙去脉，节省初审的时间，便于编辑快速送审，直接进入同行专家评议。因为对于重投稿件，原则上是让第一次审稿的专家再进行复审的，除非作者有特殊的要求，排除的审稿人刚好是第一次审稿的专家。

修改说明信也是不可少的。关于修改说明信的内容与写信时的注意事项，本章第二小节已详细阐述，这里不再赘述。

5.4.3 重投同一期刊

做完有关追加实验、修改完善论文后，就可以以新的论文投给同一家期刊了。重投同一家期刊的好处是能加快编辑的决策速度。因为论文以前已经同行评审过，所以一般会再送给相同的审稿人，由于他们已经熟悉了该论文，审稿速度会更快。如果作者严格按审稿专家意见修改了，论文第二次评审时，通过的概率是非常高的。

一般来说，期刊编辑鼓励作者修改后重投，说明期刊编辑对该论文还是基本认可的，只是暂时还有欠缺。如果作者认为能够按照专家的审稿意见来修改，则建议作者重投该期刊。如果作者认为审稿人的意见不能接受，有偏见，甚至是完全错误的，作者可以向期刊申辩，也可以要求期刊更换审稿人。如果作者能做到有理有据，期刊往往予以考虑。如果作者对审稿人的意见认可，但是有些要求根本没法满足，比如追加有关实验，作者没有时间、条件再做，这种情况下建议作者可以考虑改投其他期刊，适当地降低期刊的档次不失为一种明智的选择。

经过重新投稿、再次同行评议后，论文可能被接受、修改后接受、拒绝。对于再次被拒绝的论文建议改投他刊。

5.5　经同行评议后录用

直接接受（accept in its present form）是同行评议的5种结果之一，期刊将会发表原始论文，不需任何修改，不过很少有论文作者会收到这个决定。

绝大多数论文都是经同行评议后，作者修改，再评议，有时来回好几次，最后才被接受的。论文被期刊接受后，接下来有许多工作需要作者配合期刊来完成，如作者与期刊社签订出版协议，作者校对清样以及交纳各种费用等。

5.5.1　签订出版协议

当论文被期刊接受后，有的期刊要求与作者签订一份出版协议（Journal Publishing Agreement），实际上就是版权转让协议，要求作者将论文的版权，主要是指作者享有的全部或部分财产权，转让给期刊编辑部。有的期刊是作者投稿时就要求签订版权转让协议，如果论文没有被最终采用，则所签订的协议自动解除。

需要提醒的是，并不是所有的期刊都要求与作者签订版权转让协议，如果是开放期刊（OA期刊）则不需要，OA期刊是作者付费出版，作者享有版权，无偿地让别人使用。另外，混合型期刊，即由作者选择OA出版或者订阅出版模式的期刊，将选择权交给作者，如果作者选择OA出版，期刊也不需要与作者签订版权转让协议。但是，期刊要求与作者签订出版协议，授权第三方无偿使用论文。

OA出版或非OA出版，选择权在作者，如果作者经费允许，又想让自己的科研成果快速传播，扩大自己的学术影响力，可以选择OA出版。

为了让广大读者进一步了解有关版权协议的具体内容，本书作者收集了国内食品科技期刊的领头羊《食品科学》的转让协议，同时，还收集了食品科技SCI来源期刊 *Journal of Agricultural and Food Chemistry* 的版权转让协议，见附录4，供读者参考。

5.5.2　校对稿件清样

作者的稿件经自己修改完善后，期刊编辑将对其进行编辑加工，包括文字加工、规范化与格式化处理，然后交期刊出版部门排版，稿件排好版后，就称为稿件清样。为了保证出版的质量，将各种差错降低到最小程度，期刊编辑除了自己认真校对清样外，还可以让稿件的作者亲自校对清样。

作者参与清样校对的好处有两点。

一是让作者确认期刊编辑对论文的编辑加工是否正确、合适。期刊编辑往往从编辑出版规范的角度对稿件进行适当的编辑加工，受期刊编辑知识结构、水平的限制，有些编辑加工不一定非常合适、正确，作者利用这次校对的机会，可以进行确认或者修正。

二是让作者参与能最大限度地消除排版过程中可能产生的差错和原稿中遗留的部分差错。因为论文的重点、论文的表达、论文的格式，只有作者最清楚。只要有人对原稿进行了加工与重新排版，就完全有可能出现新的错误。对这些错误，只有作者最敏感。

作者校对清样时要注意以下几点。

一是不要大幅度地修改或重写论文。如果改动太大，势必造成版面的变动，导致版面多出或者减少得较多，这是期刊编辑最不愿意看到的。因为让作者校对时，期刊整体的版面基本是固定的，不能变动。因此，作者应该只改正印刷错误，尽量少改动，甚至不改动其他内容。必须要做少量改动时，应该说明理由，让期刊编辑做这些变动。

二是应在规定的时间内返给编辑部。期刊的出版是有固定的出版日期的，不能脱期，如果作者的校样迟迟不能返回，就可能影响期刊的正常出版。国外科技期刊一般要求48小时内完成任务，国内科技期刊要求相对宽松些，一般为三或四天。如果编辑部不能按时拿到校样，有可能按原校样印刷出版，这样校样中的错误就未能得到更正。

三是务必认真全面地校对各项内容。有些作者校对时，仅看看作者的姓名、单位、个人简介等信息，认为这些不错就行，其他内容一扫而过，甚至有的作者交回的校样一个字也没有改动，校对极不认真。这不仅是不负责任的表现，也是对编辑劳动的极不尊重。校对的内容大到论文的题名，小到文中的标点符号，包括校样上的所有内容。表5.1列出了校对的主要项目和内容。

表5.1　校对的主要项目与内容

校对项目	校对内容
标题序号	各级标题序号是否连续，是否必要
图表序号	是否连续，是否已在正文中标注并一一对应
数学式序号	是否连续，必要序号是否已在正文中标注
拼写	是否存在拼写错误
格式	是否存在缺少或多余空格、断行、缩进、未按要求对齐等情况
正斜体	数学式、量符号、单位符号、生物拉丁学名的正斜体是否有误
上下角标	数学式、量符号、单位符号的上下角标是否有误
字号	字号大小是否有误
标点符号	是否正确，注意中英文标点符号的差别
数据	核实数据，特别是千位空处是否存在拆分、转行或千位空位置错误

续表

校对项目	校对内容
参考文献	文中与文后文献表中的文献是否一一对应，文献表中的著录符号是否因排版而出现错误
乱码	是否存在因为某些文字、符号不被识别而出现乱码、变形或空白的情况
全文	认真通读全文，校正可能发生的一切错误

四是校对时可以在 PDF 文档上使用批注直接校对，也可征得编辑同意后，将电子版校样打印为纸质校样，使用国际通用的校对符号进行校对后，再将校对过的纸质校样扫描为电子文档返回。

因此，对作者来说，校对清样不是可有可无的事，也不是一种额外负担，而是在论文发表过程中必不可少的、责无旁贷的重要环节。

5.5.3 交纳相关费用

论文同意接受后，期刊编辑部可能还需要收取版面费或者 OA 出版费、彩图制作费、单行本印刷费等。不同的期刊收取的标准不同，收费项目也不一样，作者选择投稿前应对这些费用了解清楚。这些费用一般在期刊的投稿须知中都有详细说明，作者应再次对照投稿须知，填写有关表格或者订单，把应该付的有关费用如数、如期支付，以免影响论文正常发表。

目前，国内科技期刊大多收取一定的版面费，国外科技期刊如果是 OA 期刊，则大多收取一定的 OA 出版费用，如果是传统订阅期刊，可以通过版权转让，免交版面费。有关科技期刊的收费情况在本书的第二章已详细阐述，这里不再赘述。

6 如何防范潜在的学术不端行为

鉴于近年来学术界、期刊界频频出现的学术不端事件，本书特设专门的一章加以阐述。阐述从科技论文写作到最终发表全过程中可能发生的各种学术不端行为，使期刊作者了解学术不端的危害，知晓相关学术规范，从而达到主动防范潜在的学术不端行为。

什么是学术不端行为？至今未能形成统一的定义，以下是几种有代表性的观点。

1992 年，由美国国家科学院、国家工程院和国家医学研究院组成的 22 位科学家小组给出的学术不端行为的定义：在申请课题、实施研究和报告结果的过程中出现的伪造、篡改或抄袭行为。不端行为主要被限定在“伪造、篡改、抄袭”(Fabrication，Falsification，Plagiarism；FFP）三者中。

我国科技部 2006 年颁布的《国家科技计划实施中科研不端行为处理办法(试行)》对学术不端行为的定义是“违反科学共同体公认的科研行为准则的行为”，并给出了 7 个方面的表现形式：①故意做出错误的陈述，捏造数据或结果，破坏原始数据的完整性，篡改实验记录和图片，在项目申请、成果申报、求职和提职申请中做虚假的陈述，提供虚假获奖证书、论文发表证明、文献引用证明等。②侵犯或损害他人著作权，故意省略参考他人出版物，抄袭他人作品，篡改他人作品的内容；未经授权，利用被自己审阅的手稿或资助申请中的信息，将他人未公开的作品或研究计划发表或透露给他人或为己所用；把成就归功于对研究没有贡献的人，将对研究工作做出实质性贡献的人排除在作者名单之外，僭越或无理要求著者或合著者身份。③成果发表时一稿多投。④采用不正当手段干扰和妨碍他人研究活动，包括故意毁坏或扣压他人研究活动中必需的仪器设备、文献资料以及其他与科研有关的财物；故意拖延对他人项目或成果的审查、评价时间或提出无法证明的论断；对竞争项目或结果的审查设置障碍。⑤参与或与他人合谋隐匿学术劣迹，包括参与他人的学术造假、与他人合谋隐藏其不端行为、监察失职以及对投诉人打击报复。⑥参加与自己专业无关的评审及审稿工作；在各类项目评审、机构评估、出版物或研究报告审阅、奖项评定时，出于直接、间接或潜在的利益冲突而做出违背客观、准确、公正的评价；绕过评审组织机构与评议对象直接接触，收取评审对象的馈赠。⑦以学术团体、专家的名义参与商业广告宣传。

2007 年 1 月 16 日中国科协七届三次常委会议审议通过的《科技工作者科学道德规范（试行)》第三章对学术不端下了明确的定义和范围：“学术不端是指

在科学研究和学术活动中的各种造假、抄袭、剽窃和其他违背科学共同体惯例的行为”，并列出了与科技部2006年颁布的《国家科技计划实施中科研不端行为处理办法（试行）》中相同的七种表现形式。

2007年2月26日，中国科学院发布《中国科学院关于加强科研行为规范建设的意见》将科研不端行为概括为6个方面：①在研究和学术领域内有意做出虚假的陈述，包括编造数据，篡改数据，改动原始文字记录和图片，在项目申请、成果申报以及职位申请中做虚假的陈述。②损害他人著作权，包括侵犯他人的署名权，如将做出创造性贡献的人排除在作者名单之外，未经本人同意将其列入作者名单，将不应享有署名权的人列入作者名单，无理要求著者或合著者身份或排名，或未经原作者允许用其他手段取得他人作品的著者或合著者身份。剽窃他人的学术成果，如将他人材料上的文字或概念作为自己的发表，故意省略引用他人成果的事实，使人产生为其新发现、新发明的印象，或引用时故意篡改内容、断章取义。③违反职业道德利用他人重要的学术认识、假设、学说或者研究计划，包括未经许可利用同行评议或其他方式获得的上述信息；未经授权就将上述信息发表或者透露给第三者；窃取他人的研究计划和学术思想据为已有。④研究成果发表或出版中的科学不端行为，包括将同一研究成果提交多个出版机构出版或提交多个出版物发表；将本质上相同的研究成果改头换面发表；将基于同样的数据集或数据子集的研究成果以多篇作品出版或发表，除非各作品间有密切的承继关系。⑤故意干扰或妨碍他人的研究活动，包括故意损坏、强占或扣压他人研究活动中必需的仪器设备、文献资料、数据、软件或其他与科研有关的物品。⑥在科研活动过程中违背社会道德，包括骗取经费、装备和其他支持条件等科研资源；滥用科研资源，用科研资源谋取不当利益，严重浪费科研资源；在个人履历表、资助申请表、职位申请表，以及公开声明中故意包含不准确或会引起误解的信息，故意隐瞒重要信息。

自2016年9月1日起施行的《高等学校预防与处理学术不端行为办法》所称的学术不端行为是指高等学校及其教学科研人员、管理人员和学生，在科学研究及相关活动中发生的违反公认的学术准则、违背学术诚信的行为。具体包括以下7项：①剽窃、抄袭、侵占他人学术成果。②篡改他人研究成果。③伪造科研数据、资料、文献、注释，或者捏造事实、编造虚假研究成果。④未参加研究或创作而在研究成果、学术论文上署名，未经他人许可而不当使用他人署名，虚构合作者共同署名，或者多人共同完成研究而在成果中未注明他人工作、贡献。⑤在申报课题、成果、奖励和职务评审评定、申请学位等过程中提供虚假学术信息。⑥买卖论文、由他人代写或者为他人代写论文。⑦其他根据高等学校或者有关学术组织、相关科研管理机构制定的规则，属于学术不端的行为。

由此可知，学术不端行为涉及科研活动的方方面面，有课题申报、论文发表、职称评定、成果评奖等方面的违反公认的学术准则、违背学术诚信的行为。

限于篇幅，本章中只讨论与论文的写作与发表过程中有关的学术不端行为。感兴趣的读者可以认真学习《高等学校预防与处理学术不端行为办法》，如附录5所示。

6.1 学术不端的表现类型

期刊作者在论文的写作与发表的过程中，常常会有意或者无意地违反学术规范，从而发生学术不端行为。为了遏制学术不端行为，做到防患于未然，使高校教师、学生和科研人员能自觉遵守学术道德，增强自律意识，教育部科学技术委员会学风建设委员会组织编写了《高等学校科学技术学术规范指南》。该书是一本指导性的简明读本，对有关学术规范与学术不端行为有比较准确的阐述。为了便于读者了解比较权威的解释，本节中本书作者直接摘录了该书的部分内容。

6.1.1 论文署名混乱

《高等学校科学技术学术规范指南》中有关成果署名的规范如下所述。

研究成果发表时，只有对研究成果做出实质性贡献（在从选题、设计、实验、计算到得出必要结论的全过程中完成重要工作）者，才有资格在论文上署名。对研究有帮助但无实质性贡献的人员和单位可在出版物中表示感谢，不应列入作者名单。对于确实在可署名成果（含专利）中做出重大贡献者，除应本人要求或保密需要外，不得以任何理由剥夺其署名权。对于合作研究的成果，应按照对研究成果的贡献大小或根据学科署名的惯例或约定，确定合作成果完成单位和作者（专利发表人、成果完成人）署名顺序。署名人应对本人做出贡献的部分负责，发表前应由本人审阅并署名。反对不属实的署名和侵占他人成果。

署名要用真实姓名，并附上真实的工作单位，以示文责自负。

然而，在平时的期刊编辑实践中，期刊编辑发现常常有作者违反上述规定。具体有以下几种学术不端情况。

（1）名誉署名　名誉署名是指未直接参与论文设计、试验、数据分析、撰写和论文修改等重要环节，甚至连论文都未过目，无法对论文承担任何责任，却借助行为人的地位、名誉而在论文上署名的行为。这种行为存在两种情况：一种是由行为人强行所为，如一些研究所领导、大学导师、实验室主任、课题组负责人，强行要求其下属在发表论文时，一律要署上自己的大名；另一种情况是，论文作者欲借用行为人的地位、名誉达到在著名期刊上发表论文的目的，扩大论文的影响力，主动在论文上为其署名的情况。这种情况，行为人有可能知晓而默认，也可能干脆就不知情。通过名誉署名，有些知名人士1年内能发表上百篇论文的现象就不足为奇了。

哈佛大学医学院在《作者要求》中明确指出，不允许有名誉或客座作者，仅为工作争取到了资金、提供了技术服务、提供了样品材料或负责了行政管理的人，虽然对完成论文不可或缺，但这些支持性工作本身不足以使他们成为论文作者。

（2）赠送署名　顾名思义，是指论文作者为了讨好他人，在自己的论文中，擅自为对本论文没有任何贡献的他人署名的行为。这种行为也分为两种情况：一种是被赠送者事前是知情的，而为了自己的利益当然乐意接受，署名成功后会为赠送者谋取利益；另一种是被赠送者事前并不知情，待论文发表后才知晓，知晓后除非东窗事发，否则默认者居多。

通过赠送署名方式，知名学者发表上百篇论文的现象也是非常常见的，如耶鲁大学医学院费立格教授，据称发表了200多篇论文，但以他一人署名的却只有35篇，其他的论文除了一部分确实经由他的指导外，有相当大一部分论文署名情况就是这种受赠与的性质。

（3）搭车署名　搭车署名是指对论文未作任何贡献的行为人，要求将自己的名字不记排名先后，列于作者表中的署名行为。这种行为也有两种情况：一种是论文作者有意将自己的配偶、子女、亲属或朋友的名字列于作者表中，将他们作为署名人；另一种是论文作者做顺水人情，答应搭车者或人情关系者的要求，将其列于论文作者表中相应位置上。搭车者的署名一般不会排在重要位置上，但也是一种欺诈行为，不可忽视。有的论文作者表中罗列了10多位作者，这种情况多属此类行为。

（4）买卖署名　买卖署名是指对论文未作任何贡献的行为人，通过买卖交易，在论文上署名的行为。这种行为也有两种情况：一种是通过交易方式，将整篇论文的署名权买断，买方根据自己的需要在论文上署名；另一种是通过交易方式，将买方的名字，按照买方的要求列于论文作者表中相应的位置上。买卖署名中，买方也许并非学术研究者，或者也许与论文研究内容不相干，买卖双方为了各自的利益，败坏了科技论文的科学道德规范，不能容忍。网络上出现的出售论文的现象就是买卖署名最有力的例证。

发生上述署名混乱的情况，主要与作者的学术规范意识不强有关，也与期刊编辑的把关不严有关。针对较为混乱的署名乱象，有些科技期刊制定了较为严格的管理规定，论文投稿时让所有作者声明作者贡献，并签字确认。告知所有投稿者，论文一旦投稿，论文的作者名单与顺序原则上不得变更。如有特殊情况，在期刊编辑许可的条件下必须提供作者变更申请表，说明变更的原因，让每一位作者，包括去掉的、新增加的作者都签字确认。

食品科技SCI来源期刊 *Food Chemistry* 对作者变更有严格的规定，具体内容如下所述。

Authors are expected to consider carefully the list and order of authors before submitting their manuscript and provide the definitive list of authors at the time of the original submission. Any addition, deletion or rearrangement of author names in the authorship list should be made only before the manuscript has been accepted and only if approved by the journal Editor. To request such a change, the Editor must receive the following from the corresponding author: (a) the reason for the change in author list and (b) written confirmation (e - mail, letter) from all authors that they agree with the addition, removal or rearrangement. In the case of addition or removal of authors, this includes confirmation from the author being added or removed.

Only in exceptional circumstances will the Editor consider the addition, deletion or rearrangement of authors after the manuscript has been accepted. While the Editor considers the request, publication of the manuscript will be suspended. If the manuscript has already been published in an online issue, any requests approved by the Editor will result in a corrigendum.

6.1.2 抄袭与剽窃

《高等学校科学技术学术规范指南》中有关抄袭与剽窃的阐述如下。

（1）抄袭和剽窃的定义　抄袭和剽窃是一种欺骗形式，它被界定为虚假声称拥有著作权，即取用他人思想产品，将其作为自己的产品拿出来的错误行为。在自己的文章中使用他人的思想见解或语言表述，而没有申明其来源。

2001 年 10 月修订的《中华人民共和国著作权法》第 46 条规定，著作权法所称抄袭、剽窃的法律后果是“……应当根据情况，承担停止侵害、消除影响、赔礼道歉、赔偿损失等民事责任”。文化部 1984 年 6 月颁布的《图书期刊版权保护试行条例》第 19 条第 1 项所指“将他人创作的作品当作自己的作品发表，不论是全部发表还是部分发表，也不论是原样发表还是删节、修改后发表”的行为，应该认为是剽窃与抄袭行为。

一般而言，抄袭是指将他人作品的全部或部分，以或多或少改变形式或内容的方式当作自己作品发表；剽窃指未经他人同意或授权，将他人的语言文字、图表公式或研究观点，经过编辑、拼凑、修改后加入到自己的论文、著作、项目申请书、项目结题报告、专利文件、数据文件、计算机程序代码等材料中，并当作自己的成果而不加引用的公开发表。

尽管“抄袭”与“剽窃”没有本质的区别，在法律上被并列规定为同一性质的侵权行为，其英文表达也同为 plagiarize，但二者在侵权方式和程度上还是有所差别的：抄袭是指行为人不适当引用他人作品以自己的名义发表的行为；而剽窃则是行为人通过删节、补充等隐蔽手段将他人作品改头换面而没有改变原有作品的实质性内容，或窃取他人的创作（学术）思想或未发表成果作为自己的作品发表。抄袭是公开的照搬照抄，而剽窃却是偷偷的、暗地里的。

（2）抄袭和剽窃的形式　①抄袭他人受著作权保护作品中的论点、观点、结论，而不在参考文献中列出，让读者误以为观点是作者自己的。②窃取他人研究成果中的调研、实验数据、图表，照搬或略加改动就用于自己的论文。③窃取他人受著作权保护的作品中独创概念、定义、方法、原理、公式等据为己有。④片段抄袭，文中没有明确标注。⑤整段照抄或稍改文字叙述，增删句子，实质内容不变，包括段落的拆分合并、段落内句子顺序改变等，整个段落的主体内容与他人作品中对应的部分基本相似。⑥全文抄袭，包括全文照搬（文字不动）、删简（删除或简化，将原文内容概括简化、删除引导性语句或删减原文中其他内容等）、替换（替换应用或描述的对象）、改头换面（改变原文文章结构、或改变原文顺序、或改变文字描述等）、增加（一是指简单的增加，即增加一些基础性概念或常识性知识等；二是指具有一定技术含量的增加，即在全包含原文内容的基础上，有新的分析和论述补充，或基于原文内容和分析发挥观点）。⑦组合别人的成果，把字句重新排列，加些自己的叙述，字面上有所不同，但实质内容就是别人成果，并且不引用他人文献，甚至直接作为自己论文的研究成果。⑧自己照抄或部分袭用自己已发表文章中的表述，而未列入参考文献，应视作“自我抄袭”。

（3）抄袭和剽窃行为的界定　根据《中华人民共和国著作权法》，抄袭和剽窃侵权与其他侵权行为一样，需具备 4 个条件：第一，行为具有违法性；第二，有损害的客观事实存在；第三，和损害事实有因果关系；第四，行为人有过错。由于抄袭物在发表后才产生侵权后果，即有损害的客观事实，所以通常在认定抄袭时都指已经发表的抄袭物。

我国司法实践中认定抄袭和剽窃一般来说遵循 3 个标准：第一，被剽窃（抄袭）的作品是否依法受《著作权法》保护；第二，剽窃（抄袭）者使用他人作品是否超出了“适当引用”的范围。这里的范围不仅从“量”上来把握，主要还要从“质”上来确定；第三，引用是否标明出处。

这里所说的引用“量”，国外有些国家做了明确的规定，如有的国家法律规定不得超过 1/4，有的则规定不超过 1/3，有的规定引用部分不超过评价作品的 1/10。我国《图书期刊保护试行条例实施细则》第 15 条明确规定：引用非诗词类作品不得超过 2500 字或被引用作品的 1/10；凡引用一人或多人的作品，所引用的总量不得超过本人创作作品总量的 1/10。目前，我国对自然科学的作品尚无引用量上的明确规定，考虑到一篇科学研究的论文在前言和结果分析部分会较多引用前人的作品。所以建议在自然科学和工程技术学术论文中，引用部分一般不超过本人作品的 1/5。对于引用“质”，一般应掌握以下界限：①作者利用另一部作品中所反映的主题、题材、观点、思想等再进行新的发展，是新作品区别于原作品，而且原作品的思想、观点不占新作品的主要部分或实质部分，这在法律上是允许的；②对他人已发表作品所表述的研究背景、客观事实、统计数字等可以自由利用，但要注明出处，即使如此也不能大段照搬他人表述的文字；③著作权法保护独创作品，但并不要求其是首创作品，作品虽然类似但如果系作者完全独立创作的，则不能认为是剽窃。

通过以上学习，期刊作者了解了抄袭和剽窃的定义、形式、界定标准，在平时撰写论文时务必遵守学术规范，避免抄袭和剽窃行为的发生。期刊作者具体应做到以下几点：①无论是在改述、总结或直接引用中，都必须明确说明新观点的提出者以及原创者；②在一字不差地引用其他作者文献时，必须严格使用引号，并给出准确的引用；③改述时，要确保在完全理解原文的基础上使用自己的话来进行叙述；④当不确定所使用的事实或观点是否是常识时，必须提供参考文献。

为了遏制作者的抄袭剽窃行为，目前国内外学术期刊都采取了积极的措施，主要是利用学术不端检测软件来对来稿进行检测，国内使用较广的检测软件为中国知网的学术不端文献检测系统（AMLC），国外使用较广的检测软件为CrossCheck反剽窃文献检测系统。期刊编辑一般先根据检测到的文字复制比来判断稿件是否有抄袭剽窃的嫌疑，然后，再进行同行评议。

6.1.3 伪造与篡改

《高等学校科学技术学术规范指南》中有关伪造（fabrication）和篡改（falsification）的阐述如下。

（1）伪造和篡改的定义　伪造是在科学研究活动中，记录或报告无中生有的数据或实验结果的一种行为。伪造不以实际观察和试验中取得的真实数据为依据，而是按照某种科学假说和理论演绎出的期望值，伪造虚假的观察与试验结果。

篡改是在科学研究活动中，操纵试验材料、设备或步骤，更改或省略数据或部分结果使得研究记录不能真实地反映实际情况的一种行为。篡改是指科研人员在取得试验数据后，或为了使结果支持自己的假设，或为了附和某些已有的研究结果，对试验数据进行“修改加工”，按照期望值随意篡改或取舍数据，以符合自己期望的研究结论。

（2）伪造和篡改的形式　①伪造试验样品。②伪造论文材料与方法而实际没有进行的试验，无中生有。③伪造和篡改试验数据，伪造虚假的观察与试验结果，故意取舍数据和篡改原始数据，以符合自己期望的研究结论。④虚构发表作品、专利、成果等。⑤伪造履历、论文等。

（3）伪造和篡改行为的危害　伪造和篡改都属于学术造假，其特点是研究成果中提供的材料、方法、数据、推理等方面不符合实际，无法通过重复试验再次取得，有些甚至连原始数据都被删除或丢弃，无法查证。这两种做法是科学研究中最恶劣的行为，因为这直接关系到与某项研究有关的所有人和事的可信性。涉及实验中数据伪造和各种实验条件更改的学术欺骗却并不容易被发现，而且调查起来也需要专门人员介入，并要重现实验过程，因而颇有难度。伪造和篡改的发现多是在文章发表一段时间后，实验不能重复或者实验数据相互矛盾，致使专家提出质疑，或由实验室内部人员揭发才能被发现。

科学研究的诚信取决于实验过程和数据记录的真实性。篡改和伪造会引起科学诚信上的严重问题，使得科学家们很难向前开展研究，也会导致许多人在一条“死路”上浪费大量时间、精力和资源。

通过以上学习，期刊作者了解了伪造和篡改的定义、形式、危害，因此，在科学研究的过程中应坚持实事求是，务必遵守以下科研规范：①忠实于观察、记录实验中所获得的原始数据，禁止随意对原始数据进行删裁取舍；②不得为得出某种主观期望的结论而捏造、篡改、拼凑引用资料、研究结果或者实验数据，也不得投机取巧、断章取义，片面给出与客观事实不符的研究结论；③利用统计学方法分析、规整和表述数据时，不得为夸大研究结果的重要性而滥用统计方法。

同行评议是发现伪造和篡改等学术不端行为的有效手段，经同行评议后发现有问题的稿件可以得到及时退稿。少数审稿专家的力量毕竟有限，在较短的时间内很难发现造假行为，所以许多造假的论文顺利地通过了同行专家的审查，得以正式发表，最终只能依靠广大同行识别、检举。

6.1.4 虚假同行评议

同行评议是学术期刊普遍采取的论文评审制度，一般由期刊邀请论文所涉领域的专家评价论文质量，提出评审修改意见，它很大程度上决定了文章是否刊发。然而，有些作者或者第三方机构提供虚假的评审专家信息，如用自己注册的邮箱地址冒充专家邮箱，评审时论文实际上是返回到投稿者手里。投稿人冒充评审人将正面评价反馈给期刊，从而达到操纵评审的目的。

虚假同行评议是指通过伪造论文审稿人邮箱、提供虚假审稿意见，旨在操纵评审结果的同行评议。虚假同行评议是近年来学术界出现的一种新的学术不端行为，它具有极大的隐蔽性，干扰了正常的学术期刊出版，影响极其恶劣。根据实施行为的主体不同，可以分为以下两种情况。

（1）作者个人操控的虚假同行评议　有些作者利用学术期刊要求作者推荐审稿人的机会，伪造审稿人的邮箱，一旦期刊采用作者推荐的审稿人，就成了作者自己给自己审稿了。期刊编辑一般是通过审稿过程中的一些细节，偶然发现这种现象的。

很多学术期刊的编辑都清楚，说服一名研究者在百忙之中抽出时间参与论文同行评议是多么不容易的事。正因为如此，*The Journal of Enzyme Inhibition and Medicinal Chemistry* 的编辑对韩国庆州市东国大学的药用植物研究员文亨仁（Hyung－In Moon）投稿的论文产生了困惑。疑问的对象并不是论文本身，而是对该论文进行的同行评议。

这些评议内容本身并没有什么特别之处：其中对文亨仁的研究论文做出了总体

积极的评价，并提出了一些可以改进之处。它不寻常的地方在于反馈时间特别迅速：评议人从收到论文到完成评议的时间往往连24个小时都不到，这样的速度实在是太快了。因此，期刊主编克劳迪乌·苏普兰（Claudiu Supuran）产生了怀疑。

2012年，苏普兰就此事与文亨仁对证。文亨仁承认，这些“同行评议”完成得如此之快，是因为其中有很多都是他自己所写。没费多少工夫，文亨仁的骗局就被彻底拆穿了。苏普兰任职的期刊与其他几份英富曼卫生保健（Informa Healthcare）出版社旗下的期刊都会允许论文作者自己推荐几名同行评审员，文亨仁正是利用了这个漏洞。在他提交的名单中，有的名字是真实存在的科学家，有的是虚构的假名，而随姓名附上的电子邮件地址也都是伪造的：这些邮箱接受的邮件会直接发到他本人或同事的信箱里。文亨仁承认造假行为后，英富曼出版社旗下的几份杂志共撤回了28篇相关论文，并有一名编辑因此辞职。

以上是果壳网（http://www.guokr.com/article/439702/?_block=article_interested&_pos=1&rkey=e6f6）报道的期刊作者假冒成审稿人，给自己审稿的案例。

（2）第三方机构操纵的虚假同行评议　期刊作者由第三方机构代投或者代写代发论文，第三方机构有组织地伪造通信作者邮箱，伪造论文审稿人邮箱，提供虚假审稿意见，达到顺利发表论文的目的。近年来，有些作者抱着侥幸的心理，让一些论文代发代写机构发表论文，这些第三方机构再通过操控同行评议来发表论文，从而从中获利。

2016年12月12日，国家自然科学基金委员会在京召开通报会，通报了2015—2016年查处的科研不端行为典型案例。此次通报会重点通报了2015年国际论文撤销事件，这些撤稿都与虚假同行评议有关。

自2015年3月份开始，英国现代生物、施普林格、爱思唯尔、自然等国际出版集团4批集中撤稿，涉及中国作者论文117篇。其中有23篇被撤论文标注了科学基金资助，有5篇被撤论文被列入已获得资助的项目申请书中。

基金委对这28篇被撤论文展开集中调查。调查发现，这些被撤论文都是委托第三方中介机构进行“润色”并投稿；更有甚者，部分论文完全是通过论文买卖，请人捉刀代为撰写和投稿。

论文撤销事件情况复杂，影响恶劣。在这批论文被撤稿的原因中都提到了“同行评议涉嫌造假”，由此发现其背后隐藏着一条灰色的“产业链”——第三方中介机构。这些机构在代人投稿过程中虚构同行评议专家信息，通过“幽灵”评审向期刊和出版社审稿平台提供编造的评审意见。

上述案例详见新华网（http://news.xinhuanet.com/tech/2016-12/12/c_1120103416.htm）。2015年中国论文的集体撤稿事件与虚假同行评议有直接的关系，在国际学术界造成极其恶劣的影响。

6.1.5 一稿多投与重复发表

《高等学校科学技术学术规范指南》中有关一稿多投（multiple contributions）和重复发表（repetitive publication）的阐述如下。

（1）一稿多投的定义 一稿多投是指同一作者，在法定或约定的禁止再投期间，或者在期限以外获知自己作品将要发表或已经发表，在期刊（包括印刷出版和电子媒体出版）编辑和审稿人不知情的情况下，试图或已经在两种或多种期刊同时或相继发表内容相同或相近的论文。《中华人民共和国著作权法》第32条第1款设定了“一稿多投”的法律规定。如果是向期刊社投稿，则法定再投稿期限为“自稿件发出之日起三十日内”。约定期限可长可短，法定期限服从于约定期限。法定期限的计算起点是“投稿日”，而约定期限可以是“收到稿件日”或“登记稿件日”，法定期限的终点是“收到期刊社决定刊登通知日”。

国际学术界对于“一稿多投”现象的较为普遍认同的定义是同样的信息、论文或论文的主要内容在编辑和读者未知的情况下，于两种或多种媒体（印刷或电子媒体）上同时或相继报道。

重复发表是指作者向不同出版物投稿时，其文稿内容（如假设、方法、样本、数据、图表、论点和结论等部分）有相当重复而且文稿之间缺乏充分的交叉引用或标引的现象。这里涉及两种不同的行为主体，一种是指将自己的作品或成果修改或不修改后再次发表的行为，另一种是指将他人的作品或成果修改或不修改后再次发表的行为。后者是典型的剽窃、抄袭行为，在这里所说的重复发表仅指第一种行为主体。

凡属原始研究的报告，不论是同语种还是不同语种，分别投寄不同的期刊或主要数据和图表相同，只是文字表达有些不同的两篇或多篇期刊文稿，分别投寄不同的期刊，属一稿两（多）投；一经两个（或多个）刊物刊用，则为重复发表。会议纪要、疾病的诊断标准和防治指南、有关组织达成的共识性文件、新闻报道类文稿分别投寄不同的杂志，以及在一种杂志发表过摘要而将全文投向另一种杂志，不属一稿两投。但作者若要重复投稿，应向相关期刊编辑部做出说明。

（2）一稿多投的形式 ①完全相同型投稿。②肢解型投稿。如作者把A文章分成B文章和C文章，然后把A、B、C三篇文章投递给不同的期刊。③改头换面型投稿。作者仅对文章题目做出改变，而结构和内容不做变化。④组合型投稿。除了改换文章题目外，对段落的前后连接关系进行调整，但整体内容不变。⑤语种变化型投稿。比如，作者把以中文发表的论文翻译成英文或其他外文，在国际著作权公约缔约国的期刊上发表，这在国际惯例中也属于一稿多投，是违反国际著作权公约准则的行为。

（3）一稿多投行为的界定 构成“一稿多投”行为必须同时满足4个条件：①相同作者。对于相同作者的认定，包括署名和署名的顺序。鉴于学术文章的署名顺序以作者对论文或者科研成果的贡献而排列，调整署名顺序并且再次投稿发表的行为，应当从学术剽窃的角度对行为人进行处理。因同一篇文章的署名不同，应认定为“剽窃”，不属于“一稿多投”。②同一论文或者这一论文的其他版本。将论文或者论文的主要内容，以及经过文字层面或者文稿类型变换后的同一内容的其他版本、载体格式再次投稿，也属于“一稿多投”。③在同一时段故意投给两家或两家以上学术刊物，或者非同一时段且已知该论文已经被某一刊物接受或发表仍投给其他刊物。④在编辑未知的情况下的“一稿多投”。

根据国际学术界的主流观点，以下类型的重复发表不属于“一稿多投”行为，可以再次发表：①在专业学术会议上做过口头报告或者以摘要、会议墙报的形式发表过初步研究结果的完整报告，可以再次发表，但不包括以正式公开出版的会议论文集或类似出版物形式发表的全文。②在一种刊物发表过摘要或初步报道，而将全文投向另一种期刊的文稿。③有关学术会议或科学发现的新闻报道类文稿，可以再次发表，但此类报道不应通过附加更多的资料或图表而使内容描述过于详尽。④重要会议的纪要，有关组织达成的共识性文件，可以再次发表，但应向编辑部说明。⑤对首次发表的内容充实了50%或以上数据的学术论文，可以再次发表。但要引用上次发表的论文（自引），并向期刊编辑部说明。⑥论文以不同或同一种文字在同一种期刊的国际版本上再次发表。⑦论文是以一种只有少数科学家能够理解的非英语文字（包括中文）已发表在本国期刊上的属于重大发现的研究论文，可以在国际英文学术期刊再次发表。当然，发表的首要前提是征得首次发表和再次发表的期刊的编辑的同意。⑧同一篇论文在内部资料发表后，可以在公开发行的刊物上再次发表。

以上再次发表均应向期刊编辑部充分说明所有的、可能被误认为是相同或相似研究工作的重复发表和先前报告，并附上有关材料的复印件；必要时还需从首次发表的原期刊获得同意再次发表的有关书面材料。

一稿两投（多投）和重复发表现象在我国学术界很是常见。论文作者，特别是通信作者（责任作者）一定要注意这一问题。如已发生，则应撤回论文，向编辑部致歉，并通过编辑部向读者致歉。有多人署名的论文，有的作者在不知情的情况下，论文被重复发表了，发现后也应向编辑部提出，并撤回论文。

6.2　学术不端的防范对策

防范期刊作者的学术不端行为，首先，主要靠期刊作者的自律，即主要依靠期刊作者自觉遵守相关学术规范；其次，依靠期刊编辑、同行专家的严格把关；再次，通过典型的学术不端案例，对期刊作者进行警示教育。

6.2.1　作者自律

期刊作者的自律不仅取决于作者自身对学术规范知识了解的多少、掌握的程度，而且取决于作者的学术道德。因此，要双管齐下，对期刊作者进行学术规范与学术道德教育。

在期刊编辑实践中，发现有些年轻作者，特别是硕士研究生作者缺乏基本的学术规范常识，例如，文献引用相当随意，随意删减文献；不阅读原始文献，随意转引文献；将自己论文的合作者、导师推荐为审稿人，真是让人啼笑皆非。

由于在校缺乏系统的训练，研究生往往缺乏最基本的学术道德素养，进而造成学术界在技术层次、内容层次和道德层面上均出现了种种问题：在技术层面上，往往出现标题分级混乱、图表不规范、参考文献引用不明确等最基本的不应该出现的问题；在内容层面上，经常出现数据不准确、方法使用不当、写作目的不明确、行文构思不清楚等问题；在学术道德层面上，更加严重的有篡改、伪造科研数据，抄袭、剽窃他人成果，一稿多投等问题。

高等学校是科研人才培养的主要基地，硕士、博士研究生是未来潜在的科研主力军。将学术规范的普及教育纳入高等学校课程体系，在研究生中开设学术规范课程，全面普及学术规范知识，让他们掌握有关学术规范知识是当务之急。

为科学有效地培养研究生科学研究中的负责任行为，使其自觉遵循科研伦理及学术规范，有些高校如大连理工大学为全校研究生开设了“论文写作与学术规范”课程。该课程作为针对全校研究生开设的公共基础课，旨在使研究生提高学位论文及学术论文的写作水平与整体质量，增强学术道德素养，自觉遵循学术规范，养成负责任研究行为，为成长为全面而自由发展的高水平研究型及应用型人才奠定扎实的学术基础。

6.2.2 编者审查

期刊对来稿进行学术不端检查，是期刊应尽的职责之一。主要依靠期刊编辑与同行专家来审查学术不端，具体包括以下内容。

（1）是否抄袭　目前，初审阶段检查抄袭多数期刊主要借助科技期刊学术不端文献检测系统（AMLC）提供的文字复制比。AMLC 检测报告对有文本复制的地方均可链接生成与已发表文献形成文字比对，可以从总体到局部对被检测论文进行对比。在稿件审理过程中，AMLC 检测结果只是作为参考，并不能绝对说明稿件是否有学术不端问题，更不能决定稿件的去留。有的稿件文字复制比很低，甚至为零，但是其也存在学术不端。期刊编辑会仔细阅读稿件内容，对稿件的真实性、创新性、时效性、实用性以及文章的写作水平来综合对稿件进行评价。

（2）是否一稿多投　一稿多投存在更大的隐匿性，在作者投稿之际，很难在法规上对作者的一稿多投行为进行约束。通常是通知作者修改时作者才要求撤稿，理由通常是“数据和文章还需完善”，有的作者甚至对此毫不理会，修改通知发给作者以后就杳无音讯了，编辑催促多次也不回复。更有甚者，等到编辑通知其交版面费时才撤稿。一稿多投浪费了大量的人力和物力，严重扰乱了正常的期刊出版秩序。

目前，有许多期刊使用 AMLC 系统中提供的“稿件追踪”功能，对一稿多投稿件的追提供了帮助。稿件追踪结果包括稿件篇名、作者、已投编辑部名称以及检测时间，也会提供每次检测的文章内容和本次检测的稿件内容的详细对比。从篇名来看，有些作者一稿多投时会对文章的篇名做一定的修改，有些甚至会将篇名改成用字母和数字代替，比如用要投期刊的首字母简写加投稿日期的形式，这种明显有批量化代写代投的嫌疑；从投稿时间来看，有些作者在同一天或短时间内投多个期刊，而有的作者则时间跨度较长，有时间跨度为一年或是几年的，此类情况除了一稿多投之外，还需要考虑其重复发表的可能。从检测时间来看，不但可以检测到作者投某刊之前的投稿记录，而且还可以追踪到作者后来又投过哪些期刊。

期刊作者一稿多投的代价是巨大的，不仅会进入黑名单库，遭到所投期刊以后的拒稿，而且可能会遭到同类期刊的联合封杀。提醒期刊作者不要拿自己的学术生涯当儿戏。

（3）是否篡改数据　在平时的期刊编辑实践中，经常发现来稿中的某些数据前后不一致，文字叙述与图表中的数据不一致。在这种情况下，期刊编辑一般要求作者提供相关疑点的原始资料，如实验原始图片、实验记录表格、病例档案、统计数据的各样本值等。如作者无法提供这些原始资料，或者推脱说资料遗失等，则作者无法自证清白。编辑虽不能就此认定为作者造假；但显然，编辑可以按造假来处理该投稿论文，予以退稿，甚至通知作者单位，也可以在学术诚信记录中记录为“造假嫌疑”，将论文作者列入黑名单库。

（4）是否代写、代发　目前国内论文代写、代发已形成完整的产业链，情况远比我们想象的严重。有关媒体有详细的报道——《代写论文的庞大产业链是怎样形成的》(http://news.sciencenet.cn/htmlnews/2016/7/351765.shtm)、《117篇 SCI 论文被撤稿的背后》(http://zqb.cyol.com/html/2016-12/30/nw.D110000zgqnb_20161230_2-08.htm)。

尽管代写、代发论文做得比较隐蔽，但有不少论文也逃脱不了期刊编辑敏锐的眼光。从收稿邮箱来看，一部分代写、代投的邮箱非常特别，如一些邮箱命名为“人人，人人人，无我、哈哈、小小，平常心”，有的同一个邮箱投的门类相差较大的文章，且作者单位和作者完全不同，这些很明显是代写、代投的。有些稿件附件以日期、数字编号、拟投的期刊名称或缩写、作者姓名、作者单位组合命名，跟作者联系时候，联系到的人与作者性别不符，口音与籍贯或工作单位地点明显差异，这有明显的批量生产和代写、代发嫌疑。代写代投的文章署名作者数量少，一般为一名作者；在采编系统作者信息极少，一般只填注册时必须要填的项目；一般用QQ邮箱，一般不留或者留错误的座机号，只留手机号，手机号归属地与作者单位所在地区不同；作者单位科研力量薄弱，文中缺少图片，仅有表格，有的甚至表格都没有，文献不端检测提示“可能已提前检测”。

6.2.3 警示教育

科技期刊是科研成果公之于众的重要渠道，也是管理机构评价科研人员工作质量和水平的参考。一定程度上，学术论文代表了科研人员最主要的工作成果，能够反映出研究人员的工作过程、工作的量与质等情况。对于出现严重学术不端行为的作者来说，期刊应拒绝录用其论文，并在未来一定时间内拒绝刊登此作者的来稿，从而使其科研成果不能公之于众，是对其学术不端行为最直接的惩罚。在作者投稿时就告知期刊对于学术不端行为会采取的措施，无疑能够对不够诚信的科研人员形成警示。

《中国粮油学报》从2016年5月1日起，每期固定在封三发布“《中国粮油学报》关于学术不端稿件的认定和处理办法”，对期刊的读者起到了很好的警示教育。

《中国粮油学报》关于学术不端稿件的认定和处理办法

为维护本刊的学术质量和名誉，《中国粮油学报》对所有投稿和已被录用的稿件进行严格的学术不端检测，一经查实，一律实行退稿或撤销录用，同时做严肃处理。

1　学术不端行为的认定

本刊以《中国学术文献网络出版总库》为全文比对数据库，采用CNKI“学术不端检测系统”对所有稿件进行查重检测。如查重率不小于30%，需请审稿专家对该稿件的学术不端情况进行认定，并填写《稿件学术不端认定意见书》。认定为学术不端行为的情况如下：

1）直接将他人或已存在的思想、观点、数据、图像、研究方法、文字表述等，不加引注或说明，以自己的名义发表；过度引用他人已发表文献的内容。

2）编造不以实际调查或试验取得的数据、图像；不符合实际或无法重复验证的研究方法、结论等；伪造无法通过重复试验而再次取得的样品等；编造论文中相关研究的资助来源。

3）改变、挑选、删减原始调查或试验数据、修改原始文字记录等，使其本意发生改变；增强、模糊、移动图像的特定部分，从图像整体中去除一部分或添加一些虚构的部分，使对图像的解释发生改变；拼接不同图像从而构造不真实的图像等。

4）将对论文所涉及的研究有实质性贡献的人排除在作者名单外；将未对论文所涉及的研究有实质性贡献的人列入作者名单；擅自在自己的论文中加署他人的姓名；虚假标注作者信息；作者排名不能正确反映实际贡献。

5）未按规定获得相应机构的许可，或不能提供相应的许可证明；存在不当伤害研究参与者，虐待有生命的试验对象，违背知情同意原则等伦理问题；泄露了被试者或被调查者的隐私；未按法定或约定对所涉及研究中的利益冲突予以说明。

6）一稿多投。

2 对认定为学术不端稿件的处理

1）如果稿件仅在审稿过程中，未被录用，则通知第一作者，直接在本刊审稿平台中作退稿处理。

2）如果稿件已被录用但未正式刊出，则以书面的形式通知稿件作者，取消该稿件的录用资格。

3）如果已正式刊出，将择期在学报中刊出撤消该稿件的通告，并就此事件向第一作者或通信作者所在单位通报。

4）对认定为学术不端稿件的第一作者或通信作者所撰写的稿件，3 年内本刊将一概不予接收。

3 对异议稿件的处理

对认定为学术不端的稿件，《中国粮油学报》编辑部及时通知第一作者或通信作者。在做出处理决定前，如作者对本刊的认定和处理结果持有异议，可在接到通知之日起 10 个工作日内向学报编辑部提出书面申请复核（逾期本刊将不予受理），编辑部负责邀请专家对该稿件进行复审，做出最终处理意见，并在 3 个月内将复审结果通知稿件作者。

本办法自公布之日起施行，由《中国粮油学报》编辑部负责解释。

《中国粮油学报》编辑部

2016 年 5 月 1 日

6.3 学术不端的处理措施

对于学术不端的处理，不同的国家、不同的高校、不同的期刊有不同的处理，有的处理较轻，有的处理较重。

韩国著名生物科学家黄禹锡，曾任首尔大学兽医学院首席教授，他的干细胞研究，一度令他成为韩国民族英雄、被视为韩民族摘下诺贝尔奖的希望。2005 年 12 月，他被揭发伪造多项研究成果，韩国举国哗然。黄禹锡发表在 *Science* 杂志上的干细胞研究成果均属子虚乌有。2009 年 10 月 26 日，韩国法院裁定，黄禹锡侵吞政府研究经费、非法买卖卵子罪成立，被判 2 年徒刑，缓刑 3 年。

日本的小保方晴子（Haruko Obokata）于 2014 年 1 月宣称发现类似干细胞的多能细胞（“万能细胞”，STAP 细胞）。但 2014 年 4 月，日本理化所认定小保方晴子在STAP细胞论文中有篡改、捏造等造假问题，属于学术不端行为，并于2014年7月正式撤回STAP细胞论文。2014年8月，STAP细胞的中期验证实验报告宣告失败。2014年10月，小保方晴子的博士学位亦被早稻田大学取消。2014年12月19日，日本理化学研究所公布STAP细胞事件结论，小保方晴子未能制作出这种细胞，实验宣告结束。小保方晴子宣布辞职。

2008年发生在浙江大学的贾海波论文造假事件是国内一起典型的学术不端事件，当事人贾海波因论文造假被浙江大学开除，当事人吴理茂作为研究室主任也存在严重的管理失职给予行政记大过处分，并解除其聘用合同。当事人李连达院士因与浙江大学的合同到期，浙江大学不再续聘。

《高等学校预防与处理学术不端行为办法》有关学术不端的处理规定如下。

高等学校应当根据学术委员会的认定结论和处理建议，结合行为性质和情节轻重，依职权和规定程序对学术不端行为责任人做出如下处理：①通报批评；②终止或者撤销相关的科研项目，并在一定期限内取消申请资格；③撤销学术奖励或者荣誉称号；④辞退或解聘；⑤法律、法规及规章规定的其他处理措施。

同时，可以依照有关规定，给予警告、记过、降低岗位等级或者撤职、开除等处分。

学术不端行为责任人获得有关部门、机构设立的科研项目、学术奖励或者荣誉称号等利益的，学校应当同时向有关主管部门提出处理建议。

学生有学术不端行为的，还应当按照学生管理的相关规定，给予相应的学籍处分。

学术不端行为与获得学位有直接关联的，由学位授予单位作暂缓授予学位、不授予学位或者依法撤销学位等处理。

由于期刊对作者没有人事上的管理权限，上面的许多处罚措施是无法实行的。这里仅讨论与期刊相关的处理措施，也包括基金资助单位的处理措施。

6.3.1 论文撤销

撤销有学术不端的论文，是期刊处理作者学术不端的常用方法。国内学术期刊对学术论文的撤销普遍认识不够，期刊认为撤销论文是一件不光彩的事件，即使论文撤销了，也不发表声明。从中国知网上检索可知，截止到2016年年底，以“撤销” + “论文”在中国期刊全文数据库中检索篇名，共检索到47条文献，只有25条文献是撤销声明，其余为有关论文撤销的研究论文。由此可见，国内学术期刊界对论文撤销重视不够。其实，国内有学术不端的论文不少，有的是期刊悄悄地撤销了，不好意思发表声明，害怕影响自身形象。有的干脆就不理会。而国外学术期刊对待论文撤销相对规范，不仅发表声明，还通知相关数据库做撤销标记，以引起读者的注意。

2015年因论文撤销，中国人在国际学术界大丢脸面。2015年3月，英国

BMC出版社（BioMed Central）撤回43篇论文，其中41篇系中国学者发表的论文。2015年8月，全球著名学术出版集团斯普林格（Springer）宣布撤回旗下10个学术期刊已发表的64篇论文，而这些论文全部出自中国学者之手。2015年10月，爱思唯尔（Elsevier）撤销了9篇论文，9篇也全部来自中国高校或研究机构。2015年12月18日，Nature出版集团撤稿3篇中国论文。这4批集中撤稿，涉及中国作者论文117篇，都不约而同地提到“同行评价涉嫌造假”，也就是审稿人邮箱是假冒的。

论文撤销不仅是对当事人学术不端行为的惩处，更是对其他作者的警示教育。令人遗憾的是，在上述25条撤销声明中就有食品科技类期刊的撤销声明。《食品与发酵工业》于2014年第7期第28页上发布了如下的论文撤销声明。

关于撤销抄袭论文的声明

吴小杰《35种大型真菌中抗氧化活性物质的研究进展》一文发表在《食品与发酵工业》2014年40卷第6期117－127页，此文抄袭了刘坤等的论文《大型真菌抗氧化活性小分子次生代谢产物的研究进展》（该文已发表于《微生物学通报》2014年第6期，并于2013年10月23日在中国知网网络出版）。我编辑部已请求中国知网撤销了该抄袭论文，消除了网络的不良影响。

特此声明。

《食品与发酵工业》编辑部

2014年7月15日

6.3.2 基金收回

对于受各类基金资助的项目而产生的论文，如果存在学术不端，期刊一般会进行撤销论文的处理，同时，基金资助单位也会追究相关人员的责任，如通报批评、收回基金款项。

2016年12月12日上午，国家自然科学基金委员会在北京召开2016年“捍卫科学道德，反对科研不端”通报会，对外通报2015—2016年查处的8个科研不端行为典型案例，并公布近期查处的61份科研不端行为案件处理决定（http：//news.sciencenet.cn/htmlnews/2016/12/363305.shtm？id = 363305）。现摘录一份完整的处理决定，从中可以看出，国家自然科学基金委员会对相关人员的处理决定包括取消一定年限的申报资格、通报批评、撤销基金、收回拨款。

关于印晓星、汤道权的处理决定

国科金监决定〔2015〕35号

国家自然科学基金委员会监督委员会收到举报，反映江苏某大学印晓星、汤道权等人的下列4篇论文涉嫌造假：

论文 1:Dao – quan Tang, Ya – qin Wei, Yuan – yuan Gao, Xiao – xing Yin, Dong – zhi Yang, Jie Mou, Xiang – lan Jiang. Protective Effects of Rutin on Rat Glomerular Mesangial Cells Cultured in High Glucose Conditions. Phytotherapy Research, 2011, 25, 1640 – 1647. (标注基金项目批准号 30973572, 列入项目 81173104 申请书和项目 30973572 结题报告中)

论文 2:Dao – quan Tang, Ya – qin Wei, Xiao – xing Yin, Qian Lu, Hui – hui Hao, Yun – peng Zhai, Jian – yun Wang, Jin Ren. In vitro suppression of quercetin on hypertrophy and extracellular matrix accumulation in rat glomerular mesangial cells cultured by high glucose. Fitoterapia, 2011, 82, 920 – 926. (标注基金项目批准号 30973572)

论文 3:Hui – hui Hao, Zhu – min Shao, Dao – quan Tang, Qian Lu a, Xu Chen, Xiao – xing Yin, Jing Wu, Hui Chen. Preventive effects of rutin on the development of experimental diabetic nephropathy in rats. Life Sciences, 2012, 91, 959 – 967. (标注基金项目批准号 81173104)

论文 4:Hui – hui Hao, Qian Lu, Dao – quan Tang, Zhu – min Shao, Xiao – xing Yin, Jie Mou, Qian Du. Protective Effects of Quercetin on Streptozotocin – Streptozotocin – induced Diabetic Nephropathy in Rats. Phytotherapy Research, DOI: 10.1002/ptr.4910. (标注基金项目批准号 81173104)

经调查核实，论文 1 与论文 2 属于重复发表，论文 3 与论文 4 属于重复发表；论文 1 至论文 4 重复使用图片、组合两次实验的结果、图片和数据不一致、多处图片和数据粘贴错误，4 篇论文均存在一定程度的造假问题。

经 2015 年 3 月 25 日国家自然科学基金委员会监督委员会全体委员会议审议，根据《国家自然科学基金条例》第三十四条，《国家自然科学基金委员会监督委员会对科学基金资助工作中不端行为的处理办法（试行）》第十四条，第十六条第二款，第十七条第三款、第四款的规定，决定取消汤道权国家自然科学基金项目申请资格 3 年（2015 年 3 月 25 日至 2018 年 3 月 24 日）。

给予汤道权通报批评；撤销印晓星 2 项已获资助国家自然科学基金项目“糖尿病肾病早期肾小球系膜细胞中一氧化氮产生的正反馈机制及其对足细胞功能缺失的增敏作用”（30973572）和“mtor 在活性氧诱导的肾小管上皮细胞转分化中的促进作用及银杏叶提取物对其的逆转效应”（81173104），追回已拨经费，取消印晓星国家自然科学基金项目申请资格 2 年（2015 年 3 月 25 日至 2017 年 3 月 24 日），给予印晓星通报批评。

国家自然科学基金委员会

2015 年 4 月 21 日

6.3.3　稿件封杀

单个期刊对付作者的学术不端行为显得力量有些势单力薄，如果同类期刊联合起来共同应对作者的学术不端行为，情况就会截然不同。因为作者可以得罪一家期刊，但一般不敢得罪同类的所有期刊，否则，作者的论文就没有地方发表。如果某一作者一稿多投被某一期刊发现，经曝光与通报情况，同类期刊将撤销作者的所有稿件，并在今后相当长时间不接受作者的稿件。恐怕没有作者敢冒如此大的风险。

在现实的期刊编辑出版实践中，有许多同类期刊已联合行动共同抵制学术不端行为。

2008 年 10 月 15 日，为了净化公共学术平台，维护正常的学术生态，倡导优良学风，促进学术事业的健康发展，由中国社会科学杂志社发起，参加第七届全国综合类人文社会科学期刊高层论坛的 50 家学术期刊响应，共同发表了“关于坚决抵制学术不端行为的联合声明”。该声明的内容包括：①签署该声明的学术期刊将在公共学术平台上筑起一道防范学术不端行为的防火墙，联手抵制各种学术不端行为；②从本声明公布之日起，凡向签署本声明的学术期刊投稿的文章如出现以下任何一种情况者：一稿多投、抄袭剽窃、重复发表、虚假注释、不实参考文献，一经发现，立即撤稿（包括已通过终审的文章）；③参加该声明的学术期刊将相互通报行为不端者的有关情况，并在各自刊物上对其曝光，揭露其欺骗行径，清除其不良影响；④凡被发现有任何一种学术不端行为者，签署本声明的学术期刊将在十年之内拒发其任何文章，以示惩戒。

2012 年 8 月，国内 20 家规划类杂志在甘肃敦煌共同签署“关于共同抵制学术不端行为的声明”，标志着规划类期刊反对学术不端的共同行动取得初步成功。从规划类期刊联合行动的实例中可以看出在反对学术不端问题上，同类型各期刊本身具有共同目标——建设学术诚信、反对学术不端。

2013 年 11 月国内图书馆学的期刊发布了《图书馆学期刊关于恪守学术道德、净化学术不端的联合声明》，具体内容如下。

图书馆学期刊

关于恪守学术道德、净化学术环境的联合声明

近年来，国内网络信息环境和学术期刊全文数据库的建设取得了长足进展，极大便利了科研人员学术信息的获取和交流，促进了学科发展和学术繁荣。与此同时，技术的发展也使数字内容的复制更加便捷，学术论文抄袭、剽窃、一稿多投甚至一稿多发等学术不端行为屡有发生。这一方面暴露出某些作者的学术道德观念淡漠、科研素质低下。另一方面则导致期刊编辑部重复劳动，造成学术资源的浪费。更重要的是，玷污了圣洁的学术环境，抑制了知识创新，严重影响了学

科发展和学术繁荣。

作为报道业界创新性学术成果、传播优秀学术文化的重要平台，学术期刊肩负着维护学术公正公平、弘扬学术道德、净化学术环境、倡导优良学风的神圣使命和责任，为此，中国图书馆学会编译出版委员会图书馆学期刊编辑出版专业委员会倡议图书馆学期刊联合抵制各种学术不端行为，特发表如下声明：

一、坚决反对各种学术不端行为，包括抄袭剽窃、篡改伪造、不当署名、虚假引用、内容重复发表、一稿多投、一稿多发等现象。凡被发现存在学术不端行为者，正在审理或已录用但未发表的论文，立即退稿；已经发表的论文，立即从数据库中撤出。同时，视情节轻重采取批评、警告、公示、通报作者所在单位、若干年内不再接受该作者投稿等处理措施。

二、各刊编辑部应主动规范其内部的审稿等工作程序，其中包括声明审稿时限、对投稿论文进行学术不端文献检测等，尽量避免因编辑工作缺失而导致学术不端事件的发生。

三、图书馆学期刊编辑出版专业委员会将采取一定方式向业内各刊通报汇集到的学术不端信息，以便联合抵制学术不端行为。

四、抵制学术不端行为的工作情况，将被列为中国图书馆学会“图书馆学优秀期刊”评审的重要指标之一。

期待广大作者与我们一同营造更加健康规范、积极向上的学术环境，加强自律和科研诚信，自觉抵制各种学术不端行为，维护良好的学术生态，使图书馆学情报学研究更加纯净，推动我国图书情报事业健康发展。

中国图书馆学会编译出版委员会
图书馆学期刊编辑出版专业委员会
2013 年 11 月

随着时间的推移，相信国内越来越多的学会、协会会组织同类期刊联合起来共同抵制学术不端。目前，还没有看到有关食品科技期刊的抵制学术不端的联合声明。

6.4 学术不端的软件检测

为了减轻期刊编辑与同行评审专家的审稿负担，提高防范学术不端的水平，学术期刊普遍采用学术不端检测软件检测来稿。根据检测软件提供的结果，再对来稿进行有针对性的处理，以提高工作的效率，同时，将有学术不端的稿件拒之门外。

6.4.1 国内外检测软件概况

国内外学术不端检测软件主要有以下几种。

（1）中国知网的学术不端文献检测系统（AMLC） 中国学术期刊（光盘版）电子杂志社与同方知网（北京）技术有限公司在《中国知识资源总库》（CNKI）系统整合出版各种学术文献的基础上，在2008年12月底研制成功学术不端文献检测系统，并正式开放使用。该系统可为全国各行各业在学术出版、研究生论文答辩、科研项目审批和鉴定验收、学术职称评定等项工作中防治学术不端行为提供专门的信息咨询服务。

AMLC包括以下产品：①科研诚信管理系统（人事版），可用来动态监测本单位科研水平质量，多维度统计分析本单位科研成果文献质量，为单位人才引进提供辅助手段。②科技期刊学术不端文献检测系统，专门为科技期刊编辑部提供检测服务，仅限检测科技期刊稿件，可检测抄袭与剽窃、伪造、篡改、不当署名、一稿多投等学术不端文献。③社科期刊学术不端文献检测系统，专门为社科期刊编辑部提供检测服务，仅限检测社科期刊稿件，可检测抄袭与剽窃、伪造、篡改、不当署名、一稿多投等学术不端文献。④学位论文学术不端行为检测系统，专门为研究生院部提供检测服务，仅限检测研究生毕业论文，可检测抄袭与剽窃、伪造、篡改等学术不端文献。⑤大学生论文管理系统，用于辅助高校教务处检查大学生毕业论文是否存在抄袭剽窃等学术不端行为，帮助提高大学生论文质量。

AMLC的特点如下：①拥有海量比对文献资源，涵盖期刊、博硕士学位论文、会议论文、报纸、专利等学术资源数据，还包括网页资源数据、数百万的英文学术文献数据，并实现定期比对数据更新。②检测速度快，秒级响应速度，实时检测结果反馈，一篇5000字的文献只需1秒钟。③支持繁体文献检测，可自动在后台进行简繁转换，并以原始形式（繁体文献仍为繁体）显示检测结果。④支持英文文献检测，准确性高。

目前AMLC支持的稿件类型包括：DOC、TXT、CAJ、KDH、NH、PDF 5种格式。既可以单篇检测，也可以多篇打包检测。

学术不端的各种行为中，文字复制是最为普遍和严重的，目前本检测系统对文字复制的检测已经达到相当高的水平。同时，系统已经实现了对公式和表格的检测，并将有关的检测结果展示在检测报告中。而对于图片内容的检测，目前系统已经具备了图片检测的技术，正在进行集成的测试和优化。

AMLC共设定了4种不同的颜色表示检测结果中的不同的文字重合情况：绿色表示未检测到重合情况；黄色表示检测到的重合比例在0%～40%或者重合文字大于1000字；橙色表示检测到的重合比例在40%～50%或者重合文字大于5000字；红色表示检测到的重合比例在50%～100%或者重合文字大于10000字。

（2）万方数据的论文相似性检测服务（PSDS） PSDS基于万方数据海量学术文献资源，坚持客观、公正、精准、全面的原则，对学术成果进行相似性检测，为用户提供客观详实的检测报告，为学术出版、科研管理、学位论文管理等提供支持。目前包含新论文检测、已发表论文检测和大学生论文检测三个系统。

PSDS 具有以下特点：①优秀的算法，自主研发的“基于滑动窗口的低频特征部分匹配算法”能准确识别细微改动，兼顾查全、查准。②检测效率高，检测速度快，支持批量检测，千万篇论文可一次提交检测，支持断点续传。③检测范围全，包括中国学术期刊数据库（CSPD）、中国学位论文全文数据库（CDDB）、中国学术会议文献数据库（CCPD）、中国学术网页数据库（CSWD）。

PSDS 只检测待检论文的文本内容，不包含英文、图片、图表、公式等。可直接添加存放待检测论文的目录文件夹，系统会自动扫描添加该目录下的所有论文文件（PDF、DOC、DOCX、TXT、RTF）。

（3）重庆维普论文检测系统（VPCS）　维普论文检测系统采用国际领先的海量论文动态语义跨域识别加指纹比对技术，通过运用最新的云检测服务使其能够快捷、稳定、准确地检测到文章中存在的抄袭和不当引用现象，实现了对学术不端行为的检测服务。

VPCS 包括个人版和机构版，机构版又包括大学生版、研究生版和职称版。

该论文检测系统是基于多年数据挖掘技术领域的成功经验，应用于文本比对检测领域上的成熟产品。该系统将自主研发的大规模文本处理技术，应用于论文内容创新性评价系统，能够高效地与海量文本资源进行比对，检测出重复及引用片段等，并且能够计算出论文的复写率、引用率及自写率（对论文内容创新性评价）等指标。

该系统集合了专业的数据库资源，针对不同类型用户的需求，可提供专业的个人自检测服务、高校学生论文检测服务、期刊稿件检测服务以及其他类型的检测服务等。

（4）ROST 反剽窃系统　ROST 反剽窃系统（学术论文不端行为检测系统）是由武汉大学信息管理学院出版科学系沈阳教授带领课题小组开发成功的文档相似性检测工具。可有效检测论文的抄袭相似情况，经过 6 年的研发（早期版本叫作网盗克星），推出了 6.0 版本。

ROST 反剽窃系统可以自动将文档切割为多个 50～200 字（可自定义）的小文本，通过混合引擎与海量的网页和文献进行柔性匹配，标示出每个文本块与文献库中的文献的最大相似度。由此软件统计出相似度≥95%（基本原封不动拷贝）与相似度≥80%（拷贝后略作修改）的字数所占总字数比例。软件把这个比例作为相似程度参考衡量指标。ROST 反剽窃系统与其他系统最大的不同之处在于覆盖了海量的网页和论文。

自 ROST 反剽窃系统 2008 年 4 月推出以来，先后在武汉大学信息管理学院研究生办公室、CSSCI 核心期刊《出版科学》《图书情报知识》试用，在 2008 年 11 月举办的第二届数字时代出版产业发展与人才培养国际学术研讨会对会议论文进行全面检测，并在2008年12月的第三届中国期刊创新年会上向期刊界做了全面推介，ROST反剽窃系统已经进一步在《中国社会工作》、北京大学、厦门大学、上海理工大学、成都理工大学、浙江传媒学院等全国近百所高校和期刊社中试用。

（5）Turnitin　Turnitin是全球最权威的英文检测系统，被提交检测的文章均为系统自动检测，无任何人工的干预，所检测出来的结果是系统与Turnitin所收录的海量文献进行对比分析后自动得出的结果。

Turnitin提供给教育工作者强大而有效的工具，来提高学生们的写作技巧和独立评价思考能力。Turnitin已经成功地在全世界90多个国家、超过7000所高等院校应用，全球数百万的教师及学生都在使用Turnitin的实时评分工具和剽窃侦测服务，Turnitin每天收到的学生论文超过100000份，已经成为教育界必不可少的工具。

Turnitin依靠行业中最先进的搜索技术建立的持续增长的庞大数据库，来帮助教育工作者对学生作业中含有的不恰当的引用、或潜在的剽窃行为进行侦测和比对。每一份反馈的报告都提供给教师们一次教育自己的学生如何正确地引用文献，并以此捍卫学术诚信。

Turnitin是世界级最佳解决方案，很多高校也在学校网站上有详细指导学生使用Turnitin的说明，如香港理工大学，还有新加坡的大学均已使用Turnitin。

Turnitin的比对数据库中拥有超过4000万学生论文的数据库，索引超过120亿的互联网网页，超过10000种主流报纸、杂志及学术期刊，数以千计的书籍，包含文学名著等。所以Turnitin是唯一有技术能力来检测是否是购买的论文、伪造或是学生之间的相互剽窃的系统。

（6）CrossCheck　CrossCheck是CrossRef组织下属的一个子网。近年来出版集团也和大学一样发现有越来越多的剽窃行为。总部位于荷兰的Elsevier公司和总部位于英国牛津的Blackwell公司是学术界的两大出版集团，一共出版了2500多种期刊。因为剽窃正在变成一种普遍现象，出版集团也和大学一样不得不采取行动了。Blackwell的总裁Bob Campbell说："编辑们越来越频繁地向我们抱怨这类事情"。所以出版集团的联合组织CrossRef就成为最有可能担当此项责任的系统平台。

CrossRef最初是由几家出版商于2000年创立的非营利性组织，其宗旨是通过出版商之间的集体合作，让用户能够访问原始研究内容。CrossRef也可以被看作是一个数据库，存储它代理注册的DOI，CrossRef还是一个技术架构，用来建立在不同出版商的网络平台上出版的STM（Science/Technical/Medical）期刊内容之间的链接，称之为"跨出版商链接"或"跨平台链接"，这是CrossRef最重要的作用。

这种链接机制背后最核心的技术是DOI，就是给网上的每篇文章分配一个唯一的身份识别代码。目前CrossRef已有3000多家会员单位。

CrossCheck 是由 CrossRef 推出的一项服务，用于帮助检测论文是否存在剽窃行为。它的软件技术来自于 iThenticate。在国际出版链接协会（PILA）牵头下，国际几大出版商和电子电气工程师协会（IEEE）及美国计算机学会（ACM）共同参与了这项全球性项目。正是由于 CrossCheck 能够在全球范围内最大程度地检查和防范学术剽窃行为，达到严正学术道德、净化学术空气的目的，使其一举赢得了全球学术与专业出版者协会（ALPSP）颁发的 2008 年度全球最佳出版创新奖。目前全球会员单位有 50 多家，包括一些国际科学出版集团和科学学会：自然出版集团（NPG）、爱思唯尔、施普林格、威立・布莱克威尔（Wiley Blackwell）、英国医学期刊出版集团（BMJ）、泰勒弗朗西斯出版集团（Taylor & Francis），美国科学进步协会（AAAS）、美国物理学会（APS）等。我国的《浙江大学学报（英文版）》在国家自然科学基金的重点期刊项目的资助下，也于 2008 年成为中国第一家 CrossCheck 会员。

CrossCheck 的工作原理其实很简单，用户通过客户端将可疑论文上传，然后系统将该论文与 CrossCheck 数据库中的已发表文献进行比较，最后报告给用户可疑论文与数据库中已发表文献的相似度，以百分比表示，并将相似的文本标示出来。当其相似度总量超过 50% 时，系统会自动显示黄色背景，提醒操作者的注意。

（7）SafeAssign　SafeAssign 是 BlackBoard 教学管理平台功能的一部分，BlackBoard 用户无需额外费用，能够将提交的论文与指定的资源库中的论文进行相似度对比检测，并将检测结果（包括匹配度、分析报告）反馈给用户，与成绩中心互连，教师可在成绩中心为检测后的论文打分。SafeAssign 同样也是强有力的反抄袭检测工具，SafeAssign 采用独特的原创性检测算法将提交的文章与数据库内批量收藏的作品进行对比。这些数据库包括：数以亿计的公众可获取的文件的综合信息的互联网；有数百万的当前文章且每周都在更新的 ProQuest ABI/INFORM 数据库；机构的用户提交的所有文献研究机构的文档库；各地学生们自愿提交的文献全球参考数据库（Global Reference Database）；文献在专业机构的数据库内自动进行检测。

（8）爱思唯尔的 PERK　爱思唯尔作为世界上最大的学术期刊出版机构，旗下拥有 2500 多种期刊。2008 年 3 月 4 日，爱思唯尔发布了《出版道德资源工具包》(Publishing Ethics Resource Kit，PERK)。PERK 是一个在线资源，用以处理期刊编辑出版中的论文是否有学术不端问题。这是一个爱思唯尔出版道德准则的单一标准点。同时作为一个在线资源，PERK 链接到爱思唯尔内外各种与出版道德相关的政策和程序性文件，为期刊编辑提供及时和广泛的在线支持。

6.4.2　正确对待论文复制比

期刊作者应正确看待经学术不端检测系统而得到的检测结果。

（1）检测结果仅供参考，最终定性结果需人工判定　所有的学术不端检测系统提供的文字复制比（重复率、复写率）只是描述检测文献中重合文字所占比例大小程度，并非给定特定检测文献抄袭严重程度。检测系统只是提供线索的工具，帮助期刊编辑更精准、便捷地发现可能存在的抄袭剽窃、一稿多投等情况，并不给予性质上的实质判定。是否认定为抄袭等，需要期刊编辑与同行专家根据具体文献的内容及考核的侧重点和考核标准进行判定。

不同的论文含有的公式、图表的多少不同，含有的中、英文文字比例不同。检测软件如果不能有效检测公式、图表、外文，那么实际可检测部分的比例不同，检测结果与真实相似度的接近程度也不同。而公式、图表等为科技论文结果的主要内容，这些内容是否存在抄袭、剽窃只能依靠人工来鉴别。

（2）同一文献经不同的软件检测，结果可能相差较大　笔者以论文《复乳化（W/O/W）－复凝聚－喷雾干燥法制备维生素 B_1 微胶囊的研究》为例，分别经中国知网的 AMLC 和万方数据的 PSDS 检测，AMLC 的检测结果为总复制比 29.6%，PSDS 的检测结果为总相似比 4.88%，两者相差非常大。其主要原因可能是它们的比对数据库的文献不同。

由于中国知网和万方数据争相采取和各个期刊编辑部签订独家合作的协议，其中一编辑部签订这一协议之后，就势必造成另一数据库该刊物的原始数据文献缺失，也就造成了现今国内没有一家数据库是完整收录所有刊物文献数据的。因数据库文献不全，所以国内任何一家开发单位的产品都不能说百分百保证被检测的数据一定可以与以往所有公开发表的中文文献数据进行比对。

因此，同一作者的同一论文，经不同的期刊编辑部审查，可能得出的结论完全不同。总的说来，对于食品科技期刊的作者而言，应尽量选择中国知网的 AMLC 来检测论文，因为大部分食品科技期刊只通过中国知网发布。

6.4.3　投稿前慎重选择检测

有些期刊作者，特别是年轻作者，对自己撰写的论文没有自信，总担心论文的重复率太高，影响稿件的正常评审，投稿前总想先检测一下论文，以便心里有底。这里提醒广大作者，论文投稿前检测论文有风险，要谨慎对待。

（1）论文失窃要谨防　由于作者找不到正常的渠道，或者不愿意花较高的费用用中国知网和万方数据的检测软件，只能到网络上找不正规的各种检测服务。比如，淘宝网上有大量的论文检测服务，严格说这些检测是不正规的，因为它们没有得到中国知网等单位的授权。不仅它们的检测结果不一定可信，而且被检测的论文也有可能被转卖。

有些网站打着免费、低价检测论文的幌子，骗用户提交论文，然后，将骗取的论文原封不动地或者稍加改动后卖给别人，从中牟利。这使得作者辛辛苦苦写的论文只因为一时疏忽大意，就有可能被别人抢先发表。

如果作者心里没底，想投稿前检测一下自己的论文，建议通过正规的渠道来进行，例如，学校的图书馆、科研管理部门、期刊编辑部一般都有合法的检测权限。

（2）稿件追踪显痕迹　稿件追踪平台是期刊编辑部在使用中国知网学术不端文献检测系统时可选择加入的特色化平台，对作者投递稿件的情况进行监测，辅助编辑部查验稿件的投稿记录，实时更新每一篇稿件的多次投递及投递多个编辑部的详情，以帮助综合评估作者投递的稿件价值及作者行为。

如果作者所投的期刊都开通了稿件追踪功能，期刊编辑就能详细地了解稿件以前是否检测过，以及该稿件以前投到了哪个期刊。这一功能有助于期刊编辑了解稿件的流向，是否一稿多投，帮助编辑准确地判断稿件的质量。例如，发现一篇论文以前投了好几个期刊，马上就会引起编辑警觉，此稿是否一稿多投或质量太差，之后特别仔细地处理稿件，也可能直接退稿。原因很简单：别人都不要的稿件，肯定有问题，编辑会找理由将其一退了之。

7　如何发表学位论文的拆分论文

在使用中国知网的“学术不端文献检测系统”（简称 AMLC）进行稿件初审时，学术期刊编辑经常发现有一类论文的文字复制比相当高，一般在 50% 以上。这类论文具有两大特征：一是论文的文字复制比全部或绝大部分来自文献比对库中的研究生学位论文（博士学位论文或硕士学位论文），且论文的复制部分为论文的精髓；二是论文的第一作者或其他作者是研究生学位论文的作者。由此可见，这类论文是研究生学位论文被肢解的产物，是学位论文的一部分，即研究生学位论文的拆分论文。对于此类拆分论文，目前学术界与期刊界还没有达成统一的认识，实践上，许多学术期刊编辑是直接退稿的，因为这类论文的文字复制比太高，存在学术不端的嫌疑。

自从使用 AMLC 以来，这一问题一直困扰广大硕士、博士研究生作者，因为他们的研究生学位论文的拆分论文屡屡碰壁，遭到退稿。本章中，作者就这一问题展开讨论，从中国知网中学位论文全文数据库的出版性质、学位论文的拆分论文的发表时机等方面谈谈研究生如何发表其学位论文的拆分论文。

7.1　学位论文全文数据库的出版性质

中国知网中学位论文全文数据库的出版性质主要表现在以下两个方面。

7.1.1　学位论文全文数据库是电子出版物

《中国博士学位论文全文数据库》（简称 CDFD）和《中国优秀硕士学位论文全文数据库》（简称 CMFD）是由教育部主管、清华大学主办、中国学术期刊（光盘版）电子杂志社编辑出版的学术电子期刊。两刊均按学科分为 10 个专辑、168 个专题，同时以光盘版和网络版出版发行。光盘版以 DVD - ROM 为载体，每月定期出版；网络版以中国知网为出版平台，以论文为单位每天出版。两刊均拥有国内统一连续出版物号（CN 号）和国际标准连续出版物号（ISSN 号）。CDFD 的 CN 号为 CN 11 - 9133/G，CMFD 的 CN 号为 CN 11 - 9144/G。由 GB/T 9999—2001《中国标准连续出版物号》的相关规定可知，CDFD 和 CMFD 是经新闻出版总署批准的、以 DVD - ROM 为载体的连续型电子出版物。

7.1.2　学位论文全文数据库是学术性期刊

CDFD 和 CMFD 以“五个面向、五个促进”为办刊宗旨，主要刊载自然科学、社会科学各领域基础研究和应用研究方面具有创新性的、高水平的、有重要意义的博士和硕士学位论文。除明确规定了8种不予接受的学位论文外，两刊均对来稿引入了“查重、查新”稿件录用机制，排除了抄袭文献和内容重复文献的发表。CDFD还特别要求：作者投稿的学位论文，须有校级以上优秀硕士学位论文证书，或论文的部分或全部内容已由国内外正式期刊、出版社出版。由此可见，CDFD和CMFD是有选择、有鉴别地出版部分学位论文，不是收录所有的学位论文，这是不同于其他的学位论文收藏库的。此外，CDFD和CMFD均有学位论文作者的学位论文出版授权书，且向作者支付稿酬。

由此可知，CDFD和CMFD不是传统意义上的学位论文收录库，它们是正式的学术电子期刊。作为正式出版的学术电子期刊，它们使学位论文从灰色文献变成了白色文献，读者可以很方便地通过中国知网获取。

7.2 学位论文的拆分论文的发表时机

一般来说，研究生为了顺利毕业拿到学位，在毕业论文答辩之前，已经发表了与学位论文内容有关的几篇不同层次的学术论文，或者他们投出去的论文已被学术期刊录用。除了这部分已发表和已被录用的论文外，学位论文中还有相当一部分内容是尚未发表的。

7.2.1 先发学位论文后发拆分论文不可取

研究生通过学位论文答辩后，情愿或不情愿地与培养单位签订了有关学位论文使用的协议或声明等。通过这种方式，很多没有保密要求的学位论文就进入了中国学术期刊（光盘版）电子杂志社的学位论文全文数据库（CDFD和CMFD），这样就造成了学位论文的正式发表。为了考核、晋升、晋职的需要，研究生毕业后常将学位论文中的“未发表”部分拆分为多篇论文，投向学术期刊以求发表。由于学位论文已先期进入论文比对库，这样就出现了高复制比的拆分论文。

本书作者不认同这种先发学位论文后发拆分论文的做法，目前，有部分学术期刊拒收这样的拆分论文。尽管发表学位论文与拆分论文的期刊载体不同，学位论文是以DVD-ROM为载体，期刊论文是以纸张为载体，但是这两类期刊均为正式期刊，且拆分论文与学位论文是部分与整体的关系，读者可以方便地从中国知网获取整体内容（学位论文）。整体内容都已全部发表，显然再发表其中的部分内容就是重复发表。

7.2.2 先发拆分论文后发学位论文宜提倡

研究生通过学位论文答辩后，先不急于授权中国学术期刊（光盘版）电子杂志社出版其学位论文，待学位论文的拆分论文已发表完后，再授权其出版学位论文。这样就做到了拆分论文先发，学位论文后发，这种做法是合理的。这是因为，学位论文的主要内容包括答辩前已发表或已录用的论文、答辩后已发表的拆分论文和没有发表的剩余部分，学位论文可以认为是由这三部分汇编而成的。从著作权法的角度看，此时的学位论文可以看作是一件新的作品——汇编作品，汇编人（研究生）有权授权他人出版。

另外，CDFD 和 CMFD 对学位论文里的内容已出版并不介意，相反，它们更喜欢已有部分或全部内容在期刊上正式发表的学位论文。这一点体现在 CMFD 的投稿须知中的第 2 条，“作者投稿的学位论文，须有校级以上优秀硕士学位论文证书，或论文的部分或全部内容已由国内外正式期刊、出版社出版。”

先发拆分论文后发学位论文的做法，既能使科研成果在纸质学术期刊上首发，不影响纸质学术期刊的稿源，又能使科研成果更系统、更翔实地在电子学术期刊上传播，不损害 CDFD 和 CMFD 的利益，值得提倡。

7.3 广大硕博研究生作者的应对策略

为了不影响自身的利益，广大硕士、博士研究生应注意以下两点。

7.3.1 务必改变对学位论文全文数据库的传统认识

尽管 CDFD 和 CMFD 从 2002 年就已经开始出版发行，但人们一直把它们当作普通的学位论文收藏库。研究生毕业时，培养单位除向国家主管部门或其指定的论文收藏机构送交学位论文的电子版和纸质版外，同时还授权中国学术期刊（光盘版）电子杂志社等商业出版机构收录（出版）。这一点从很多院校与研究生签订的学位论文使用协议可以得到证实。目前，有相当部分的硕士、博士研究生根本不了解 CDFD 和 CMFD 是正式的学术电子期刊，不了解学位论文被 CDFD 和 CMFD 收录就是正式出版。研究生管理部门也没有向研究生介绍 CDFD 和 CMFD 的基本情况，使其了解相关知识，明确告知研究生 CDFD 和 CMFD 是正式的学术电子期刊。

因此，广大硕士、博士研究生一定要改变对学位论文全文数据库的传统认识，思想上引起重视，否则会影响自己的学位论文的拆分论文的发表。

7.3.2 知晓学术期刊对学位论文的拆分论文的立场

研究生毕业后，由于科研考核、职务晋升等各种原因，往往把已被 CDFD 和 CMFD 出版的学位论文的部分内容拿出来重新发表，部分学术期刊特别是高校学报，平时会收到较多的这类拆分论文。为了保证学术期刊所发科研成果的原创性，目前部分学术期刊已拒收研究生学位论文的这类拆分论文，其原因是拆分论文的文字复制比太高，存在学术不端的嫌疑。因此，硕士、博士研究生必须清楚学术期刊对学位论文的拆分论文发表的立场——先发拆分论文后发学位论文全文。这样对硕士、博士研究生作者的切身利益，对学术期刊的持续发展都大有裨益。

因此，广大硕士、博士研究生作者要牢记《中国博士学位论文全文数据库（CDFD）》和《中国优秀硕士学位论文全文数据库（CMFD）》是正式出版的学术电子期刊，先发学位论文后发拆分论文属于重复发表，先发拆分论文后发学位论文属于正常出版，务必先发拆分论文后发学位论文全文。通俗地讲，就是先将学位论文的主要内容发表后，再授权中国知网收录自己的学位论文。

8 如何避免期刊投稿的三大误区

作者正常的投稿行为应该是，根据自己对本专业期刊的了解程度和自己的现实需求，确定某一期刊，然后根据该期刊的要求整理稿件，通过稿件管理系统提交稿件，推荐期刊审稿人（如果需要的话），等待同行评审意见，回应专家意见，之后等待稿件录用或者拒绝。然而，有些作者没有投稿经验，对投稿程序不清楚，有畏惧情绪或者对自己的论文水平缺乏信心，总想走捷径、想歪招来发表论文，走入了论文发表的误区。本章中本书作者重点分析了当前期刊投稿中存在的较为典型的三大误区，期望引起期刊作者的重视。提醒作者发表论文必须依靠论文的质量而不是各种社会关系，论文代投违反了学术道德规范，提供虚假审稿人是学术不端行为。

8.1 依靠关系而不依靠论文质量来发表论文的误区

有些作者为了发表论文或者核心期刊论文、SCI 论文，总想与期刊编辑拉关系、套近乎，认为期刊编辑掌握稿件的生死大权，只要打通了这一关，论文就能发表。不少年轻作者和自信心不强的作者都有这种认识误区，他们不能正确认识作者与编辑的合作关系，没能认识到论文的质量是稿件取舍的普适标准。这里可以坦诚地讲，在期刊的编辑出版实践中，依靠关系发表论文毕竟是少数，绝不是普遍现象，绝大多数期刊编辑是讲原则的，办事是公正的。越是学术水平高的期刊，管理越规范，想依靠关系发表论文往往行不通，期刊看重的是论文的学术质量。

8.1.1 正确处理作者与编辑的合作关系

在学术期刊涉及的各种关系中，编辑与作者的关系是最基本的、最重要的。期刊的基础是稿源，而为期刊提供稿源的正是作者，如果没有了稿源，编辑纵然有再大的能耐，也只能是“巧妇难为无米之炊”；另一方面，作者的科学研究成果需要利用学术期刊来发表，作者的研究论文也需要通过编辑进行加工、提高和完善。编辑与作者之间就像水与船一样，相辅相成。

正是有了编辑与作者，期刊正常运转才有了前提和保障。我国著名文学家巴金先生在谈及编辑与作者的关系问题时说：“过去几十年间，我多次向编辑投稿，也多次向作家拉稿。我常有这样的情况：做编辑工作的时候，我总是从编辑的观点看问题；投稿的时候，我又站在作家的立场，对编辑提出过多的要求。事情过后，一本杂志已经发行，一部书业已出版，平心静气，回头细想，才恍然大悟：作家和编辑应当成为诚意合作、互相了解的好朋友。”这段话精辟地道出了编辑与作者的朋友式关系。

由此可见，作者、编辑以学术期刊为媒介，通过撰写论文、刊发论文等形式而联系在一起，是一种工作关系、合作关系。那种把编辑、作者之间的关系看成主动与被动、支配与被支配关系是全然错误的。在这种合作关系中，作者想要达到的目标是希望把自己具有创新性的论文尽快发表出去，编辑想要达到的目标是希望刊发高质量、高水平的文章，把学术期刊办好。从表面上看，编辑与作者是“各怀心事”，但究其实质，不仅可以找到共同目标，而且这个目标还相当明确。那就是，作者高质量的论文与编辑高水平的服务，共同把学术期刊推向一个更高的发展境地，促进学术事业的繁荣。

有了作者的优秀稿件，期刊才能够得到提升；期刊声望的提高，也必将有利于作者科研成果的传播。编辑与作者是有着共同利益的两个群体，在这样的一个共同利益上，互相理解之后，才能建立起一种良好而和谐的合作关系。

尽管人都是社会的人，不可能没有利益的追求，但是人更应是有理想和尊严的，不能唯利是图，都要受制度、职业道德规范等的约束。对于编辑人员来说，一般能正确地把握原则，规范自己的行为，同时能设身处地为作者着想，站在作者的角度来改进自己的工作；而对于作者来说，也应该心平气和地面对编辑的各种合理要求和退修、退稿，促进与编辑的沟通和合作。

8.1.2　论文质量是期刊录用的普适标准

一般来说，不同档次的期刊对论文的质量要求是不同的，高影响因子的期刊要求论文的学术质量较高，一般档次的期刊则要求相对低一些。正常情况下，通过期刊与作者之间长期的相互选择，论文质量与期刊水平能大致相匹配。然而，受作者需要的影响，如评职称、拿学位等，作者往往期望将自己的论文发表在高水平的期刊上，而这些论文的质量与期刊的水平和声望是不匹配的。于是，有些作者想尽办法，通过非正常手段，也就是依靠各种社会关系来达到论文发表的目的。少数期刊编辑缺乏基本的职业操守，轻视原则和道德规范，把手中的出版权当作交易的筹码，想方设法让质量低劣的稿件顺利发表。

依靠关系来发表论文不是论文得以发表的正常途径，更不是主要途径。绝大多数情况下，期刊的编辑、作者，特别是国外的 SCI 期刊的编辑与作者，都是相互不认识的，论文的质量是期刊录用的普适标准。如果只是把时间花在社交活动、各种关系上，期望这样可以有助于论文的顺利发表，还不如把这些时间和精力拿来充实自己，增加自己的研究能力与写作能力。

对于管理规范的期刊，期刊编辑必须遵循相关规章制度，其权力常常是受到制约的。例如，编辑应公平、公正、及时地处理每一篇稿件，并根据论文的重要性、原创性、科学性、可读性、研究的真实性及其与期刊的相关性做出接受或拒稿的决定。编辑不得受利益驱使干预同行评价，努力保证同行专家的独立评审，以确保同行评议的公平公正。编辑与作者存在利益冲突（如亲属关系、师生关系、校友关系、同事关系、竞争关系）时，应回避处理该稿件。台湾科技大学蔡今中教授给大家讲述了这样的经历：他自己当共同主编的期刊 *Computer & Education* 曾经拒绝过他与别人合作的论文。在一般人看来，这是非常不正常的事情，自己写的论文被自己当主编的期刊拒绝刊登，而在他看来，这是非常正常的事情。因为该刊有严格的管理制度，凡是有他名字的合作论文，该刊的线上投稿系统会自动让他回避，他查询不到相关论文的任何信息。这一案例充分说明，历史悠久、有严格管理制度的期刊是用所有的办法确保其论文的品质的，而所谓的有关系的作者，跟论文发表与否没有绝对关系。

8.2　相信论文中介而不相信自己能发表论文的误区

目前，国内许多论文代理公司和 SCI 论文编辑润色公司都有论文代投服务，他们一般收取价格不菲的服务费，有的能够帮助作者投稿和处理审稿意见，直至论文发表，有的骗取作者的审稿费与版面费后就不再联系了。这些论文中介要么通过操纵同行评审，违背科研伦理，甚至违反法律，是在行骗作者。但是，有些作者由于种种原因，仍然有通过论文中介来发表论文的。需要提醒的是，论文代投已被定性为学术不端行为，是严格禁止的。

8.2.1　论文代投属于学术不端行为

近年来，我国科技事业取得了长足的发展，在学术期刊发表论文数量大幅增长，质量显著提升。在取得成绩的同时，也暴露出一些问题。2015 年发生多起国内部分科技工作者在国际学术期刊发表论文被撤稿事件，对我国科技界的国际声誉带来极其恶劣的影响。为弘扬科学精神，加强科学道德和学风建设，抵制学术不端行为，端正学风，维护风清气正的良好学术生态环境，重申和明确科技工作者在发表学术论文过程中的科学道德行为规范，中国科协、教育部、科技部、卫生计生委、中科院、工程院、自然科学基金会共同研究制定了《发表学术论文“五不准”》。具体内容如下。

（1）不准由“第三方”代写论文　科技工作者应自己完成论文撰写，坚决抵制“第三方”提供论文代写服务。

（2）不准由“第三方”代投论文　科技工作者应学习、掌握学术期刊投稿程序，亲自完成提交论文、回应评审意见的全过程，坚决抵制“第三方”提供论文代投服务。

（3）不准由“第三方”对论文内容进行修改　论文作者委托“第三方”进

行论文语言润色，应基于作者完成的论文原稿，且仅限于对语言表达方式的完善，坚决抵制以语言润色的名义修改论文的实质内容。

（4）不准提供虚假同行评审人信息　科技工作者在学术期刊发表论文如需推荐同行评审人，应确保所提供的评审人姓名、联系方式等信息真实可靠，坚决抵制同行评审环节的任何弄虚作假行为。

（5）不准违反论文署名规范　所有论文署名作者应事先审阅并同意署名发表论文，并对论文内容负有知情同意的责任；论文起草人必须事先征求署名作者对论文全文的意见并征得其署名同意。论文署名的每一位作者都必须对论文有实质性学术贡献，坚决抵制无实质性学术贡献者在论文上署名。

本“五不准”中所述“第三方”指除作者和期刊以外的任何机构和个人；“论文代写”指论文署名作者未亲自完成论文撰写而由他人代理的行为；“论文代投”指论文署名作者未亲自完成提交论文、回应评审意见等全过程而由他人代理的行为。

尽管“五不准”的出台是由中国作者向国外期刊投稿引起的，但是它同样适用于中国作者向国内期刊投稿。

论文代投产生的原因表现在两方面：一是期刊作者畏惧投稿。由于缺乏投稿经验，特别是缺乏 SCI 期刊投稿的经验，对期刊的投稿要求与程序不了解，稿件追踪耗时费力，本着花钱省事的原则，只好委托中介投稿；二是期刊作者心存侥幸，过分相信代理机构的宣传与承诺。国内的一些论文代理网站一般承诺与一些期刊有合作代理关系，能在各类刊物上代发各类学科的论文，甚至还提供代写服务，通常吸引一些想走捷径的作者，比如有文章着急发表或者写不出文章又有评职称或者毕业急用的作者。一些网站承诺一次性支付高额的操作费即可在某核心刊物上发表文章，还有一些网站在网上打出低价诱人的广告来招揽作者。国内的这些代发论文的网站往往以骗钱为目的，等作者交了审稿费、版面费后便消失得无影无踪。作者上当受骗后往往有苦难言，只能自认倒霉。

论文代投的危害是多方面的：一是论文代投中介为了获取高额的服务费，往往想方设法在同行评议上造假，伪造审稿人，开展虚假同行评议，以达到论文发表的目的。这样的后果是，一旦劣迹败露，作者的论文有被撤销的风险，可能导致身败名裂，而论文代投中介却逍遥法外。二是作者将论文投给中介机构后，中介机构有可能将作者的成果转卖他人，这样作者辛苦付出得来的研究成果就被不法分子盗取，严重侵害了作者的知识产权，即便作者能够提供证据证明研究成果的归属，但是取证困难，维权之路难行，作者很难有精力完成维权，最终只能自认倒霉。

8.2.2　摆正心态亲自投稿积累经验

论文代投指论文署名作者未亲自完成提交论文、回应评审意见等全过程而由他人代理的行为。从其定义可以看出，提交论文与回应评审意见均由他人代理是构成论文代投的两个必要条件。提交论文与回应评审意见对有论文发表经验的作者来说，一般不成问题，而对于初次投稿者来说，总感觉困难重重，难以驾驭。

发表论文是科研活动的重要组成部分，它不仅是完成各种科研任务的考核指标，而且是作者与同行交流的重要渠道，也是作者学术成就的重要展示方式。如果不亲自投稿，以后的科研道路就没法走下去。既然论文已完成，选择本专业合适的期刊，进行投稿应是水到渠成的事情。关于如何收集、了解本行业的科技期刊的方法，如何选择期刊、如何投稿、如何应对不同的审稿结果，前面章节均已详细阐述，这里不再赘述。

只要亲身经历过第一次投稿、修改、校对等过程，就会熟悉期刊的投稿流程与编辑打交道的方法，以后再投稿就会轻车熟路，应对自如。

8.3　认为期刊一定会选择自己推荐的审稿人的误区

同行评议制度从 17 世纪中叶诞生至今，已是学术发表的重要依据，甚至是唯一标准，高水平的同行评议是期刊质量的重要保障。学术期刊编辑限于精力和专业能力，很难承担甄别论文优劣的责任，相形之下，同行评议的专家，大都是各自研究领域的佼佼者，能够很好地起到学术“守门人”的作用。毫无疑问，同行评议是期刊发展的基石。

但是，从 2015 年以来，国际上频繁发生的因同行评议造假而发生的论文撤销事件（http：//zqb. cyol. com/html/2016 - 12/30/nw. D110000zgqnb_ 20161230_ 2 -08. htm），使同行评议面临着越来越大的挑战。主要存在两个方面的问题：一是期刊请作者推荐同行专家，因人情关系同行专家放宽了录用标准，以次充好，影响了学术论文的质量；二是某些服务于学术发表的第三方机构的介入，通过上报同行专家名单，进而伪造邮箱地址和评审结果等，成为学术造假的重要推手。这些问题的根源在于期刊编辑采用了作者推荐的审稿人。

鉴于期刊作者推荐审稿人的做法可能产生不客观的、虚假的同行评议结果，许多期刊包括 BioMed Central 在内的多家期刊出版社已不再允许论文作者推荐参与同行评议的人选，全部由期刊编辑选择同行评议专家（http：//news. xinhuanet. com/overseas/2015 -08/19/c_ 128144594_ 3. htm），这一做法可能会被其他期刊效仿。也有另一些期刊干脆作者推荐谁，就不选谁为审稿人，以免作者操控同行评议。

8.3.1　慎重推荐期刊审稿人

作者投稿时，要慎重对待推荐审稿人，具体注意以下三点。

（1）按期刊的要求推荐或不推荐　鉴于作者推荐虚假审稿人或者推荐朋友、熟人、同事的不当行为，部分科技期刊干脆不让作者推荐审稿人。对于此类期刊，作者就不用推荐审稿人了。目前，大多数国内外科技期刊还是要求作者投稿时推荐2~5名审稿人，作者应遵循科学道德规范，严格按期刊要求认真推荐。作者不要小看推荐审稿人的举动，如果有“放水”行为，被编辑审核出来，会得不偿失。因为这种行为只能说明作者对自己的研究缺乏自信，而且学术诚信有问题，编辑会对作者有看法，甚至直接退稿。

（2）不提供虚假同行评审人信息　由于第三方机构参与了作者论文的投稿，并提供了虚假的同行审稿人信息，导致作者自己审自己的论文（http://www.guokr.com/article/439702/），结果自然是快速通过评审。针对国际学术期刊近年来出现的同行评审的这种新情况，学术期刊提高了防范意识，采取了各种应对措施。为预防对同行评议过程的操纵，自2012年起，爱思唯尔大幅提升安全级别和编辑系统；对作者进行防止滥用推荐同行评审人的教育；向编辑提供Scopus权限，对作者推荐的同行评审人邮箱的真实性进行验证。爱思唯尔还投资开发最好的工具，从而发现并识别独立评审人，2014年对“Find Reviewers”（寻找审稿人）工具进行了升级。全球学术期刊广泛使用的ScholarOne稿件系统就有一个非常不错的预警功能，当作者推荐的审稿人与作者的邮编相同或者属同一机构时，系统出现了红色的警示标识，提醒编辑注意。

作者在学术期刊发表论文时，如需推荐同行评审人，应确保所提供的评审人姓名、联系方式等信息真实可靠，决不允许有任何弄虚作假行为，否则，只会搬起石头砸自己的脚。

（3）客观地推荐本专业的同行　对于作者推荐的审稿人，期刊编辑是有条件地选择的，可以选用，也可以不选用。一般来说，如果期刊编辑认为作者推荐的审稿人的专业特长与论文的内容不吻合，期刊编辑则会自己选择审稿人。因此，作者推荐的审稿人应该是作者的同行，如果作者的研究内容非常创新，还没有严格意义上的同行，只能推荐上一级学科的同行。

8.3.2　要求回避利益冲突人

一般来说，作者在投稿时应声明是否存在利益冲突。如存在利益冲突，应说明可能对其研究结果产生影响的所有经济利益。投稿时，作者有权利向期刊编辑建议回避某些评审人，要求不要将论文送交某人审稿。对于作者的要求，期刊一般会予以考虑，因此，建议作者充分利用这一权利，排除一切可能影响论文发表的不利因素，特别是国内外有利害冲突的、意见分歧的专家。

如果作者仅仅是为了避开某些严厉的审稿人或者真正的同行，而故意申请回避，这种做法不仅会影响稿件的正常评审，也是极不道德的行为。

9　我国食品科技 SCI 论文发表概况

了解我国科技人员近年来发表食品科技 SCI 论文的情况，对于向国外食品科技 SCI 来源期刊投稿是非常有帮助的。一方面，可以知道我国食品科技人员都在哪些期刊上发表了较多的论文，哪些期刊对来自中国的作者没有偏见，这些期刊无疑是我国新投稿作者的首选；另一方面，可以帮助我国科研人员了解所发表的食品科技论文在世界所处的水平，增强投稿时的自信心，从容投稿。

本章中本书作者对我国科技人员 2007—2016 年发表的食品科技 SCI 论文进行了统计，并从论文的数量与学术质量两方面进行了分析。结果表明，近 10 来我国的食品科技 SCI 论文数量逐年递增，2016 年的发文量已占全世界同类论文的 17.4%，跃居世界第一。与此同时，我国约有 50% 的食品科技论文发表在 Q1 期刊上。由此可见，我国在食品科研方面具有强大的实力，食品科技人员特别是年轻的硕士、博士研究生不要妄自菲薄，可以将自己的科研成果从容地、自信地投向适宜的 SCI 来源期刊。

9.1　食品科技 SCI 论文的数量与特征描述

登录新一代 InCites 平台（https：//incites. thomsonreuters. com/），选择 Web of Science 数据库，选定 Web of Science 核心合集里面的 Science Citation Index Expanded，按照“WC = Food Science & Technology AND CU = Peoples R China AND PY = 2007 - 2016”进行高级检索，即可检索到中国作者（含第一作者与非第一作者）2007—2016 年发表的食品科技 SCI 论文，检索日期为 2017 年 1 月 21 日，检索得到 25564 篇论文。这些论文不含我国台湾作者的论文。利用 SCI 自带的结果分析工具进行统计与分析。

9.1.1　我国食品科技 SCI 论文的年度分布

我国科研人员 2007—2016 年发表食品科技 SCI 论文的情况如图 9.1 所示。由于数据库收录有一定的滞后性，2016 年发表的论文还没有全部收录，2016 年的收录量仅为 4149 篇。从图 9.1 可以看出，从 2007—2015 年我国食品科技 SCI 论文的发文量是逐年递增的，从 2007 年的 942 篇增长到 2015 年的 4241 篇，2015 年的发文量是 2007 年的 4.5 倍。

我国食品科技论文 2007—2016 年的发文量占全世界的比例情况如表 9.1 所示，由表 9.1 可以看出，2007 年的占比为 5.0%，以后每年逐步上升，到 2016

年占比已达到17.4%。说明我国食品科技SCI论文的年均增长速度高于世界的平均水平。

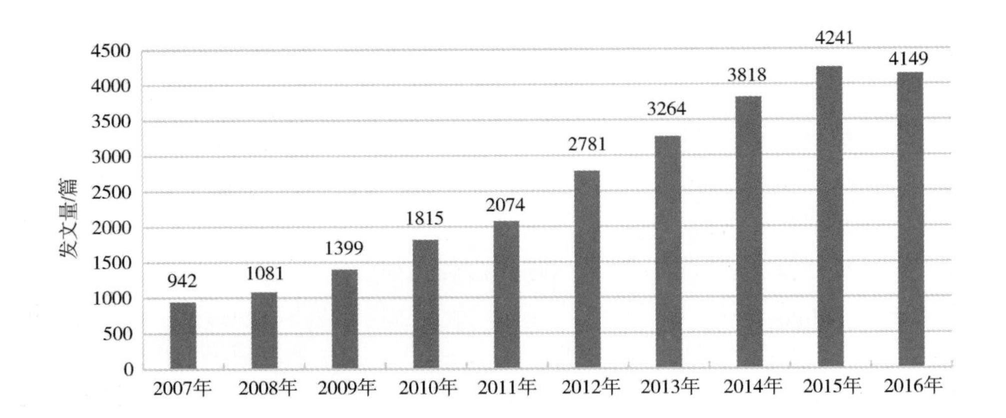

图9.1　2007—2016年我国食品科技SCI论文的年度分布

表9.1　我国食品科技SCI论文在全世界的占比情况

年份	全世界论文量/篇	中国论文量/篇	占比/%
2007	18722	942	5.0
2008	18349	1081	5.9
2009	19614	1399	7.1
2010	22371	1815	8.1
2011	20821	2074	10.0
2012	21939	2781	12.7
2013	22557	3264	14.5
2014	23240	3818	16.4
2015	24986	4241	17.0
2016	23875	4149	17.4

9.1.2　发表食品科技SCI论文的机构排名

从2007—2016年我国科研人员共发表食品科技论文25564篇，这些论文涉及机构众多，发表论文前50名机构如表9.2所示。由表9.2可知，这些机构主要为国内机构，只有3个为国外机构，分别为排名第15、49、50位的国外机构。论文机构的统计原则是，一篇论文有几个机构署名，每个机构算一篇论文。论文的机构排名反映了食品科研机构的科研能力，由此可见，排名前5位的江南大学、中国农业大学、中国科学院、浙江大学、华南理工大学是我国食品科技研究和人才培养的重要基地。

表 9.2　　我国食品科技 SCI 论文所涉及的前 50 名机构

序号	机构名称	论文量/篇	占比/%
1	JIANGNAN UNIVERSITY	1947	7.62
2	CHINA AGRICULTURAL UNIVERSITY	1904	7.45
3	CHINESE ACADEMY OF SCIENCES	1829	7.15
4	ZHEJIANG UNIVERSITY	1301	5.09
5	SOUTH CHINA UNIVERSITY OF TECHNOLOGY	1107	4.33
6	CHINESE ACADEMY OF AGRICULTURAL SCIENCES	976	3.82
7	NANJING AGRICULTURAL UNIVERSITY	918	3.59
8	NORTHWEST A F UNIVERSITY CHINA	764	2.99
9	HUAZHONG AGRICULTURAL UNIVERSITY	582	2.28
10	NANCHANG UNIVERSITY	544	2.13
11	SHANGHAI JIAO TONG UNIVERSITY	466	1.82
12	MINIST AGR	451	1.76
13	TIANJIN UNIVERSITY SCIENCE TECHNOLOGY	403	1.58
14	NORTHEAST AGRICULTURAL UNIVERSITY CHINA	399	1.56
15	UNITED STATES DEPARTMENT OF AGRICULTURE USDA	370	1.45
16	OCEAN UNIVERSITY OF CHINA	354	1.38
17	JILIN UNIVERSITY	344	1.35
18	SICHUAN UNIVERSITY	337	1.32
19	JIANGSU UNIVERSITY	325	1.27
20	JINAN UNIVERSITY	306	1.20
21	UNIVERSITY OF CHINESE ACADEMY OF SCIENCES	290	1.13
22	SOUTHWEST UNIVERSITY CHINA	289	1.13
23	AGRICULTURE AGRI FOOD CANADA	278	1.09
24	SOUTH CHINA AGRICULTURAL UNIVERSITY	265	1.04
25	UNIVERSITY OF HONG KONG	253	0.99
26	TIANJIN UNIVERSITY	245	0.96
27	ZHEJIANG GONGSHANG UNIVERSITY	242	0.95
28	PEKING UNIVERSITY	228	0.89
29	EAST CHINA UNIVERSITY OF SCIENCE TECHNOLOGY	220	0.86

续表

序号	机构名称	论文量/篇	占比/%
30	HENAN UNIVERSITY OF TECHNOLOGY	220	0. 86
31	SUN YAT SEN UNIVERSITY	220	0. 86
32	SHANDONG AGRICULTURAL UNIVERSITY	218	0. 85
33	NANKAI UNIVERSITY	204	0. 80
34	HUAZHONG UNIVERSITY OF SCIENCE TECHNOLOGY	195	0. 76
35	SHAANXI NORMAL UNIVERSITY	192	0. 75
36	HARBIN INSTITUTE OF TECHNOLOGY	191	0. 75
37	CHINESE UNIVERSITY OF HONG KONG	187	0. 73
38	YANGZHOU UNIVERSITY	184	0. 72
39	SHANDONG UNIVERSITY	182	0. 71
40	WUHAN UNIVERSITY	178	0. 70
41	BEIJING FORESTRY UNIVERSITY	169	0. 66
42	CHINA PHARMACEUTICAL UNIVERSITY	167	0. 65
43	XIAMEN UNIVERSITY	167	0. 65
44	LANZHOU UNIVERSITY	154	0. 60
45	SHANGHAI OCEAN UNIVERSITY	154	0. 60
46	BEIJING TECHNOLOGY BUSINESS UNIVERSITY	152	0. 59
47	ZHEJIANG UNIVERSITY OF TECHNOLOGY	152	0. 59
48	FUJIAN AGRICULTURE FORESTRY UNIVERSITY	151	0. 59
49	UNIVERSITY OF CALIFORNIA SYSTEM	150	0. 59
50	UNIVERSITY SYSTEM OF MARYLAND	150	0. 59

9. 1. 3 我国食品科技 SCI 论文的学科分布

2015 年的 JCR 将 SCI 数据库收录的论文分为 177 个学科类目，同一篇论文可能归属于几个不同的学科类目，同一期刊也可能归属几个不同的学科类目。从 2007—2016 年我国科研人员共发表食品科技论文 25564 篇，这些 SCI 论文的学科分布如表 9. 3 所示，这些论文除了全部属于食品科技类目外，还属于应用化学等 25 个学科类目。这充分说明食品学科是一门交叉科学，同时也表明作者投稿时，可以有多种选择，在保证论文内容与期刊主题一致的前提下，可以考虑向一些交叉学科的期刊投稿，说不定会有意外的惊喜。

表 9.3 我国食品科技 SCI 论文的学科分布

序号	Web of Science 学科类目	论文量/篇	占比/%
1	FOOD SCIENCE TECHNOLOGY	25564	100.00
2	CHEMISTRY APPLIED	8538	33.40
3	AGRICULTURE MULTIDISCIPLINARY	3786	14.81
4	NUTRITION DIETETICS	3391	13.26
5	CHEMISTRY ANALYTICAL	2903	11.36
6	SPECTROSCOPY	2687	10.51
7	BIOTECHNOLOGY APPLIED MICROBIOLOGY	1424	5.57
8	TOXICOLOGY	1136	4.44
9	BIOCHEMISTRY MOLECULAR BIOLOGY	923	3.61
10	ENGINEERING CHEMICAL	682	2.67
11	CHEMISTRY MEDICINAL	622	2.43
12	AGRICULTURE DAIRY ANIMAL SCIENCE	562	2.20
13	HORTICULTURE	395	1.55
14	AGRONOMY	362	1.42
15	MICROBIOLOGY	273	1.07
16	IMMUNOLOGY	205	0.80
17	PHARMACOLOGY PHARMACY	125	0.49
18	ENGINEERING MANUFACTURING	55	0.22
19	AGRICULTURAL ECONOMICS POLICY	53	0.21
20	ECONOMICS	53	0.21
21	BEHAVIORAL SCIENCES	38	0.15
22	NEUROSCIENCES	38	0.15
23	PHYSIOLOGY	38	0.15
24	PLANT SCIENCES	33	0.13
25	MYCOLOGY	22	0.09
26	LAW	5	0.02

9.2 食品科技 SCI 论文的学术影响力评价

评价论文的学术影响力主要从两方面予以考虑：一是论文所在期刊的影响因子，一般来说，论文的学术质量与期刊的影响因子存在一定的正相关性，期刊的影响因子越高，其发表的论文学术质量就越高；二是论文的被引用次数，论文发表后的一段时间内，比较同类论文被引次数，可以统计出基本科学指标（ESI）高水平论文。

9.2.1 发表食品科技SCI论文的期刊排名

从2007—2016年我国科研人员共发表食品科技论文25564篇，这些SCI论文所在期刊（前25名）的分布如表9.4所示。由表9.4可知，我国食品科研人员发表论文的三大期刊分别是*Journal of Agricultural and Food Chemistry*，*Food Chemistry*，*Analytical Methods*，在这3种期刊上的发文量占到了全部论文（25564篇）的33.14%，在前25名期刊上的发文量占到了全部论文的74.58%。

表9.4　我国食品科技SCI论文的期刊（前25名）分布

序号	刊名	论文量/篇	占比/%
1	*Journal of Agricultural and Food Chemistry*	2980	11.66
2	*Food Chemistry*	2805	10.97
3	*Analytical Methods*	2687	10.51
4	*Journal of The Science of Food and Agriculture*	800	3.13
5	*Journal of Food Agriculture Environment*	713	2.79
6	*Food Control*	696	2.72
7	*Food and Chemical Toxicology*	641	2.51
8	*Journal of Food Science*	586	2.29
9	*International Journal of Food Science and Technology*	551	2.16
10	*European Food Research and Technology*	541	2.12
11	*Journal of Dairy Science*	541	2.12
12	*Natural Product Communications*	523	2.05
13	*LWT - Food Science and Technology*	517	2.02
14	*Food Hydrocolloids*	499	1.95
15	*Food Research International*	470	1.84
16	*Food Analytical Methods*	459	1.80
17	*Journal of Food Engineering*	440	1.72
18	*Journal of Functional Foods*	416	1.63
19	*Food Function*	403	1.58
20	*Bioscience Biotechnology and Biochemistry*	346	1.35
21	*Journal of Bioscience and Bioengineering*	346	1.35
22	*Postharvest Biology and Technology*	321	1.26

续表

序号	刊名	论文量/篇	占比/%
23	*Food Science and Biotechnology*	292	1.14
24	*Food and Bioprocess Technology*	250	0.98
25	*Starch/Starke*	243	0.95

2015 年的 JCR 共收录食品科技期刊 125 种，影响因子排名前 31 名的期刊（Q1 区期刊）如表 9.5 所示，从表 9.5 可知，从 2007—2016 年我国科研人员在这 31 种食品科技期刊上共发表论文 12646 篇，占全部论文（25564 篇）49.5%。这说明我国食品科技人员有近一半的论文发表在 Q1 区的期刊上，也说明我国在食品科技领域处于国际领先水平。当然，这只是一种粗略的估算方法，严格地讲，应统计每年的 Q1 区期刊上发表的论文。

表 9.5　在影响因子排名前 31 名（Q1 区）期刊上的发文量

排序	期刊名称	论文量/篇	2015 年版影响因子
1	*Annual Review of Food Science and Technology*	1	6.950
2	*Critical Reviews in Food Science and Nutrition*	68	5.492
3	*Trends in Food Science & Technology*	62	5.150
4	*Comprehensive Reviews in Food Science and Food Safety*	28	4.903
5	*Molecular Nutrition & Food Research*	149	4.551
6	*Food Engineering Reviews*	4	4.375
7	*Food Chemistry*	2805	4.052
8	*Journal of Functional Foods*	416	3.973
9	*Food Hydrocolloids*	499	3.858
10	*Global Food Security - Agriculture Policy Economics and Environment*	3	3.745
11	*Food Quality and Preference*	26	3.688
12	*Food Microbiology*	219	3.682
13	*Food and Chemical Toxicology*	641	3.584
14	*International Journal of Food Microbiology*	219	3.445
15	*Food Control*	696	3.388
16	*Food & Nutrition Research*	28	3.226
17	*Journal of Food Engineering*	440	3.199
18	*Food Research International*	470	3.182
19	*Innovative Food Science & Emerging Technologies*	186	2.997

续表

排序	期刊名称	论文量/篇	2015 年版影响因子
20	*Journal of Agricultural and Food Chemistry*	2980	2.857
21	*Meat Science*	208	2.801
22	*Journal of Food Composition and Analysis*	78	2.780
23	*LWT - Food Science and Technology*	517	2.711
24	*Food and Bioproducts Processing*	109	2.687
25	*Food & Function*	403	2.686
26	*Postharvest Biology and Technology*	321	2.618
27	*Food and Bioprocess Technology*	250	2.574
28	*Chemical Senses*	38	2.500
29	*Journal of Dairy Science*	541	2.408
30	*Journal of Cereal Science*	208	2.402
31	*Plant Foods for Human Nutrition*	33	2.276

9.2.2 发表食品科技 ESI 高水平论文情况

基本科学指标（Essential Science Indicators，简称 ESI）是一个基于 Web of Science 核心合集数据库的深度分析型研究工具。ESI 可以确定在某个研究领域有影响力的国家、机构、论文和出版物，以及研究前沿。这种独特而全面的基于论文产出和引文影响力深入分析的数据是政府机构、大学、企业、实验室、出版公司和基金会的决策者、管理者、情报分析人员和信息专家理想的分析资源。通过 ESI，人们可以对科研绩效和发展趋势进行长期的定量分析。基于期刊论文发表数量和引文数据，ESI 提供对 22 个学科研究领域中的国家、机构和期刊的科研绩效统计和科研实力排名。

ESI 热点论文（Hot Papers）是指近 2 年内发表的论文且在近 2 个月内被引次数排在相应学科领域全球前 1‰以内；ESI 高被引论文（Highly Cited Papers）是指近 10 年内发表的 SCI 论文且被引次数排在相应学科领域全球前 1% 以内。

ESI 提供最近 10 多年的滚动数据，每 2 个月更新一次。ESI 于 2017 年 1 月 14 日（北京时间 1 月 15 日）更新了数据，最新的数据内容为 10 年零 10 个月，覆盖范围为 2006 年 1 月 1 日至 2016 年 10 月 31 日。以下统计的我国食品科技热点论文与高被引论文均以此时间段为基准。需要说明的是，热点论文与高被引论文是随时间的推移而变化的，不同的统计时段，同一论文的结果可能不同。

由于 ESI 的学科分类中没有食品科技类目，食品科技归属于 AGRICULTURAL SCIENCES（农业科学）。经检索，农业科学中有 7 篇热点论文，除掉 4 篇非食品科技论文，只有 3 篇论文为食品科技热点论文，如图 9.2 所示。

Papers by Research Field

Citation Trends

Documents

Filter Results By

Add Filter »

× CHINA MAINLAND

Include Results For

Hot Papers

Clear | Save Criteria

Sort By Journal Title | Customize Documents | 1 - 7 of 7

1 INTERACTION OF CYANIDIN-3-O-GLUCOSIDE WITH THREE PROTEINS
By: TANG, L; LI, S; BI, HN; et.al
Source: FOOD CHEM 196: 550-559 APR 1 2016
Research Fields: AGRICULTURAL SCIENCES
Times Cited: 6 ESI Hot

2 A REVIEW: USING NANOPARTICLES TO ENHANCE ABSORPTION AND BIOAVAILABILITY OF PHENOLIC PHYTOCHEMICALS
By: LI, Z; JIANG, H; XU, CM; et.al
Source: FOOD HYDROCOLLOID 43: 153-164 JAN 2015
Research Fields: AGRICULTURAL SCIENCES
Times Cited: 19 ESI Hot

3 PREPARATION OF GELATIN FILMS INCORPORATED WITH TEA POLYPHENOL NANOPARTICLES FOR ENHANCING CONTROLLED-RELEASE ANTIOXIDANT PROPERTIES
By: LIU, F; ANTONIOU, J; LI, Y; et.al
Source: J AGR FOOD CHEM 63 (15): 3987-3995 APR 22 2015
Research Fields: AGRICULTURAL SCIENCES
Times Cited: 9 ESI Hot

图 9.2　我国作者发表的食品科技热点论文

经检索，共有 462 条农业科学的高被引论文，除掉其中的非食品科技论文，共有食品科技高被引论文 312 篇，其中 *Food Chemistry* 122 篇，占绝对的优势，*Journal of Agricultural and Food Chemistry* 30 篇，*Food Hydrocolloid* 26 篇，分别列第二与第三位。

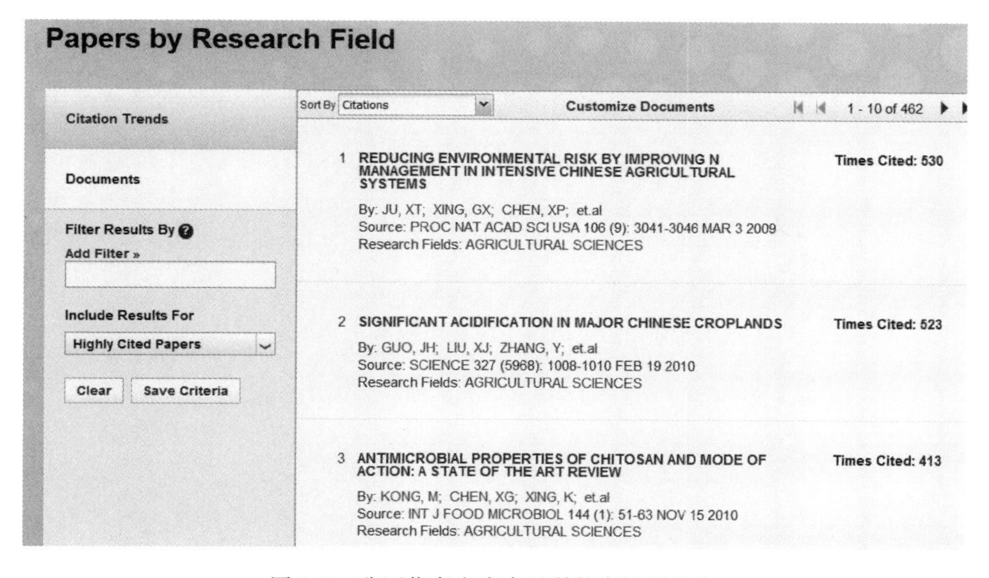

图 9.3　我国作者发表食品科技高被引论文

9.2.3 发表的食品科技 SCI 论文被引排名

科技论文的被引频次也是其学术影响力的重要表现，一般来说，论文发表后的两三年间，论文的被引用达到顶峰，以后会慢慢减少。当然，也有一些论文发表后，在非常长的一段时间内没有被引用，这种论文一般称为零引用论文。论文被引用的越多，说明受到同行关注的程度越高，其学术价值就越大。从 2007—2016 年我国科研人员共发表食品科技论文 25564 篇，这些 SCI 论文被引最高的为 468 次，最低的为 0 次，被引前 50 名的论文如表 9.6 所示。这 50 篇论文分布在 16 种期刊上，其中有 18 篇论文发表在 *Food Chemistry* 上，*Food Chemistry* 为发表论文最多的期刊。

表 9.6　　我国食品科技 SCI 论文被引前 50 名

序号	第一作者	论文题名	期刊名称	被引频次	出版年份
1	Kong M	Antimicrobial properties of chitosan and mode of action：A state of the art review	*International Journal of Food Microbiology*	468	2010
2	Li Y	Biofuels from microalgae	*Biotechnology Progress*	393	2008
3	Cen H Y	Theory and application of near infrared reflectance spectroscopy in determination of food quality	*Trends in Food Science & Technology*	298	2007
4	Su Y C	Vibrio parahaemolyticus：A concern of seafood safety	*Food Microbiology*	262	2007
5	Fang Z X	Encapsulation of polyphenols – a review	*Trends in Food Science & Technology*	251	2010
6	Chen Y	Purification，composition analysis and antioxidant activity of a polysaccharide from the fruiting bodies of *Ganodermaatrum*	*Food Chemistry*	250	2008
7	Li Y H	Antioxidant and free radical – scavenging activities of chickpea protein hydrolysate (CPH)	*Food Chemistry*	241	2008
8	Shan B	The in vitro antibacterial activity of dietary spice and medicinal herb extracts	*International Journal of Food Microbiology*	203	2007
9	Xia W S	Biological activities of chitosan and chitooligosaccharides	*Food Hydrocolloids*	191	2011
10	Faustman C	Myoglobin and lipid oxidation interactions：Mechanistic bases and control	*Meat Science*	190	2010

续表

序号	第一作者	论文题名	期刊名称	被引频次	出版年份
11	Surveswaran S	Systematic evaluation of natural phenolic antioxidants from 133 Indian medicinal plants	*Food Chemistry*	187	2007
12	Wang W D	Degradation kinetics of anthocyanins in blackberry juice and concentrate	*Journal of Food Engineering*	175	2007
13	Xu B J	A comparative study on phenolic profiles and antioxidant activities of legumes as affected by extraction solvents	*Journal of Food Science*	175	2007
14	Li H B	Antioxidant properties in vitro and total phenolic contents in methanol extracts from medicinal plants	*LWT – Food Science and Technology*	172	2008
15	Wang T	Total phenolic compounds, radical scavenging and metal chelation of extracts from Icelandic seaweeds	*Food Chemistry*	168	2009
16	Huang H B	Near infrared spectroscopy for on/in – line monitoring of quality in foods and beverages: A review	*Journal of Food Engineering*	168	2008
17	Yang J X	In vitro antioxidant properties of rutin	*LWT – Food Science And Technology*	168	2008
18	Liu J	Effects of chitosan on control of postharvest diseases and physiological responses of tomato fruit	*Postharvest Biology and Technology*	166	2007
19	Wang J	Optimisation of ultrasound – assisted extraction of phenolic compounds from wheat bran	*Food Chemistry*	160	2008
20	Li B	Isolation and identification of antioxidative peptides from porcine collagen hydrolysate by consecutive chromatography and electrospray ionization – mass spectrometry	*Food Chemistry*	153	2007
21	Dong S Y	Antioxidant and biochemical properties of protein hydrolysates prepared from Silver carp (Hypophthalmichthys molitrix)	*Food Chemistry*	152	2008
22	Chen H X	Antioxidant activities of different fractions of polysaccharide conjugates from green tea (*Camellia Sinensis*)	*Food Chemistry*	148	2008

续表

序号	第一作者	论文题名	期刊名称	被引频次	出版年份
23	Yuan Y	Characterization and stability evaluation of beta – carotene nanoemulsions prepared by high pressure homogenization under various emulsifying conditions	*Food Research International*	148	2008
24	Xie Z J	Antioxidant activity of peptides isolated from alfalfa leaf protein hydrolysate	*Food Chemistry*	147	2008
25	Fu L	Antioxidant capacities and total phenolic contents of 62 fruits	*Food Chemistry*	143	2011
26	Du G R	Antioxidant capacity and the relationship with polyphenol and Vitamin C in Actinidia fruits	*Food Chemistry*	143	2009
27	Ye H	Purification, antitumor and antioxidant activities in vitro of polysaccharides from the brown seaweed *Sargassum pallidum*	*Food Chemistry*	143	2008
28	Shi X M	Biofilm formation and food safety in food industries	*Trends in Food Science & Technology*	142	2009
29	Cao N	Preparation and physical properties of soy protein isolate and gelatin composite films	*Food Hydrocolloids*	141	2007
30	Zhao G R	Characterization of the radical scavenging and antioxidant activities of danshensu and salvianolic acid B	*Food and Chemical Toxicology*	138	2008
31	Li H B	Evaluation of antioxidant capacity and total phenolic content of different fractions of selected microalgae	*Food Chemistry*	138	2007
32	Ren J	Purification and identification of antioxidant peptides from grass carp muscle hydrolysates by consecutive chromatography and electrospray ionization – mass spectrometry	*Food Chemistry*	137	2008
33	Yuan J P	Metabolism of dietary soy isoflavones to equol by human intestinal microflora – implications for health	*Molecular Nutrition & Food Research*	132	2007
34	Yan N	Determination of melamine in dairy products, fish feed, and fish by capillary zone electrophoresis with diode array detection	*Journal of Agricultural and Food Chemistry*	131	2009

续表

序号	第一作者	论文题名	期刊名称	被引频次	出版年份
35	Peng F	Comparative study of hemicelluloses obtained by graded ethanol precipitation from sugarcane bagasse	*Journal of Agricultural and Food Chemistry*	128	2009
36	Yang B	Effect of ultrasonic treatment on the recovery and DPPH radical scavenging activity of polysaccharides from longan fruit pericarp	*Food Chemistry*	127	2008
37	Liu H Y	Polyphenols contents and antioxidant capacity of 68 Chinese herbals suitable for medical or food uses	*Food Research International*	127	2008
38	Wu D	Study on infrared spectroscopy technique for fast measurement of protein content in milk powder based on LS – SVM	*Journal of Food Engineering*	125	2008
39	Zhu L J	Reducing, radical scavenging, and chelation properties of in vitro digests of alcalase – treated zein hydrolysate	*Journal of Agricultural and Food Chemistry*	124	2008
40	Li J W	Nutritional composition of five cultivars of chinese jujube	*Food Chemistry*	124	2007
41	Li L	Visual detection of melamine in raw milk using gold nanoparticles as colorimetric probe	*Food Chemistry*	123	2010
42	Yuan J P	Potential health – promoting effects of astaxanthin: A high – value carotenoid mostly from microalgae	*Molecular Nutrition & Food Research*	122	2011
43	Hu B	Optimization of fabrication parameters to produce chitosan – tripolyphosphate nanoparticles for delivery of tea catechins	*Journal of Agricultural and Food Chemistry*	122	2008
44	Wang S J	Optimization of pectin extraction assisted by microwave from apple pomace using response surface methodology	*Journal of Food Engineering*	122	2007
45	He Y	Discrimination of varieties of tea using near infrared spectroscopy by principal component analysis and BP model	*Journal of Food Engineering*	119	2007
46	Shen Y	Total phenolics, flavonoids, antioxidant capacity in rice grain and their relations to grain color, size and weight	*Journal of Cereal Science*	118	2009

续表

序号	第一作者	论文题名	期刊名称	被引频次	出版年份
47	Chen Y	Microwave - assisted extraction used for the isolation of total triterpenoid saponins from *Ganodermaatrum*	*Journal of Food Engineering*	118	2007
48	Li Y Q	Comparative evaluation of quercetin, isoquercetin and rutin as inhibitors of alpha - glucosidase	*Journal of Agricultural and Food Chemistry*	117	2009
49	Cao N	Mechanical properties of gelatin films cross - linked, respectively, by ferulic acid and tannin acid	*Food Hydrocolloids*	117	2007
50	Liu Q	Antioxidant activity and functional properties of porcine plasma protein hydrolysate as influenced by the degree of hydrolysis	*Food Chemistry*	114	2010

附录1　54种中文食品科技期刊的详细投稿信息

《包装与食品机械》

影响因子	1.009
英文刊名	Packaging and Food Machinery
主办单位	中国机械工程学会
刊　　期	双月刊
CN 刊 号	34－1120/TS
ISSN 刊号	1005－1295
邮政编码	230031
地　　址	合肥市长江西路888号
电　　话	0551－65335565
电子信箱	bjzz@pfm114.com
网　　址	http://bzsj.chinajournal.net.cn
邮发代号	26－111

《保鲜与加工》

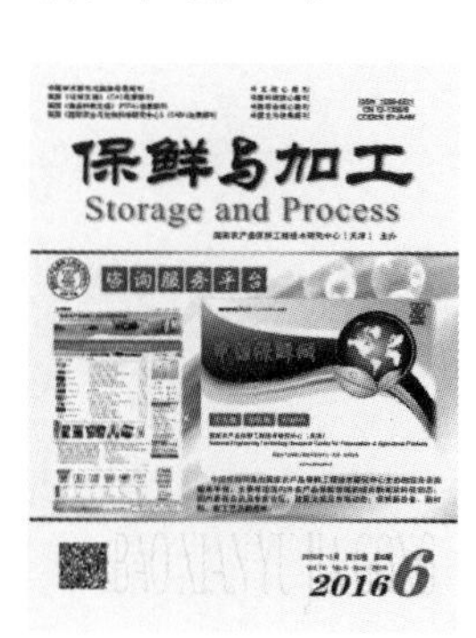

影响因子	1.155
英文刊名	Storage and Process
主办单位	国家农产品保鲜工程技术研究中心（天津）
刊期	双月刊
CN 刊 号	12－1330/S
ISSN 刊号	1009－6221
邮政编码	300384
地　　址	天津市西青区津静公路17公里处
电　　话	022－27948711
电子信箱	bxyjg@163.com
网　　址	www.bxyjg.com
邮发代号	6－146

《茶叶科学》

影响因子	1.769
英文刊名	Journal of Tea Science
主办单位	中国茶叶学会
刊　　期	双月刊
CN 刊 号	33－1115/S
ISSN 刊号	1000－369X
邮政编码	310008
地　　址	杭州市梅灵南路9号
电　　话	0571－86651482
电子信箱	cykx@vip.163.com
网　　址	www.tea－science.com
邮发代号	自办发行

《茶叶学报》

影响因子　0.500
英文刊名　Acta Tea Sinica
主办单位　福建省农业科学院茶叶研究所
刊　　期　季刊
CN 刊号　35－1330/S
ISSN 刊号　2096－0220
邮政编码　355015
地　　址　福建省福安市社口镇湖头洋 1 号
电　　话　0593－6610388
电子信箱　cy6610388@163.com
网　　址　www.cyxbt.cn
邮发代号　自办发行

《福建茶叶》

影响因子　0.236
英文刊名　Tea in Fujian
主办单位　福建省茶叶学会
刊　　期　月刊
CN 刊号　35－1111/S
ISSN 刊号　1005－2291
邮政编码　350001
地　　址　福州市湖东路 189 号凯捷大厦 6 层
电　　话　0591－87601225
电子信箱　fjtea@163.com
网　　址　暂无
邮发代号　自办发行

《甘蔗糖业》

影响因子　0.656
英文刊名　Sugarcane and Canesugar
主办单位　中国糖业协会、全国甘蔗糖业信息中心等
刊　　期　双月刊
CN 刊号　44－1210/TS
ISSN 刊号　1005－9695
邮政编码　510316
地　　址　广州市石榴岗路 10 号
电　　话　020－84168724
电子信箱　gzty@prcsiri.cn
网　　址　www.prcsiri.cn
邮发代号　自办发行

《广西糖业》

影响因子	0. 491
英文刊名	Guangxi Sugar Industry
主办单位	广西华洋糖业储备中心、广西甘蔗研究所等
刊　　期	双月刊
CN 刊号	45－1397/S
ISSN 刊号	2095－820X
邮政编码	530022
地　　址	南宁市纬武路167号3楼
电　　话	0771－5853046
电子信箱	gxzt1995@163. com
网　　址	暂无
邮发代号	自办发行

《河南工业大学学报(自然科学版)》

影响因子	0. 696
英文刊名	Journal of Henan University of Technology (Natural Science Edition)
主办单位	河南工业大学
刊　　期	双月刊
CN 刊号	41－1378/N
ISSN 刊号	1673－2383
邮政编码	450001
地　　址	郑州市高新技术开发区莲花街
电　　话	0371－67756156
电子信箱	xuebaolk@163. com
网　　址	http://zzls. cbpt. cnki. net
邮发代号	22－574

《江苏调味副食品》

影响因子	0. 418
英文刊名	Jiangsu Condiment and Subsidiary Food
主办单位	江苏省调味副食品行业协会
刊　　期	季刊
CN 刊号	32－1235/TS
ISSN 刊号	1006－8481
邮政编码	211168
地　　址	江苏省南京市江宁大学城龙眠大道180号
电　　话	025－52710518
电子信箱	jstwfsp@126. com
网　　址	http://sp. jseti. edu. cn/
邮发代号	28－195

《粮食加工》

影响因子　0. 328
英文刊名　Grain Processing
主办单位　陕西省粮油科学研究设计院
刊　　期　双月刊
CN 刊 号　61－1422/TS
ISSN 刊号　1007－6395
邮政编码　710082
地　　址　西安市劳动路 138 号
电　　话　029－88648715
电子信箱　xibu98@ sina. com
网　　址　www. lsjg. cn
邮发代号　52－202

《粮食科技与经济》

影响因子　0. 581
英文刊名　Grain Science and Technology and Economy
主办单位　湖南省粮食经济科技学会等
刊　　期　双月刊
CN 刊 号　43－1252/TS
ISSN 刊号　1007－1458
邮政编码　410008
地　　址　长沙市芙蓉中路一段 2 号
电　　话　0731－84497427
电子信箱　lskjjj@ 163. com
网　　址　www. chinagste. com
邮发代号　42－167

《粮食与食品工业》

影响因子　0. 486
英文刊名　Cereal &Food Industry
主办单位　中粮工程科技有限公司等
刊　　期　双月刊
CN 刊 号　32－1710/TS
ISSN 刊号　1672－5026
邮政编码　214035
地　　址　江苏省无锡市惠河 186 号
电　　话　0510－85867384
电子信箱　lsyspgy@ 126. com
网　　址　www. grainoilin. com
邮发代号　28－197

《粮食与饲料工业》

影响因子	0.585
英文刊名	Cereal & Feed Industry
主办单位	国家粮食储备局武汉科学研究设计院
刊　　期	月刊
CN 刊 号	42-1176/TS
ISSN 刊号	1003-6202
邮政编码	430079
地　　址	武汉市卓刀泉南路3号
电　　话	027-50657638
电子信箱	lsyslgy@126.com
网　　址	www.lsyslgy.com
邮发代号	38-151

《粮食与油脂》

影响因子	0.747
英文刊名	Cereals & Oils
主办单位	上海市粮食科学研究所
刊　　期	月刊
CN 刊 号	31-1235/TS
ISSN 刊号	1008-9578
邮政编码	200333
地　　址	上海市府村路445号1号楼
电　　话	021-62058191
电子信箱	slyzhs@163.com
网　　址	暂无
邮发代号	4-675

《粮油仓储科技通讯》

影响因子	0.054
英文刊名	无
主办单位	国家粮食储备局成都粮食储藏科学研究所
刊　　期	双月刊
CN 刊 号	51-1480/TS
ISSN 刊号	1674-1943
邮政编码	610091
地　　址	成都市青羊区广富路239号N区32幢
电　　话	028-87660225
电子信箱	lscczzs@163.com
网　　址	www.grainstorage.net
邮发代号	自办发行

《粮油食品科技》

影响因子	0.743
英文刊名	Science and Technology of Cereals, Oils and Foods
主办单位	国家粮食局科学研究院
刊　　期	双月刊
CN 刊 号	11 - 3863/TS
ISSN 刊号	1007 - 7561
邮政编码	100037
地　　址	北京市西城区百万庄大街 11 号
电　　话	010 - 58523617
电子信箱	zzs@ chinagrain. com
网　　址	http: //lyspkj. ijournal. cn
邮发代号	82 - 790

《美食研究》

影响因子	0.217
英文刊名	Journal of Researches on Dietetic Science and Culture
主办单位	扬州大学
刊　　期	季刊
CN 刊 号	32 - 1854/TS
ISSN 刊号	2095 - 8730
邮政编码	225127
地　　址	扬州市华阳西路 196 号 29 信箱
电　　话	0514 - 87978025
电子信箱	prxb@ yzu. edu. cn
网　　址	暂无
邮发代号	28 - 183

《酿酒》

影响因子	0.463
英文刊名	Liquor Making
主办单位	黑龙江省轻工科学研究院等
刊　　期	双月刊
CN 刊 号	23 - 1256/TS
ISSN 刊号	1002 - 8110
邮政编码	150010
地　　址	哈尔滨市道里区端街 43 号
电　　话	0451 - 84677504
电子信箱	zhtnj@ 163. com
网　　址	暂无
邮发代号	14 - 62

《酿酒科技》

影响因子	0. 629
英文刊名	Liquor - making Science & Technology
主办单位	贵州省轻工业科学研究所等
刊　　期	月刊
CN 刊 号	52 - 1051/TS
ISSN 刊号	1001 - 9286
邮政编码	550007
地　　址	贵阳市沙冲中路58号
电　　话	0851 - 85796163
电子信箱	njkj@ 263. net
网　　址	www. lmst. cn
邮发代号	66 - 23

《农产品加工》

影响因子	0. 227
英文刊名	Farm Products Processing
主办单位	山西现代农业工程出版传媒中心等
刊　　期	半月刊
CN 刊 号	14 - 1310/S
ISSN 刊号	1671 - 9646
邮政编码	030012
地　　址	太原市双塔东街124号闻汇大厦B座2102室
电　　话	0351 - 4606085
电子信箱	ncpjgxk@ 163. com
网　　址	www. ncpjgxk. com
邮发代号	22 - 19

《肉类工业》

影响因子	0. 294
英文刊名	Meat Industry
主办单位	全国肉类工业科技情报中心站
刊　　期	月刊
CN 刊 号	42 - 1134/TS
ISSN 刊号	1008 - 5467
邮政编码	430011
地　　址	武汉市堤角前街15号
电　　话	027 - 82359199
电子信箱	rlgy@ 126. com
网　　址	www. china - meat. cn
邮发代号	38 - 522

《肉类研究》

影响因子	0.882
英文刊名	Meat Research
主办单位	中国肉类食品综合研究中心
刊　　期	月刊
CN 刊 号	11－2682/TS
ISSN 刊号	1001－8123
邮政编码	100050
地　　址	北京市西城区禄长街头条4号
电　　话	010－83155446
电子信箱	foodsci@126.com
网　　址	http://rlyj.cbpt.cnki.net
邮发代号	自办发行

《乳业科学与技术》

影响因子	0.670
英文刊名	Journal of Dairy Science and Technology
主办单位	光明乳业股份有限公司
刊　　期	双月刊
CN 刊 号	31－1881/S
ISSN 刊号	1671－5187
邮政编码	100050
地　　址	北京市西城区禄长街头条4号
电　　话	010－83155446
电子信箱	dairyet@126.com
网　　址	www.chnfood.cn
邮发代号	自办发行

《食品安全导刊》

影响因子	0.128
英文刊名	China Food Safety Magazine
主办单位	中国商业股份制企业经济联合会等
刊　　期	旬刊
CN 刊 号	11－5478/R
ISSN 刊号	1674－0270
邮政编码	100039
地　　址	北京市海淀区西四环中路39号万地名苑2号楼504室
电　　话	010－88825653
电子信箱	fsg@cnfoodsafety.com
网　　址	www.cnfoodsafety.com/spdk/
邮发代号	80－702

《食品安全质量检测学报》

影响因子	0. 817
英文刊名	Journal of Food Safety & Quality
主办单位	北京方略信息科技有限公司等
刊　　期	月刊
CN 刊 号	11 - 5956/TS
ISSN 刊号	2095 - 0381
邮政编码	100029
地　　址	北京市 100029 - 27 信箱
电　　话	010 - 62943110
电子信箱	admin@ chinafoodj. com
网　　址	www. chinafoodj. com
邮发代号	自办发行

《食品工程》

影响因子	0. 434
英文刊名	Food Engineering
主办单位	山西省食品工业研究所
刊　　期	季刊
CN 刊 号	14 - 1336/TS
ISSN 刊号	1673 - 6044
邮政编码	030024
地　　址	太原市晋祠路一段 19 号
电　　话	0351 - 6065177
电子信箱	sxfood@ 126. com
网　　址	暂无
邮发代号	自办发行

《食品工业》

影响因子	0. 521
英文刊名	The Food Industry
主办单位	上海市食品工业研究所
刊　　期	月刊
CN 刊 号	31 - 1532/TS
ISSN 刊号	1004 - 471X
邮政编码	200030
地　　址	上海市肇嘉浜路 376 号轻工大厦 10 楼
电　　话	021 - 65126911
电子信箱	zzs@ shspgy. com
网　　址	www. shspgy. com
邮发代号	4 - 503

《食品工业科技》

影响因子　1.021
英文刊名　Science and Technology of Food Industry
主办单位　北京一轻研究院
刊　　期　半月刊
CN 刊 号　11－1759/TS
ISSN 刊号　1002－0306
邮政编码　100075
地　　址　北京市永定门外沙子口路 70 号
电　　话　010－87244116
电子信箱　spgykj@163.com
网　　址　www.spgykj.com
邮发代号　2－399

《食品科技》

影响因子　0.698
英文刊名　Food Science and Technology
主办单位　北京市粮食科学研究院
刊　　期　月刊
CN 刊 号　11－3511/TS
ISSN 刊号　1005－9989
邮政编码　100053
地　　址　北京市西城区广内大街 316 号京粮古船大厦
电　　话　010－67913893
电子信箱　shipinkj@vip.163.com
网　　址　www.e－foodtech.net
邮发代号　2－681

《食品科学》

影响因子　1.428
英文刊名　Food Science
主办单位　北京食品科学研究院
刊　　期　半月刊
CN 刊 号　11－2206/TS
ISSN 刊号　1002－6630
邮政编码　100050
地　　址　北京市西城区禄长街头条 4 号
电　　话　010－83155446
电子信箱　foodsci@126.com
网　　址　www.chnfood.cn
邮发代号　2－439

《食品科学技术学报》

影响因子	0.989
英文刊名	Journal of Food Science and Technology
主办单位	北京工商大学
刊　　期	双月刊
CN 刊 号	10－1151/TS
ISSN 刊号	2095－6002
邮政编码	100048
地　　址	北京市海淀区阜成路33号
电　　话	010－68984535
电子信箱	spxb@btbu.edu.cn
网　　址	http://spxb.btbu.edu.cn/ch/index.aspx
邮发代号	自办发行

《食品研究与开发》

影响因子	0.588
英文刊名	Food Research and Development
主办单位	天津食品研究所有限公司等
刊　　期	半月刊
CN 刊 号	12－1231/TS
ISSN 刊号	1005－6521
邮政编码	301600
地　　址	天津市静海县静海经济开发区南区科技路9号
电　　话	022－59525671
电子信箱	tjfood@vip.163.com
网　　址	www.tjfrad.com.cn
邮发代号	6－197

《食品与发酵工业》

影响因子	0.938
英文刊名	Food and Fermentation Industries
主办单位	中国食品发酵工业研究院等
刊　　期	月刊
CN 刊 号	11－1802/TS
ISSN 刊号	0253－990X
邮政编码	100015
地　　址	北京市朝阳区酒仙桥中路24号院6号楼
电　　话	010－53218338
电子信箱	ffeo@vip.sina.com
网　　址	www.spfx.cbpt.cnki.net
邮发代号	2－331

《食品与发酵科技》

影响因子	0.600
英文刊名	Food and Fermentation Technology
主办单位	四川省食品发酵工业研究设计院
刊　　期	双月刊
CN 刊号	51－1713/TS
ISSN 刊号	1674－506X
邮政编码	611130
地　　址	四川省成都市温江区杨柳东路中段98号
电　　话	028－82763572
电子信箱	sfaf8889@163.com
网　　址	www.sc－ffm.com
邮发代号	62－247

《食品与机械》

影响因子	1.059
英文刊名	Food & Machinery
主办单位	长沙理工大学
刊　　期	双月刊
CN 刊号	43－1183/TS
ISSN 刊号	1003－5788
邮政编码	410004
地　　址	长沙市万家丽南路二段960号
电　　话	0731－85258200
电子信箱	foodmm@vip.sina.com
网　　址	www.ifoodmm.com
邮发代号	42－83

《食品与生物技术学报》

影响因子	0.827
英文刊名	Journal of Food Science and Biotechnology
主办单位	江南大学
刊　　期	月刊
CN 刊号	32－1751/TS
ISSN 刊号	1673－1689
邮政编码	214122
地　　址	江苏省无锡市蠡湖大道1800号
电　　话	0510－85913526
电子信箱	xbbjb@jiangnan.edu.cn
网　　址	http://spyswjs.agrijournals.cn
邮发代号	28－79

《食用菌学报》

影响因子	0. 836
英文刊名	Acta Edulis Fungi
主办单位	上海市农业科学院食用菌研究所，中国农学会
刊　　期	季刊
CN 刊号	31 – 1683/S
ISSN 刊号	1005 – 9873
邮政编码	201403
地　　址	上海市金齐路1000号
电　　话	021 – 62209894
电子信箱	shiyongjunxuebao@ 126. com
网　　址	www. syjxb. com
邮发代号	自办发行

《食品与药品》

影响因子	0. 546
英文刊名	Food and Drug
主办单位	山东省生物药物研究院
刊　　期	双月刊
CN 刊号	37 – 1438/R
ISSN 刊号	1672 – 979X
邮政编码	250101
地　　址	济南市高新技术开发区新泺大街989号
电　　话	0531 – 88779125
电子信箱	food_ drug@ sina. com
网　　址	www. fadj. com
邮发代号	自办发行

《四川旅游学院学报》

影响因子	0. 171
英文刊名	Journal of Sichuan Tourism University
主办单位	四川旅游学院
刊　　期	双月刊
CN 刊号	51 – 1753/F
ISSN 刊号	2095 – 7211
邮政编码	610100
地　　址	成都市龙泉驿区红岭路459号
电　　话	028 – 84825688
电子信箱	sclyxb@ vip. 163. com
网　　址	www. sctu. edu. cn/xb
邮发代号	62 – 141

《现代面粉工业》

影响因子　0. 127
英文刊名　Modern Flour Milling Industry
主办单位　江苏省粮食工业协会
刊　　期　双月刊
CN 刊 号　32 – 1798/TS
ISSN 刊号　1674 – 5280
邮政编码　210009
地　　址　南京市中山北路 101 号
电　　话　025 – 83309207
电子信箱　xdmfgy@ 163. com
网　　址　www. flourmilling. com. cn
邮发代号　28 – 343

《现代食品科技》

影响因子　1. 195
英文刊名　Modern Food Science and Technology
主办单位　华南理工大学
刊　　期　月刊
CN 刊 号　44 – 1620/TS
ISSN 刊号　1673 – 9078
邮政编码　510640
地　　址　广州市五山路 381 号华南理工大学麟鸿楼 508 房
电　　话　020 – 87112532
电子信箱　mfood@ scut. edu. cn
网　　址　www. xdspkj. cn
邮发代号　46 – 349

《饮料工业》

影响因子　0. 376
英文刊名　Beverage Industry
主办单位　中国饮料工业协会
刊　　期　双月刊
CN 刊 号　11 – 5556/TS
ISSN 刊号　1007 – 7871
邮政编码　100027
地　　址　北京市朝阳区东三环北路丙 2 号天元港中心 B 座 1701/1702 室
电　　话　010 – 84464668
电子信箱　ylgy@ chinabeverage. org
网　　址　www. bimag. com. cn
邮发代号　80 – 638

《中国茶叶》

影响因子　0. 265
英文刊名　China Tea
主办单位　中国农业科学院茶叶研究所
刊　　期　月刊
CN 刊号　33－1117/S
ISSN 刊号　1000－3150
邮政编码　310008
地　　址　杭州市梅灵南路9号
电　　话　0571－86650241
电子信箱　chinatea@ tricaas. com
网　　址　暂无
邮发代号　32－34

《中国茶叶加工》

影响因子　0. 494
英文刊名　China Tea Processing
主办单位　中华全国供销合作总社杭州茶叶研究院等
刊　　期　双月刊
CN 刊号　33－1157/TS
ISSN 刊号　2095－0306
邮政编码　310016
地　　址　杭州市采荷路41号
电　　话　0571－86043890
电子信箱　zgcyjg@ 126. com
网　　址　www. co－tea. com/tea_ processing. php
邮发代号　自办发行

《中国粮油学报》

影响因子　1. 275
英文刊名　Journal of the Chinese Cereals and Oils Association
主办单位　中国粮油学会
刊　　期　月刊
CN 刊号　11－2864/TS
ISSN 刊号　1003－0174
邮政编码　100037
地　　址　北京市西城区百万大街11号
电　　话　010－68357510
电子信箱　lyxuebao@ ccoaonline. com
网　　址　www. lyxuebao. net
邮发代号　80－720

《中国酿造》

影响因子 0.826
英文刊名 China Brewing
主办单位 中国调味品协会等
刊　　期 月刊
CN 刊号 11－1818/TS
ISSN 刊号 0254－5071
邮政编码 100050
地　　址 北京市西城区禄长街头条4号
电　　话 010－83152308
电子信箱 zgnczz@163.com
网　　址 www.chinabrewing.net.cn
邮发代号 2－124

《中国乳品工业》

影响因子 0.513
英文刊名 China Dairy Industry
主办单位 黑龙江省乳品工业技术研究中心等
刊　　期 月刊
CN 刊号 23－1177/TS
ISSN 刊号 1001－2230
邮政编码 150028
地　　址 哈尔滨市松北区科技创新城创新一路2727号
电　　话 0451－86662740
电子信箱 zgrpgy@163.com
网　　址 www.chinadairy.net
邮发代号 14－136

《中国食品添加剂》

影响因子 0.729
英文刊名 China Food Additives
主办单位 中国食品添加剂和配料协会
刊　　期 月刊
CN 刊号 11－3542/TS
ISSN 刊号 1006－2513
邮政编码 100020
地　　址 北京市朝外大街甲6号万通中心C座1401
电　　话 010－59795833
电子信箱 cfaa1990@126.com
网　　址 http://zstj.cbpt.cnki.net
邮发代号 自办发行

《中国食品学报》

影响因子	1. 280
英文刊名	Journal of Chinese Institute of Food Science and Technology
主办单位	中国食品科学技术学会
刊　　期	月刊
CN 刊 号	11 – 4528/TS
ISSN 刊号	1009 – 7848
邮政编码	100048
地　　址	北京市海淀区阜成路北 3 街 6 号轻苑大厦 3 层
电　　话	010 – 65223596
电子信箱	spxb@ 163. com
网　　址	http：//zgspxb. cnjournals. org/ch/index. aspx
邮发代号	自办发行

《中国食物与营养》

影响因子	0. 783
英文刊名	Food and Nutrition in China
主办单位	中国农业科学院等
刊　　期	月刊
CN 刊 号	11 – 3716/TS
ISSN 刊号	1006 – 9577
邮政编码	100081
地　　址	北京市海淀区中关村南大街 12 号
电　　话	010 – 82109761
电子信箱	foodandn@ 263. net
网　　址	http：//foodandn. caas. cn
邮发代号	82 – 597

《中国甜菜糖业》

影响因子	0. 060
英文刊名	China Beet & Sugar
主办单位	轻工业甜菜糖业研究所
刊　　期	季刊
CN 刊 号	23 – 1320/TS
ISSN 刊号	1002 – 0551
邮政编码	150086
地　　址	哈尔滨市海河路 202 号哈工大二学区 2640 信箱
电　　话	0451 – 87501395
电子信箱	cbeetsugar@ yahoo. com. cn
网　　址	暂无
邮发代号	14 – 15

《中国调味品》

影响因子	0.609
英文刊名	China Condiment
主办单位	全国调味品科技情报中心站
刊　　期	月刊
CN 刊 号	23－1299/TS
ISSN 刊号	1000－9973
邮政编码	150025
地　　址	哈尔滨利民开发区南京路东 6 号
电　　话	0451－87137077
电子信箱	zgtwp1976@163.com
网　　址	www.zgtwp.cn
邮发代号	14－13

《中国油脂》

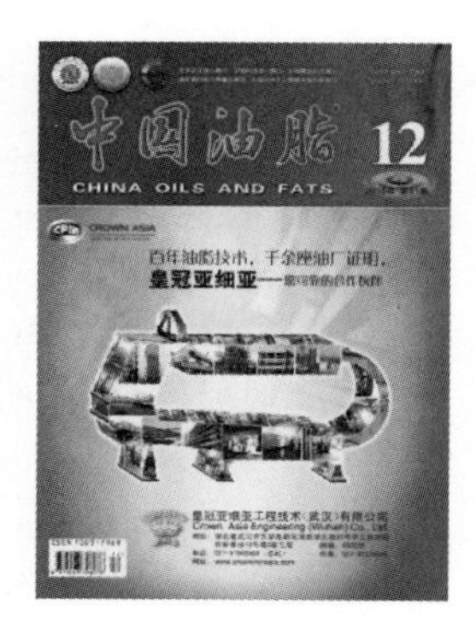

影响因子	1.053
英文刊名	China Oils and Fats
主办单位	西安中粮工程研究设计院有限公司
刊　　期	月刊
CN 刊 号	61－1099/TS
ISSN 刊号	1003－7969
邮政编码	710082
地　　址	西安市劳动路 118 号
电　　话	029－88617441
电子信箱	zyzzoil@163.com
网　　址	www.chinaoils.cn
邮发代号	52－129

《中外葡萄与葡萄酒》

影响因子	0.467
英文刊名	Sino－Overseas Grapevine & Wine
主办单位	山东省葡萄研究院
刊　　期	双月刊
CN 刊 号	37－1349/TS
ISSN 刊号	1004－7360
邮政编码	250100
地　　址	济南市山大南路 1－27 号
电　　话	0531－85598004
电子信箱	cb.1976@163.com
网　　址	www.vw1976.cn
邮发代号	24－73

附录 2　125 种食品科技 SCI 来源期刊的详细投稿信息

1. *ACTA ALIMENTARIA*

（IF0. 333）

ISO 缩写刊名	Acta Aliment.
JCR 缩写刊名	ACTA ALIMENT HUNG
ISSN	0139 – 3006
每年出版期数	4
语种	ENGLISH
所属国家/地区	HUNGARY
出版机构	AKADEMIAI KIADO RT
出版机构地址	PRIELLE K U 19，PO BOX 245，H – 1117 BUDAPEST，HUNGARY
JCR 分区	Q4，113/125（113 是该期刊影响因子的排序号，125 是期刊的总数，下同）
中科院分区	食品科技小类 4 区
期刊网址	http：//www. akademiai. com/content/119693/? genre = journal&issn = 0139 – 3006

2. *AGRIBUSINESS*

（IF0. 738）

ISO 缩写刊名	Agribusiness
JCR 缩写刊名	AGRIBUSINESS
ISSN	0742 – 4477
每年出版期数	4
语种	ENGLISH
所属国家/地区	UNITED STATES
出版机构	WILEY – BLACKWELL
出版机构地址	111 RIVER ST，HOBOKEN 07030 – 5774，NJ，
JCR 分区	Q3，91/125
中科院分区	食品科技小类 4 区
期刊网址	http：//onlinelibrary. wiley. com/journal/10. 1002/（ISSN）1520 – 6297

3. *AGRICULTURAL AND FOOD SCIENCE*

（IF1. 588）

ISO 缩写刊名	Agr. Food Sci.
JCR 缩写刊名	AGR FOOD SCI
ISSN	1459 – 6067
每年出版期数	4
语种	MULTI – LANGUAGE
所属国家/地区	FINLAND
出版机构	SCIENTIFIC AGRICULTURAL SOC FINLAND
出版机构地址	MTT AGRIFOOD RES FINLAND，AGRIC & FOOD SCI，EDITORIAL OFF，DEPT AGRIC SCI，PO BOX 27，UNIV HELSINSKI FI – 00014，FINLAND
JCR 分区	Q2，52/125
中科院分区	食品科技小类 4 区
期刊网址	http：//www. afsci. fi/

4. *AGRO FOOD INDUSTRY HI – TECH* (IF0. 202)

ISO 缩写刊名	Agro Food Ind. Hi – Tech
JCR 缩写刊名	AGRO FOOD IND HI TEC
ISSN	1722 – 6996
每年出版期数	6
语种	ENGLISH
所属国家/地区	ITALY
出版机构	TEKNOSCIENZE PUBL
出版机构地址	VIALE BRIANZA 22, 20127 MILANO, ITALY
JCR 分区	Q4, 117/125
中科院分区	食品科技小类 4 区
期刊网址	http://www.teknoscienze.com/Pages/AF – journal – home.aspx#.UveED7Ls7Kc

5. *AMERICAN JOURNAL OF ENOLOGY AND VITICULTURE* (IF1. 579)

ISO 缩写刊名	Am. J. Enol. Vitic.
JCR 缩写刊名	AM J ENOL VITICULT
ISSN	0002 – 9254
每年出版期数	4
语种	ENGLISH
所属国家/地区	UNITED STATES
出版机构	AMER SOC ENOLOGY VITICULTURE
出版机构地址	PO BOX 1855, DAVIS, CA 95617 – 1855
JCR 分区	Q2, 54/125
中科院分区	食品科技小类 3 区
期刊网址	http://www.ajevonline.org/

6. *ANALYTICAL METHODS* (IF1. 915)

ISO 缩写刊名	Anal. Methods
JCR 缩写刊名	ANAL METHODS – UK
ISSN	1759 – 9660
每年出版期数	48
语种	ENGLISH
所属国家/地区	ENGLAND
出版机构	ROYAL SOC CHEMISTRY
出版机构地址	THOMAS GRAHAM HOUSE, SCIENCE PARK, MILTON RD, CAMBRIDGE CB4 0WF, CAMBS, ENGLAND
JCR 分区	Q2, 44/125
中科院分区	食品科技小类 3 区
期刊网址	http://pubs.rsc.org/en/journals/journalissues/ay#! recentarticles&all

7. *ANNUAL REVIEW OF FOOD SCIENCE AND TECHNOLOGY* (IF6.950)

ISO缩写刊名	Annu. Rev. Food Sci. Technol.
JCR缩写刊名	ANNU REV FOOD SCI T
ISSN	1941 - 1413
每年出版期数	1
语种	ENGLISH
所属国家/地区	UNITED STATES
出版机构	ANNUAL REVIEWS
出版机构地址	4139 EL CAMINO WAY, PO BOX 10139, PALO ALTO, CA 94303 - 0897
JCR分区	Q1, 1/125
中科院分区	食品科技小类1区
期刊网址	http://www.annualreviews.org/journal/food

8. *AUSTRALIAN JOURNAL OF GRAPE AND WINE RESEARCH* (IF2.126)

ISO缩写刊名	Aust. J. Grape Wine Res.
JCR缩写刊名	AUST J GRAPE WINE R
ISSN	1322 - 7130
每年出版期数	3
语种	ENGLISH
所属国家/地区	AUSTRALIA
出版机构	WILEY - BLACKWELL
出版机构地址	111 RIVER ST, HOBOKEN 07030 - 5774, NJ,
JCR分区	Q2, 36/125
中科院分区	食品科技小类3区
期刊网址	http://onlinelibrary.wiley.com/journal/10.1111/(ISSN)1755 - 0238

9. *BIOSCIENCE BIOTECHNOLOGY AND BIOCHEMISTRY* (IF1.176)

ISO缩写刊名	Biosci. Biotechnol. Biochem.
JCR缩写刊名	BIOSCI BIOTECH BIOCH
ISSN	0916 - 8451
每年出版期数	12
语种	ENGLISH
所属国家/地区	JAPAN
出版机构	JAPAN SOCIETY FOR BIOSCIENCE, BIOTECHNOLOGY, AND AGROCHEMISTRY
出版机构地址	JAPAN ACADEMIC SOCIETIES CENTER BLDG., 2 - 4 - 16 YAYOI, BUNKYO - KU, TOKYO 113 - 0032, JAPAN
JCR分区	Q3, 70/125
中科院分区	食品科技小类4区
期刊网址	https://www.jstage.jst.go.jp/browse/bbb

10. *BIOTECHNOLOGY PROGRESS* (IF2.167)

ISO 缩写刊名	Biotechnol. Prog.
JCR 缩写刊名	BIOTECHNOL PROGR
ISSN	8756 - 7938
每年出版期数	6
语种	ENGLISH
所属国家/地区	UNITED STATES
出版机构	WILEY - BLACKWELL
出版机构地址	111 RIVER ST, HOBOKEN 07030 - 5774, NJ,
JCR 分区	Q2, 34/125
中科院分区	食品科技小类 3 区
期刊网址	http://onlinelibrary.wiley.com/journal/10.1021/(ISSN)1520-6033/homepage/ForAuthors.html

11. *BRITISH FOOD JOURNAL* (IF0.973)

ISO 缩写刊名	Br. Food J.
JCR 缩写刊名	BRIT FOOD J
ISSN	0007 - 070X
每年出版期数	12
语种	ENGLISH
所属国家/地区	ENGLAND
出版机构	EMERALD GROUP PUBLISHING LIMITED
出版机构地址	HOWARD HOUSE, WAGON LANE, BINGLEY BD16 1WA, W YORKSHIRE, ENGLAND
JCR 分区	Q3, 76/125
中科院分区	食品科技小类 4 区
期刊网址	http://www.emeraldinsight.com/loi/bfj

12. *CEREAL CHEMISTRY* (IF1.036)

ISO 缩写刊名	Cereal Chem.
JCR 缩写刊名	CEREAL CHEM
ISSN	0009 - 0352
每年出版期数	6
语种	ENGLISH
所属国家/地区	UNITED STATES
出版机构	AACC INTERNATIONAL
出版机构地址	3340 PILOT KNOB RD, ST PAUL, MN 55121 - 2097
JCR 分区	Q3, 73/125
中科院分区	食品科技小类 4 区
期刊网址	http://cerealchemistry.aaccnet.org/journal/cchem

13. *CEREAL FOODS WORLD*

(IF0. 889)

ISO 缩写刊名	Cereal Foods World
JCR 缩写刊名	CEREAL FOOD WORLD
ISSN	0146－6283
每年出版期数	6
语种	ENGLISH
所属国家/地区	UNITED STATES
出版机构	AACC INTERNATIONAL
出版机构地址	3340 PILOT KNOB RD，ST PAUL，MN 55121－2097
JCR 分区	Q3，82/125
中科院分区	食品科技小类4区
期刊网址	http：//www. aaccnet. org/publications/plexus/cfw/Pages/default. aspx

14. *CHEMICAL SENSES*

(IF2. 500)

ISO 缩写刊名	Chem. Senses
JCR 缩写刊名	CHEM SENSES
ISSN	0379－864X
每年出版期数	9
语种	ENGLISH
所属国家/地区	FRANCE
出版机构	OXFORD UNIV PRESS
出版机构地址	GREAT CLARENDON ST，OXFORD OX2 6DP，ENGLAND
JCR 分区	Q1 区，28/125
中科院分区	食品科技小类2区
期刊网址	http：//chemse. oxfordjournals. org/

15. *CHEMOSENSORY PERCEPTION*

(IF1. 053)

ISO 缩写刊名	Chemosens. Percept.
JCR 缩写刊名	CHEMOSENS PERCEPT
ISSN	1936－5802
每年出版期数	4
语种	ENGLISH
所属国家/地区	UNITED STATES
出版机构	SPRINGER
出版机构地址	233 SPRING ST，NEW YORK，NY 10013
JCR 分区	Q3，72/125
中科院分区	食品科技小类4区
期刊网址	http：//link. springer. com/journal/12078

16. *CIENCIA E TECNICA VITIVINICOLA* (IF0.444)

ISO 缩写刊名	Cienc. Tec. Vitivinic.
JCR 缩写刊名	CIENC TEC VITIVINIC
ISSN	0254 – 0223
每年出版期数	2
语种	PORTUGUESE
所属国家/地区	PORTUGAL
出版机构	ESTACAO VITIVINICOLA NACIONAL
出版机构地址	ESTACAO VITIVINICOLA NACIONAL，DIOS PORTOS 2565 – 191，PORTUGAL
JCR 分区	Q4，108/125
中科院分区	食品科技小类 4 区
期刊网址	http：//www. scielo. gpeari. mctes. pt/scielo. php？script = sci _ serial&pid = 0254 – 0223&lng = pt

17. *COMPREHENSIVE REVIEWS IN FOOD SCIENCE AND FOOD SAFETY* (IF4.903)

ISO 缩写刊名	Compr. Rev. Food. Sci. Food Saf.
JCR 缩写刊名	COMPR REV FOOD SCI F
ISSN	1541 – 4337
每年出版期数	6
语种	ENGLISH
所属国家/地区	UNITED STATES
出版机构	WILEY – BLACKWELL
出版机构地址	111 RIVER ST，HOBOKEN 07030 – 5774，NJ，
JCR 分区	Q1，4/125
中科院分区	食品科技小类 1 区
期刊网址	http：//onlinelibrary. wiley. com/journal/10. 1111/（ISSN）1541 – 4337/

18. *CRITICAL REVIEWS IN FOOD SCIENCE AND NUTRITION* (IF5.492)

ISO 缩写刊名	Crit. Rev. Food Sci. Nutr.
JCR 缩写刊名	CRIT REV FOOD SCI
ISSN	1040 – 8398
每年出版期数	12
语种	ENGLISH
所属国家/地区	UNITED STATES
出版机构	TAYLOR & FRANCIS INC
出版机构地址	530 WALNUT STREET，STE 850，PHILADELPHIA，PA 19106
JCR 分区	Q1，2/125
中科院分区	食品科技小类 1 区
期刊网址	http：//www. tandfonline. com/loi/bfsn20

19. *CYTA – JOURNAL OF FOOD* (IF0.769)

ISO缩写刊名	CyTA – J. Food
JCR缩写刊名	CYTA – J FOOD
ISSN	1947 – 6337
每年出版期数	4
语种	SPANISH
所属国家/地区	ENGLAND
出版机构	TAYLOR & FRANCIS LTD
出版机构地址	4 PARK SQUARE, MILTON PARK, ABINGDON OX14 4RN, OXON, ENGLAND
JCR分区	Q3, 88/125
中科院分区	食品科技小类4区
期刊网址	http://www.tandfonline.com/toc/tcyt20/current#.Us – K4LJyje8

20. *CZECH JOURNAL OF FOOD SCIENCES* (IF0.728)

ISO缩写刊名	Czech. J. Food Sci.
JCR缩写刊名	CZECH J FOOD SCI
ISSN	1212 – 1800
每年出版期数	6
语种	ENGLISH
所属国家/地区	CZECH REPUBLIC
出版机构	CZECH ACAD AGRIC SCI
出版机构地址	TESNOV 17, PRAGUE 117 05, CZECH REPUBLIC
JCR分区	Q3, 93/125
中科院分区	食品科技小类4区
期刊网址	http://www.agriculturejournals.cz/web/cjfs.htm

21. *DAIRY SCIENCE & TECHNOLOGY* (IF1.435)

ISO缩写刊名	Dairy Sci. Technol.
JCR缩写刊名	DAIRY SCI TECHNOL
ISSN	1958 – 5586
每年出版期数	6
语种	ENGLISH
所属国家/地区	FRANCE
出版机构	SPRINGER FRANCE
出版机构地址	22 RUE DE PALESTRO, PARIS 75002, FRANCE
JCR分区	Q3, 64/125
中科院分区	食品科技小类4区
期刊网址	http://link.springer.com/journal/13594

22. *DEUTSCHE LEBENSMITTEL – RUNDSCHAU* (IF0.035)

ISO 缩写刊名	Dtsch. Lebensm. – Rundsch.
JCR 缩写刊名	DEUT LEBENSM – RUNDSCH
ISSN	0012 – 0413
每年出版期数	12
语种	MULTI – LANGUAGE
所属国家/地区	GERMANY
出版机构	B BEHES VERLAG GMBH & CO KG
出版机构地址	AVERHOFFSTRASSE 10, HAMBURG 22085, GERMANY
JCR 分区	Q4, 125/125
中科院分区	食品科技小类 4 区
期刊网址	http://www.dlr – online.de/

23. *EMIRATES JOURNAL OF FOOD AND AGRICULTURE* (IF0.623)

ISO 缩写刊名	Emir. J. Food Agric.
JCR 缩写刊名	EMIR J FOOD AGR
ISSN	2079 – 052X
每年出版期数	12
语种	ENGLISH
所属国家/地区	U ARAB EMIRATES
出版机构	UNITED ARAB EMIRATES UNIV
出版机构地址	P. O. BOX 17551, AL AIN, U ARAB EMIRATES
JCR 分区	Q4, 102/125
中科院分区	食品科技小类 4 区
期刊网址	http://www.ejfa.me/

24. *EUROPEAN FOOD RESEARCH AND TECHNOLOGY* (IF1.433)

ISO 缩写刊名	Eur. Food Res. Technol.
JCR 缩写刊名	EUR FOOD RES TECHNOL
ISSN	1438 – 2377
每年出版期数	12
语种	ENGLISH
所属国家/地区	GERMANY
出版机构	SPRINGER
出版机构地址	233 SPRING ST, NEW YORK, NY 10013
JCR 分区	Q3, 65/125
中科院分区	食品科技小类 4 区
期刊网址	http://link.springer.com/journal/217

25. *EUROPEAN JOURNAL OF LIPID SCIENCE AND TECHNOLOGY* (IF1.953)

ISO 缩写刊名	Eur. J. Lipid Sci. Technol.
JCR 缩写刊名	EUR J LIPID SCI TECH
ISSN	1438 – 7697
每年出版期数	12
语种	ENGLISH
所属国家/地区	GERMANY
出版机构	WILEY – BLACKWELL
出版机构地址	111 RIVER ST，HOBOKEN 07030 – 5774，NJ，
JCR 分区	Q2，42/125
中科院分区	食品科技小类 3 区
期刊网址	http：//onlinelibrary. wiley. com/journal/10. 1002/（ISSN）1438 – 9312

26. *FLAVOUR AND FRAGRANCE JOURNAL* (IF1.693)

ISO 缩写刊名	Flavour Frag. J.
JCR 缩写刊名	FLAVOUR FRAG J
ISSN	0882 – 5734
每年出版期数	6
语种	ENGLISH
所属国家/地区	ENGLAND
出版机构	WILEY – BLACKWELL
出版机构地址	111 RIVER ST，HOBOKEN 07030 – 5774，NJ，
JCR 分区	Q2，47/125
中科院分区	食品科技小类 3 区
期刊网址	http：//onlinelibrary. wiley. com/journal/10. 1002/（ISSN）1099 – 1026

27. *FLEISCHWIRTSCHAFT* (IF0.077)

ISO 缩写刊名	Fleischwirtschaft
JCR 缩写刊名	FLEISCHWIRTSCHAFT
ISSN	0015 – 363X
每年出版期数	12
语种	MULTI – LANGUAGE
所属国家/地区	GERMANY
出版机构	DEUTSCHER FACHVERLAG GMBH
出版机构地址	MAINZER LANDSTRASSE 251，60328 FRANKFURT MAIN，GERMANY
JCR 分区	Q4，123/125
中科院分区	食品科技小类 4 区
期刊网址	http：//ores. su/en/journals/fleischwirtschaft/

28. *FOOD & FUNCTION* (IF2.686)

ISO 缩写刊名	Food Funct.
JCR 缩写刊名	FOOD FUNCT
ISSN	2042 – 6496
每年出版期数	12
语种	ENGLISH
所属国家/地区	ENGLAND
出版机构	ROYAL SOC CHEMISTRY
出版机构地址	THOMAS GRAHAM HOUSE, SCIENCE PARK, MILTON RD, CAMBRIDGE CB4 0WF, CAMBS, ENGLAND
JCR 分区	Q1, 25/125
中科院分区	食品科技小类 2 区
期刊网址	http://pubs.rsc.org/en/journals/journalissues/fo#!recentarticles&all

29. *FOOD & NUTRITION RESEARCH* (IF3.226)

ISO 缩写刊名	Food Nutr. Res.
JCR 缩写刊名	FOOD NUTR RES
ISSN	1654 – 6628
每年出版期数	每年 1 卷，OA 期刊，单篇出版
语种	ENGLISH
所属国家/地区	SWEDEN
出版机构	CO – ACTION PUBLISHING
出版机构地址	RIPVAGEN 7, JARFALLA SE – 175 64, SWEDEN
JCR 分区	Q1, 16/125
中科院分区	食品科技小类 2 区
期刊网址	http://www.foodandnutritionresearch.net/index.php/fnr

30. *FOOD ADDITIVES & CONTAMINANTS PART B – SURVEILLANCE* (IF1.467)

ISO 缩写刊名	Food Addit. Contam. Part B – Surveill.
JCR 缩写刊名	FOOD ADDIT CONTAM B
ISSN	1939 – 3210
每年出版期数	4
语种	ENGLISH
所属国家/地区	ENGLAND
出版机构	TAYLOR & FRANCIS LTD
出版机构地址	4 PARK SQUARE, MILTON PARK, ABINGDON OX14 4RN, OXON, ENGLAND
JCR 分区	Q2, 62/125
中科院分区	食品科技小类 4 区
期刊网址	http://www.tandfonline.com/loi/tfab20#.UspQWLJyje8

31. *FOOD ADDITIVES AND CONTAMINANTS PART A – CHEMISTRY ANALYSIS CONTROL EXPOSURE & RISK ASSESSMENT* (IF1.878)

ISO缩写刊名	Food Addit. Contam. Part A – Chem.
JCR缩写刊名	FOOD ADDIT CONTAM A
ISSN	1944 – 0049
每年出版期数	12
语种	ENGLISH
所属国家/地区	ENGLAND
出版机构	TAYLOR & FRANCIS LTD
出版机构地址	4 PARK SQUARE, MILTON PARK, ABINGDON OX14 4RN, OXON, ENGLAND
JCR分区	Q2, 45/125
中科院分区	食品科技小类3区
期刊网址	http://www.tandfonline.com/action/authorSubmission?journalCode=tfac&page=instructions#.UsecZLJyje8

32. *FOOD ANALYTICAL METHODS* (IF2.167)

ISO缩写刊名	Food Anal. Meth.
JCR缩写刊名	FOOD ANAL METHOD
ISSN	1936 – 9751
每年出版期数	10
语种	ENGLISH
所属国家/地区	UNITED STATES
出版机构	SPRINGER
出版机构地址	233 SPRING ST, NEW YORK, NY 10013
JCR分区	Q2, 35/125
中科院分区	食品科技小类3区
期刊网址	http://link.springer.com/journal/12161

33. *FOOD AND AGRICULTURAL IMMUNOLOGY* (IF1.548)

ISO缩写刊名	Food Agric. Immunol.
JCR缩写刊名	FOOD AGR IMMUNOL
ISSN	0954 – 0105
每年出版期数	4
语种	ENGLISH
所属国家/地区	ENGLAND
出版机构	TAYLOR & FRANCIS LTD
出版机构地址	4 PARK SQUARE, MILTON PARK, ABINGDON OX14 4RN, OXON, ENGLAND
JCR分区	Q2, 56/125
中科院分区	食品科技小类4区
期刊网址	http://www.tandfonline.com/loi/cfai20#.UsubkrJyje8

34. *FOOD AND BIOPROCESS TECHNOLOGY* (IF2. 574)

ISO 缩写刊名	Food Bioprocess Technol.
JCR 缩写刊名	FOOD BIOPROCESS TECH
ISSN	1935 –5130
每年出版期数	12
语种	ENGLISH
所属国家/地区	UNITED STATES
出版机构	SPRINGER
出版机构地址	233 SPRING ST, NEW YORK, NY 10013
JCR 分区	Q1, 27/125
中科院分区	食品科技小类 2 区
期刊网址	http: //link. springer. com/journal/11947

35. *FOOD AND BIOPRODUCTS PROCESSING* (IF2. 687)

ISO 缩写刊名	Food Bioprod. Process.
JCR 缩写刊名	FOOD BIOPROD PROCESS
ISSN	0960 –3085
每年出版期数	4
语种	ENGLISH
所属国家/地区	ENGLAND
出版机构	INST CHEMICAL ENGINEERS
出版机构地址	165 –189 RAILWAY TERRACE, DAVIS BLDG, RUGBY CV21 3HQ, ENGLAND
JCR 分区	Q1, 24/125
中科院分区	食品科技小类 2 区
期刊网址	http: //www. journals. elsevier. com/food – and – bioproducts – processing/

36. *FOOD AND CHEMICAL TOXICOLOGY* (IF3. 584)

ISO 缩写刊名	Food Chem. Toxicol.
JCR 缩写刊名	FOOD CHEM TOXICOL
ISSN	0278 –6915
每年出版期数	12
语种	MULTI – LANGUAGE
所属国家/地区	ENGLAND
出版机构	PERGAMON – ELSEVIER SCIENCE LTD
出版机构地址	THE BOULEVARD, LANGFORD LANE, KIDLINGTON, OXFORD OX5 1GB, ENGLAND
JCR 分区	Q1, 13/125
中科院分区	食品科技小类 2 区
期刊网址	http: //www. journals. elsevier. com/food – and – chemical – toxicology/

37. *FOOD AND DRUG LAW JOURNAL* (IF0.578)

ISO缩写刊名	Food Drug Law J.
JCR缩写刊名	FOOD DRUG LAW J
ISSN	1064 - 590X
每年出版期数	4
语种	ENGLISH
所属国家/地区	UNITED STATES
出版机构	FOOD DRUG LAW INST
出版机构地址	1000 VERMONT AVE NW, SUITE 1200, WASHINGTON, DC 20005 - 4903
JCR分区	Q4, 103/125
中科院分区	食品科技小类4区
期刊网址	http://www.fdli.org/products - services/publications/become - an - author/food - and - drug - law - journal - author - guidelines - and - information

38. *FOOD AND NUTRITION BULLETIN* (IF1.543)

ISO缩写刊名	Food Nutr. Bull.
JCR缩写刊名	FOOD NUTR BULL
ISSN	0379 - 5721
每年出版期数	4
语种	ENGLISH
所属国家/地区	JAPAN
出版机构	SAGE PUBLICATIONS INC
出版机构地址	2455 TELLER RD, THOUSAND OAKS, CA 91320
JCR分区	Q2, 57/125
中科院分区	食品科技小类4区
期刊网址	http://fnb.sagepub.com/

39. *FOOD AUSTRALIA* (IF0.125)

ISO缩写刊名	Food Aust.
JCR缩写刊名	FOOD AUST
ISSN	1032 - 5298
每年出版期数	6
语种	ENGLISH
所属国家/地区	AUSTRALIA
出版机构	AUSTRALIAN INST FOOD SCIENCE TECHNOLOGY INC
出版机构地址	PO BOX 1303, WATERLOO D C, NSW 2017, AUSTRALIA
JCR分区	Q4, 121/125
中科院分区	食品科技小类4区
期刊网址	http://foodaust.com.au/

40. *FOOD BIOPHYSICS* (IF1.605)

ISO 缩写刊名	Food Biophys.
JCR 缩写刊名	FOOD BIOPHYS
ISSN	1557 – 1858
每年出版期数	4
语种	ENGLISH
所属国家/地区	UNITED STATES
出版机构	SPRINGER
出版机构地址	233 SPRING ST, NEW YORK, NY 10013
JCR 分区	Q2, 51/125
中科院分区	食品科技小类 3 区
期刊网址	http://link.springer.com/journal/11483

41. *FOOD BIOTECHNOLOGY* (IF0.814)

ISO 缩写刊名	Food Biotechnol.
JCR 缩写刊名	FOOD BIOTECHNOL
ISSN	0890 – 5436
每年出版期数	4
语种	ENGLISH
所属国家/地区	UNITED STATES
出版机构	TAYLOR & FRANCIS INC
出版机构地址	530 WALNUT STREET, STE 850, PHILADELPHIA, PA 19106
JCR 分区	Q3, 87/125
中科院分区	食品科技小类 4 区
期刊网址	http://www.tandfonline.com/toc/lfbt20/current#.Us – Mg7Jyje8

42. *FOOD CHEMISTRY* (IF4.052)

ISO 缩写刊名	Food Chem.
JCR 缩写刊名	FOOD CHEM
ISSN	0308 – 8146
每年出版期数	24
语种	ENGLISH
所属国家/地区	ENGLAND
出版机构	ELSEVIER SCI LTD
出版机构地址	THE BOULEVARD, LANGFORD LANE, KIDLINGTON, OXFORD OX5 1GB, OXON, ENGLAND
JCR 分区	Q1, 7/125
中科院分区	食品科技小类 1 区
期刊网址	http://www.journals.elsevier.com/food – chemistry/

43. *FOOD CONTROL* (IF3. 388)

ISO 缩写刊名	Food Control
JCR 缩写刊名	FOOD CONTROL
ISSN	0956－7135
每年出版期数	12
语种	ENGLISH
所属国家/地区	ENGLAND
出版机构	ELSEVIER SCI LTD
出版机构地址	THE BOULEVARD，LANGFORD LANE，KIDLINGTON，OXFORD OX5 1GB，OXON，ENGLAND
JCR 分区	Q1，15/125
中科院分区	食品科技小类2区
期刊网址	http：//www. journals. elsevier. com/food－control/

44. *FOOD ENGINEERING REVIEWS* (IF4. 375)

ISO 缩写刊名	Food Eng. Rev.
JCR 缩写刊名	FOOD ENG REV
ISSN	1866－7910
每年出版期数	4
语种	ENGLISH
所属国家/地区	UNITED STATES
出版机构	SPRINGER
出版机构地址	233 SPRING ST，NEW YORK，NY 10013
JCR 分区	Q1，6/125
中科院分区	食品科技小类2区
期刊网址	http：//link. springer. com/journal/12393

45. *FOOD HYDROCOLLOIDS* (IF3. 858)

ISO 缩写刊名	Food Hydrocolloids
JCR 缩写刊名	FOOD HYDROCOLLOID
ISSN	0268－005X
每年出版期数	6
语种	ENGLISH
所属国家/地区	UNITED STATES
出版机构	ELSEVIER SCI LTD
出版机构地址	THE BOULEVARD，LANGFORD LANE，KIDLINGTON，OXFORD OX5 1GB，OXON，ENGLAND
JCR 分区	Q1，9/125
中科院分区	食品科技小类1区
期刊网址	http：//www. journals. elsevier. com/food－hydrocolloids/

46. *FOOD HYGIENE AND SAFETY SCIENCE* (IF0.400)

ISO 缩写刊名	Food Hyg. Saf. Sci.
JCR 缩写刊名	FOOD HYG SAFE SCI
ISSN	0015 - 6426
每年出版期数	6
语种	JAPANESE
所属国家/地区	JAPAN
出版机构	FOOD HYG SOC JPN
出版机构地址	6 - 1 JINGU - MAE 2 - CHOME SHIBUYA - KU, TOKYO, JAPAN
JCR 分区	Q4, 110/125
中科院分区	食品科技小类 4 区
期刊网址	https: //www. jstage. jst. go. jp/browse/shokueishi/

47. *FOOD MICROBIOLOGY* (IF3.682)

ISO 缩写刊名	Food Microbiol.
JCR 缩写刊名	FOOD MICROBIOL
ISSN	0740 - 0020
每年出版期数	8
语种	ENGLISH
所属国家/地区	ENGLAND
出版机构	ACADEMIC PRESS LTD - ELSEVIER SCIENCE LTD
出版机构地址	24 - 28 OVAL RD, LONDON NW1 7DX, ENGLAND
JCR 分区	Q1, 12/125
中科院分区	食品科技小类 1 区
期刊网址	http: //www. journals. elsevier. com/food - microbiology/

48. *FOOD POLICY* (IF2.044)

ISO 缩写刊名	Food Policy
JCR 缩写刊名	FOOD POLICY
ISSN	0306 - 9192
每年出版期数	6
语种	ENGLISH
所属国家/地区	ENGLAND
出版机构	ELSEVIER SCI LTD
出版机构地址	THE BOULEVARD, LANGFORD LANE, KIDLINGTON, OXFORD OX5 1GB, OXON, ENGLAND
JCR 分区	Q2, 38/125
中科院分区	食品科技小类 3 区
期刊网址	http: //www. journals. elsevier. com/food - policy/

49. *FOOD QUALITY AND PREFERENCE* (IF3.688)

ISO 缩写刊名	Food. Qual. Prefer.
JCR 缩写刊名	FOOD QUAL PREFER
ISSN	0950 – 3293
每年出版期数	8
语种	ENGLISH
所属国家/地区	ENGLAND
出版机构	ELSEVIER SCI LTD
出版机构地址	THE BOULEVARD，LANGFORD LANE，KIDLINGTON，OXFORD OX5 1GB，OXON，ENGLAND
JCR 分区	Q1，11/125
中科院分区	食品科技小类2区
期刊网址	http：//www.journals.elsevier.com/food – quality – and – preference/

50. *FOOD RESEARCH INTERNATIONAL* (IF3.182)

ISO 缩写刊名	Food Res. Int.
JCR 缩写刊名	FOOD RES INT
ISSN	0963 – 9969
每年出版期数	10
语种	ENGLISH
所属国家/地区	UNITED STATES
出版机构	ELSEVIER SCIENCE BV
出版机构地址	PO BOX 211，1000 AE AMSTERDAM，NETHERLANDS
JCR 分区	Q1，18/125
中科院分区	食品科技小类2区
期刊网址	http：//www.journals.elsevier.com/food – research – international/

51. *FOOD REVIEWS INTERNATIONAL* (IF1.974)

ISO 缩写刊名	Food Rev. Int.
JCR 缩写刊名	FOOD REV INT
ISSN	8755 – 9129
每年出版期数	4
语种	ENGLISH
所属国家/地区	UNITED STATES
出版机构	TAYLOR & FRANCIS INC
出版机构地址	530 WALNUT STREET，STE 850，PHILADELPHIA，PA 19106
JCR 分区	Q2，40/125
中科院分区	食品科技小类3区
期刊网址	http：//www.tandfonline.com/toc/lfri20/current#.UsemObJyje8

52. *FOOD SCIENCE AND BIOTECHNOLOGY* (IF0.699)

ISO 缩写刊名	Food Sci. Biotechnol.
JCR 缩写刊名	FOOD SCI BIOTECHNOL
ISSN	1226 – 7708
每年出版期数	6
语种	ENGLISH
所属国家/地区	SOUTH KOREA
出版机构	KOREAN SOCIETY FOOD SCIENCE & TECHNOLOGY – KOSFOST
出版机构地址	#605，KOREA SCI TECHNOL CENT，635 – 4 YEOKSAM – DONG，KANGNAM – GU，SEOUL 135 – 703，SOUTH KOREA
JCR 分区	Q4，96/125
中科院分区	食品科技小类 4 区
期刊网址	http://www.fsnb.or.kr/

53. *FOOD SCIENCE AND TECHNOLOGY* (IF0.729)

ISO 缩写刊名	Food Sci. Technol.
JCR 缩写刊名	FOOD SCI TECH – BRAZIL
ISSN	0101 – 2061
每年出版期数	4
语种	ENGLISH
所属国家/地区	BRAZIL
出版机构	SOC BRASILEIRA CIENCIA TECNOLOGIA ALIMENTOS
出版机构地址	AV BRASIL 2880，CAXIA POSTAL 271 CEP 13001 – 970，CAMPINAS，SAO PAULO 00000，BRAZIL
JCR 分区	Q3，92/125
中科院分区	食品科技小类 4 区
期刊网址	http://www.scielo.br/cta

54. *FOOD SCIENCE AND TECHNOLOGY INTERNATIONAL* (IF0.991)

ISO 缩写刊名	Food Sci. Technol. Int.
JCR 缩写刊名	FOOD SCI TECHNOL INT
ISSN	1082 – 0132
每年出版期数	6
语种	MULTI – LANGUAGE
所属国家/地区	ENGLAND
出版机构	SAGE PUBLICATIONS LTD
出版机构地址	1 OLIVERS YARD，55 CITY ROAD，LONDON EC1Y 1SP，ENGLAND
JCR 分区	Q3，75/125
中科院分区	食品科技小类 4 区
期刊网址	http://fst.sagepub.com/content/current

55. *FOOD SCIENCE AND TECHNOLOGY RESEARCH* (IF0.357)

ISO 缩写刊名	Food Sci. Technol. Res.
JCR 缩写刊名	FOOD SCI TECHNOL RES
ISSN	1344 - 6606
每年出版期数	4
语种	ENGLISH
所属国家/地区	JAPAN
出版机构	KARGER
出版机构地址	ALLSCHWILERSTRASSE 10, CH - 4009 BASEL, SWITZERLAND
JCR 分区	Q4, 112/125
中科院分区	食品科技小类 4 区
期刊网址	http://www.karger.com/Journal/Home/227093#

56. *FOOD SECURITY* (IF1.557)

ISO 缩写刊名	Food Secur.
JCR 缩写刊名	FOOD SECUR
ISSN	1876 - 4517
每年出版期数	4
语种	ENGLISH
所属国家/地区	NETHERLANDS
出版机构	SPRINGER
出版机构地址	233 SPRING ST, NEW YORK, NY 10013
JCR 分区	Q2, 55/125
中科院分区	食品科技小类 3 区
期刊网址	http://link.springer.com/journal/12571

57. *FOOD TECHNOLOGY* (IF0.239)

ISO 缩写刊名	Food Technol.
JCR 缩写刊名	FOOD TECHNOL - CHICAGO
ISSN	0015 - 6639
每年出版期数	12
语种	ENGLISH
所属国家/地区	UNITED STATES
出版机构	INST FOOD TECHNOLOGISTS
出版机构地址	525 WEST VAN BUREN, STE 1000, CHICAGO, IL 60607 - 3814
JCR 分区	Q4, 116/125
中科院分区	食品科技小类 4 区
期刊网址	http://www.ift.org/food - technology.aspx

58. *FOOD TECHNOLOGY AND BIOTECHNOLOGY* (IF1.179)

ISO 缩写刊名	Food Technol. Biotechnol.
JCR 缩写刊名	FOOD TECHNOL BIOTECH
ISSN	1330 - 9862
每年出版期数	4
语种	ENGLISH
所属国家/地区	CROATIA
出版机构	FACULTY FOOD TECHNOLOGY BIOTECHNOLOGY
出版机构地址	UNIV ZAGREB, KACIECEVA 23, 41000 ZAGREB, CROATIA
JCR 分区	Q3, 69/125
中科院分区	食品科技小类 4 区
期刊网址	http://ftb.com.hr/

59. *FOODBORNE PATHOGENS AND DISEASE* (IF2.270)

ISO 缩写刊名	Foodborne Pathog. Dis.
JCR 缩写刊名	FOODBORNE PATHOG DIS
ISSN	1535 - 3141
每年出版期数	12
语种	ENGLISH
所属国家/地区	UNITED STATES
出版机构	MARY ANN LIEBERT INC
出版机构地址	140 HUGUENOT STREET, 3RD FL, NEW ROCHELLE, NY 10801
JCR 分区	Q2, 32/125
中科院分区	食品科技小类 3 区
期刊网址	http://www.liebertpub.com/fpd

60. *GLOBAL FOOD SECURITY - AGRICULTURE POLICY ECONOMICS AND ENVIRONMENT* (IF3.745)

ISO 缩写刊名	Glob. Food Secur. - Agric. Policy
JCR 缩写刊名	GLOB FOOD SECUR - AGR
ISSN	2211 - 9124
每年出版期数	4
语种	ENGLISH
所属国家/地区	NETHERLANDS
出版机构	ELSEVIER SCIENCE BV
出版机构地址	PO BOX 211, 1000 AE AMSTERDAM, NETHERLANDS
JCR 分区	Q1, 10/125
中科院分区	食品科技小类 1 区
期刊网址	http://www.journals.elsevier.com/global - food - security/

61. *GRASAS Y ACEITES* (IF0.827)

ISO 缩写刊名	Grasas Aceites
JCR 缩写刊名	GRASAS ACEITES
ISSN	0017－3495
每年出版期数	4
语种	MULTI－LANGUAGE
所属国家/地区	SPAIN
出版机构	INST GRASA SUS DERIVADOS
出版机构地址	AVDA－PADRE GARCIA TEJERO 4，41012 SEVILLE，SPAIN
JCR 分区	Q3，86/125
中科院分区	食品科技小类4区
期刊网址	http：//grasasyaceites. revistas. csic. es/index. php/grasasyaceites

62. *INNOVATIVE FOOD SCIENCE & EMERGING TECHNOLOGIES* (IF2.997)

ISO 缩写刊名	Innov. Food Sci. Emerg. Technol.
JCR 缩写刊名	INNOV FOOD SCI EMERG
ISSN	1466－8564
每年出版期数	4
语种	ENGLISH
所属国家/地区	NETHERLANDS
出版机构	ELSEVIER SCI LTD
出版机构地址	THE BOULEVARD，LANGFORD LANE，KIDLINGTON，OXFORD OX5 1GB，OXON，ENGLAND
JCR 分区	Q1，19/125
中科院分区	食品科技小类2区
期刊网址	http：//www. journals. elsevier. com/innovative－food－science－and－emerging－technologies/

63. *INTERNATIONAL DAIRY JOURNAL* (IF1.938)

ISO 缩写刊名	Int. Dairy J.
JCR 缩写刊名	INT DAIRY J
ISSN	0958－6946
每年出版期数	12
语种	ENGLISH
所属国家/地区	ENGLAND
出版机构	ELSEVIER SCI LTD
出版机构地址	THE BOULEVARD，LANGFORD LANE，KIDLINGTON，OXFORD OX5 1GB，OXON，ENGLAND
JCR 分区	Q2，43/125
中科院分区	食品科技小类3区
期刊网址	http：//www. journals. elsevier. com/international－dairy－journal/

64. *INTERNATIONAL JOURNAL OF DAIRY TECHNOLOGY* (IF0.912)

ISO 缩写刊名	Int. J. Dairy Technol.
JCR 缩写刊名	INT J DAIRY TECHNOL
ISSN	1364 – 727X
每年出版期数	4
语种	ENGLISH
所属国家/地区	ENGLAND
出版机构	WILEY – BLACKWELL
出版机构地址	111 RIVER ST，HOBOKEN 07030 – 5774，NJ，
JCR 分区	Q3，80/125
中科院分区	食品科技小类 4 区
期刊网址	http：//onlinelibrary. wiley. com/journal/10. 1111/ （ISSN） 1471 – 0307

65. *INTERNATIONAL JOURNAL OF FOOD ENGINEERING* (IF0.712)

ISO 缩写刊名	Int. J. Food Eng.
JCR 缩写刊名	INT J FOOD ENG
ISSN	2194 – 5764
每年出版期数	4
语种	ENGLISH
所属国家/地区	UNITED STATES
出版机构	WALTER DE GRUYTER GMBH
出版机构地址	GENTHINER STRASSE 13，D – 10785 BERLIN，GERMANY
JCR 分区	Q4，94/125
中科院分区	食品科技小类 4 区
期刊网址	http：//www. degruyter. com/view/j/ijfe. 2013. 9. issue – 1/ijfe – 2013 – masthead1/ijfe – 2013 – masthead1. xml

66. *INTERNATIONAL JOURNAL OF FOOD MICROBIOLOGY* (IF3.445)

ISO 缩写刊名	Int. J. Food Microbiol.
JCR 缩写刊名	INT J FOOD MICROBIOL
ISSN	0168 – 1605
每年出版期数	24
语种	ENGLISH
所属国家/地区	NETHERLANDS
出版机构	ELSEVIER SCIENCE BV
出版机构地址	PO BOX 211，1000 AE AMSTERDAM，NETHERLANDS
JCR 分区	Q1，14/125
中科院分区	食品科技小类 2 区
期刊网址	http：//www. journals. elsevier. com/international – journal – of – food – microbiology/

67. *INTERNATIONAL JOURNAL OF FOOD PROPERTIES* (IF1.586)

ISO 缩写刊名	Int. J. Food Prop.
JCR 缩写刊名	INT J FOOD PROP
ISSN	1094－2912
每年出版期数	10
语种	ENGLISH
所属国家/地区	UNITED STATES
出版机构	TAYLOR & FRANCIS INC
出版机构地址	530 WALNUT STREET，STE 850，PHILADELPHIA，PA 19106
JCR 分区	Q2，53/125
中科院分区	食品科技小类4区
期刊网址	http：//www. tandfonline. com/toc/ljfp20/current#. UspPY7Jyje8

68. *INTERNATIONAL JOURNAL OF FOOD SCIENCE AND TECHNOLOGY* (IF1.504)

ISO 缩写刊名	Int. J. Food Sci. Technol.
JCR 缩写刊名	INT J FOOD SCI TECH
ISSN	0950－5423
每年出版期数	12
语种	ENGLISH
所属国家/地区	ENGLAND
出版机构	WILEY－BLACKWELL
出版机构地址	111 RIVER ST，HOBOKEN 07030－5774，NJ，
JCR 分区	Q2，60/125
中科院分区	食品科技小类4区
期刊网址	http：//onlinelibrary. wiley. com/journal/10. 1111/（ISSN）1365－2621

69. *INTERNATIONAL JOURNAL OF FOOD SCIENCES AND NUTRITION* (IF1.451)

ISO 缩写刊名	Int. J. Food Sci. Nutr.
JCR 缩写刊名	INT J FOOD SCI NUTR
ISSN	0963－7486
每年出版期数	8
语种	ENGLISH
所属国家/地区	ENGLAND
出版机构	TAYLOR & FRANCIS LTD
出版机构地址	4 PARK SQUARE，MILTON PARK，ABINGDON OX14 4RN，OXON，ENGLAND
JCR 分区	Q3，63/125
中科院分区	食品科技小类4区
期刊网址	http：//informahealthcare. com/ijf

70. *INTERNATIONAL SUGAR JOURNAL* (IF0.181)

ISO 缩写刊名	Int. Sugar J.
JCR 缩写刊名	INT SUGAR J
ISSN	0020－8841
每年出版期数	12
语种	ENGLISH
所属国家/地区	WALES
出版机构	INT SUGAR JOURNAL LTD
出版机构地址	80 CALVERLEY, TUNBRIDGE WELLS, KENT TN1 2UN, WALES
JCR 分区	Q4, 118/125
中科院分区	食品科技小类 4 区
期刊网址	https://www.internationalsugarjournal.com/

71. *IRISH JOURNAL OF AGRICULTURAL AND FOOD RESEARCH* (IF0.706)

ISO 缩写刊名	Irish J. Agr. Food Res.
JCR 缩写刊名	IRISH J AGR FOOD RES
ISSN	0791－6833
每年出版期数	2
语种	ENGLISH
所属国家/地区	IRELAND
出版机构	TEAGASC
出版机构地址	OAK PARK, CARLOW 00000, IRELAND
JCR 分区	Q4, 95/125
中科院分区	食品科技小类 4 区
期刊网址	http://www.teagasc.ie/research/journal/

72. *ITALIAN JOURNAL OF FOOD SCIENCE* (IF0.504)

ISO 缩写刊名	Ital. J. Food Sci.
JCR 缩写刊名	ITAL J FOOD SCI
ISSN	1120－1770
每年出版期数	4
语种	MULTI－LANGUAGE
所属国家/地区	ITALY
出版机构	CHIRIOTTI EDITORI
出版机构地址	PO BOX 66, 10064 PINEROLO, ITALY
JCR 分区	Q4, 106/125
中科院分区	食品科技小类 4 区
期刊网址	http://www.chiriottieditori.it/index.php?option=com_content&view=article&id=625&Itemid=14&l

73. *JOURNAL FUR VERBRAUCHERSCHUTZ UND LEBENSMITTELSICHERHEIT – JOURNAL OF CONSUMER PROTECTION AND FOOD SAFETY* (IF0.402)

ISO 缩写刊名	J. Verbrauch. Lebensm.
JCR 缩写刊名	J VERBRAUCH LEBENSM
ISSN	1661 – 5751
每年出版期数	4
语种	GERMAN
所属国家/地区	SWITZERLAND
出版机构	SPRINGER BASEL AG
出版机构地址	PICASSOPLATZ 4，BASEL 4052，SWITZERLAND
JCR 分区	Q4，109/125
中科院分区	食品科技小类 4 区
期刊网址	http：//link. springer. com/journal/3

74. *JOURNAL INTERNATIONAL DES SCIENCES DE LA VIGNE ET DU VIN* (IF0.695)

ISO 缩写刊名	J. Int. Sci. Vigne Vin.
JCR 缩写刊名	J INT SCI VIGNE VIN
ISSN	1151 – 0285
每年出版期数	4
语种	MULTI – LANGUAGE
所属国家/地区	FRANCE
出版机构	VIGNE ET VIN PUBLICATIONS INT
出版机构地址	210 CHEMIN DE LEYSOTTE CS 50008，33882 VILLENAVE D ORNON，FRANCE
JCR 分区	Q4，97/125
中科院分区	食品科技小类 4 区
期刊网址	http：//www. jisvv. com/#

75. *JOURNAL OF AGRICULTURAL AND FOOD CHEMISTRY* (IF2.857)

ISO 缩写刊名	J. Agric. Food Chem.
JCR 缩写刊名	J AGR FOOD CHEM
ISSN	0021 – 8561
每年出版期数	26
语种	ENGLISH
所属国家/地区	UNITED STATES
出版机构	AMER CHEMICAL SOC
出版机构地址	1155 16TH ST，NW，WASHINGTON，DC 20036
JCR 分区	Q1 区，20/125
中科院分区	食品科技小类 2 区
期刊网址	http：//pubs. acs. org/journal/jafcau

76. *JOURNAL OF AOAC INTERNATIONAL* (IF0. 918)

ISO 缩写刊名	J. AOAC Int.
JCR 缩写刊名	J AOAC INT
ISSN	1060 – 3271
每年出版期数	6
语种	ENGLISH
所属国家/地区	UNITED STATES
出版机构	AOAC INT
出版机构地址	481 N FREDRICK AVE, STE 500, GAITHERSBURG, MD 20877 – 2504
JCR 分区	Q3, 78/125
中科院分区	食品科技小类 4 区
期刊网址	http: //www. ingentaconnect. com/content/aoac/jaoac

77. *JOURNAL OF AQUATIC FOOD PRODUCT TECHNOLOGY* (IF0. 673)

ISO 缩写刊名	J. Aquat. Food Prod. Technol.
JCR 缩写刊名	J AQUAT FOOD PROD T
ISSN	1049 – 8850
每年出版期数	6
语种	ENGLISH
所属国家/地区	UNITED STATES
出版机构	TAYLOR & FRANCIS INC
出版机构地址	530 WALNUT STREET, STE 850, PHILADELPHIA, PA 19106
JCR 分区	Q4, 99/125
中科院分区	食品科技小类 4 区
期刊网址	http: //www. tandfonline. com/toc/wafp20/current#. UsuaRbJyje8

78. *JOURNAL OF BIOSCIENCE AND BIOENGINEERING* (IF1. 964)

ISO 缩写刊名	J. Biosci. Bioeng.
JCR 缩写刊名	J BIOSCI BIOENG
ISSN	1389 – 1723
每年出版期数	12
语种	ENGLISH
所属国家/地区	JAPAN
出版机构	SOC BIOSCIENCE BIOENGINEERING JAPAN
出版机构地址	OSAKA UNIV, FACULTY ENGINEERING, 2 – 1 YAMADAOKA, SUITA, OSAKA 565 – 0871, JAPAN
JCR 分区	Q2, 41/125
中科院分区	食品科技小类 3 区
期刊网址	http: //www. journals. elsevier. com/journal – of – bioscience – and – bioengineering

79. *JOURNAL OF CEREAL SCIENCE* （IF2.402）

ISO 缩写刊名	J. Cereal Sci.
JCR 缩写刊名	J CEREAL SCI
ISSN	0733－5210
每年出版期数	6
语种	ENGLISH
所属国家/地区	ENGLAND
出版机构	ACADEMIC PRESS LTD－ELSEVIER SCIENCE LTD
出版机构地址	24－28 OVAL RD，LONDON NW1 7DX，ENGLAND
JCR 分区	Q1，30/125
中科院分区	食品科技小类 3 区
期刊网址	http：//www. journals. elsevier. com/journal－of－cereal－science/

80. *JOURNAL OF DAIRY RESEARCH* （IF1.500）

ISO 缩写刊名	J. Dairy Res.
JCR 缩写刊名	J DAIRY RES
ISSN	0022－0299
每年出版期数	4
语种	ENGLISH
所属国家/地区	ENGLAND
出版机构	CAMBRIDGE UNIV PRESS
出版机构地址	32 AVENUE OF THE AMERICAS，NEW YORK，NY 10013－2473
JCR 分区	Q2，61/125
中科院分区	食品科技小类 3 区
期刊网址	http：//journals. cambridge. org/action/displayJournal？jid＝DAR

81. *JOURNAL OF DAIRY SCIENCE* （IF2.408）

ISO 缩写刊名	J. Dairy Sci.
JCR 缩写刊名	J DAIRY SCI
ISSN	0022－0302
每年出版期数	12
语种	ENGLISH
所属国家/地区	UNITED STATES
出版机构	ELSEVIER SCIENCE INC
出版机构地址	360 PARK AVE SOUTH，NEW YORK，NY 10010－1710
JCR 分区	Q1，29/125
中科院分区	食品科技小类 2 区
期刊网址	http：//www. journals. elsevier. com/journal－of－dairy－science/

82. *JOURNAL OF ESSENTIAL OIL RESEARCH* (IF0.871)

ISO 缩写刊名	J. Essent. Oil Res.
JCR 缩写刊名	J ESSENT OIL RES
ISSN	1041 - 2905
每年出版期数	6
语种	ENGLISH
所属国家/地区	UNITED STATES
出版机构	TAYLOR & FRANCIS INC
出版机构地址	530 WALNUT STREET, STE 850, PHILADELPHIA, PA 19106
JCR 分区	Q3, 84/125
中科院分区	食品科技小类 4 区
期刊网址	http://www.tandfonline.com/toc/tjeo20/current#.Us-J7rJyje8

83. *JOURNAL OF FOOD AND DRUG ANALYSIS* (IF1.980)

ISO 缩写刊名	J. Food Drug Anal.
JCR 缩写刊名	J FOOD DRUG ANAL
ISSN	1021 - 9498
每年出版期数	4
语种	MULTI - LANGUAGE
所属国家/地区	TAIWAN
出版机构	FOOD & DRUG ADMINSTRATION
出版机构地址	161 - 2 KUNYANG STREET, NANGANG, TAIPEI 00000, TAIWAN
JCR 分区	Q2, 39/125
中科院分区	食品科技小类 4 区
期刊网址	http://www.journals.elsevier.com/journal-of-food-and-drug-analysis/

84. *JOURNAL OF FOOD AND NUTRITION RESEARCH* (IF1.676)

ISO 缩写刊名	J. Food Nutr. Res.
JCR 缩写刊名	J FOOD NUTR RES
ISSN	1336 - 8672
每年出版期数	4
语种	ENGLISH
所属国家/地区	SLOVAKIA
出版机构	VUP FOOD RESEARCH INST, BRATISLAVA
出版机构地址	PRIEMYSELNA 4, PO BOX 25, BRATISLAVA 26 SK - 824 75, SLOVAKIA
JCR 分区	Q2, 48/125
中科院分区	食品科技小类 4 区
期刊网址	http://www.vup.sk/en/index.php?start&language=en&mainID=2&navID=14

85. *JOURNAL OF FOOD BIOCHEMISTRY* (IF0. 832)

ISO缩写刊名	J. Food Biochem.
JCR缩写刊名	J FOOD BIOCHEM
ISSN	0145－8884
每年出版期数	6
语种	ENGLISH
所属国家/地区	UNITED STATES
出版机构	WILEY－BLACKWELL
出版机构地址	111 RIVER ST，HOBOKEN 07030－5774，NJ，
JCR分区	Q3，85/125
中科院分区	食品科技小类4区
期刊网址	http：//onlinelibrary. wiley. com/journal/10. 1111/（ISSN）1745－4514

86. *JOURNAL OF FOOD COMPOSITION AND ANALYSIS* (IF2. 780)

ISO缩写刊名	J. Food Compos. Anal.
JCR缩写刊名	J FOOD COMPOS ANAL
ISSN	0889－1575
每年出版期数	8
语种	ENGLISH
所属国家/地区	UNITED STATES
出版机构	ACADEMIC PRESS INC ELSEVIER SCIENCE
出版机构地址	525 B ST，STE 1900，SAN DIEGO，CA 92101－4495
JCR分区	Q1，22/125
中科院分区	食品科技小类2区
期刊网址	http：//www. journals. elsevier. com/journal－of－food－composition－and－analysis/

87. *JOURNAL OF FOOD ENGINEERING* (IF3. 199)

ISO缩写刊名	J. Food Eng.
JCR缩写刊名	J FOOD ENG
ISSN	0260－8774
每年出版期数	24
语种	MULTI－LANGUAGE
所属国家/地区	ENGLAND
出版机构	ELSEVIER SCI LTD
出版机构地址	THE BOULEVARD，LANGFORD LANE，KIDLINGTON，OXFORD OX5 1GB，OXON，ENGLAND
JCR分区	Q1，17/125
中科院分区	食品科技小类2区
期刊网址	http：//www. journals. elsevier. com/journal－of－food－engineering/

88. *JOURNAL OF FOOD MEASUREMENT AND CHARACTERIZATION* (IF0.521)

ISO 缩写刊名	J. Food Meas. Charact.
JCR 缩写刊名	J FOOD MEAS CHARACT
ISSN	1932-7587
每年出版期数	4
语种	ENGLISH
所属国家/地区	UNITED STATES
出版机构	SPRINGER
出版机构地址	233 SPRING ST, NEW YORK, NY 10013
JCR 分区	Q4, 105/125
中科院分区	食品科技小类 4 区
期刊网址	http://www.springer.com/food+science/journal/11694

89. *JOURNAL OF FOOD PROCESS ENGINEERING* (IF0.745)

ISO 缩写刊名	J. Food Process Eng.
JCR 缩写刊名	J FOOD PROCESS ENG
ISSN	0145-8876
每年出版期数	6
语种	ENGLISH
所属国家/地区	UNITED STATES
出版机构	WILEY-BLACKWELL
出版机构地址	111 RIVER ST, HOBOKEN 07030-5774, NJ,
JCR 分区	Q3, 90/125
中科院分区	食品科技小类 4 区
期刊网址	http://onlinelibrary.wiley.com/journal/10.1111/(ISSN)1745-4530

90. *JOURNAL OF FOOD PROCESSING AND PRESERVATION* (IF0.894)

ISO 缩写刊名	J. Food Process Preserv.
JCR 缩写刊名	J FOOD PROCESS PRES
ISSN	0145-8892
每年出版期数	6
语种	ENGLISH
所属国家/地区	UNITED STATES
出版机构	WILEY-BLACKWELL
出版机构地址	111 RIVER ST, HOBOKEN 07030-5774, NJ,
JCR 分区	Q3, 81/125
中科院分区	食品科技小类 4 区
期刊网址	http://onlinelibrary.wiley.com/journal/10.1111/(ISSN)1745-4549

91. *JOURNAL OF FOOD PROTECTION* （IF1.609）

ISO缩写刊名	J. Food Prot.
JCR缩写刊名	J FOOD PROTECT
ISSN	0362－028X
每年出版期数	12
语种	MULTI－LANGUAGE
所属国家/地区	UNITED STATES
出版机构	INT ASSOC FOOD PROTECTION
出版机构地址	6200 AURORA AVE SUITE 200W，DES MOINES，IA 50322－2863
JCR分区	Q2，50/125
中科院分区	食品科技小类3区
期刊网址	http：//www.foodprotection.org/publications/journal－of－food－protection/

92. *JOURNAL OF FOOD QUALITY* （IF0.755）

ISO缩写刊名	J. Food Qual.
JCR缩写刊名	J FOOD QUALITY
ISSN	0146－9428
每年出版期数	6
语种	ENGLISH
所属国家/地区	UNITED STATES
出版机构	WILEY－BLACKWELL
出版机构地址	111 RIVER ST，HOBOKEN 07030－5774，NJ，
JCR分区	Q3，89/125
中科院分区	食品科技小类4区
期刊网址	http：//onlinelibrary.wiley.com/journal/10.1111/（ISSN）1745－4557

93. *JOURNAL OF FOOD SAFETY* （IF0.915）

ISO缩写刊名	J. Food Saf.
JCR缩写刊名	J FOOD SAFETY
ISSN	0149－6085
每年出版期数	4
语种	ENGLISH
所属国家/地区	UNITED STATES
出版机构	WILEY－BLACKWELL
出版机构地址	111 RIVER ST，HOBOKEN 07030－5774，NJ，
JCR分区	Q3，79/125
中科院分区	食品科技小类4区
期刊网址	http：//onlinelibrary.wiley.com/journal/10.1111/（ISSN）1745－4565

94. *JOURNAL OF FOOD SAFETY AND FOOD QUALITY – ARCHIV FUR LEBENSMITTELHYGIENE* (IF0.083)

ISO 缩写刊名	J. Food Saf. Food Qual.
JCR 缩写刊名	J FOOD SAF FOOD QUAL
ISSN	0003 – 925X
每年出版期数	6
语种	MULTI – LANGUAGE
所属国家/地区	GERMANY（FED REP GER）
出版机构	M H SCHAPER GMBH CO KG
出版机构地址	BORSIGSTRASSE 5，POSTFACH 16 42，310460 ALFELD，GERMANY
JCR 分区	Q4，122/125
中科院分区	食品科技小类 4 区
期刊网址	http：//www. journal – food – safety. de/

95. *JOURNAL OF FOOD SCIENCE* (IF1.649)

ISO 缩写刊名	J. Food Sci.
JCR 缩写刊名	J FOOD SCI
ISSN	0022 – 1147
每年出版期数	12
语种	ENGLISH
所属国家/地区	UNITED STATES
出版机构	WILEY – BLACKWELL
出版机构地址	111 RIVER ST，HOBOKEN 07030 – 5774，NJ，
JCR 分区	Q2，49/125
中科院分区	食品科技小类 3 区
期刊网址	http：//onlinelibrary. wiley. com/journal/10. 1111/（ISSN）1750 – 3841

96. *JOURNAL OF FOOD SCIENCE AND TECHNOLOGY – MYSORE* (IF1.241)

ISO 缩写刊名	J. Food Sci. Technol. – Mysore
JCR 缩写刊名	J FOOD SCI TECH MYS
ISSN	0022 – 1155
每年出版期数	6
语种	ENGLISH
所属国家/地区	INDIA
出版机构	SPRINGER INDIA
出版机构地址	7TH FLOOR，VIJAYA BUILDING，17，BARAKHAMBA ROAD，NEW DELHI 110 001，INDIA
JCR 分区	Q3，68/125
中科院分区	食品科技小类 3 区
期刊网址	http：//www. springer. com/food + science/journal/13197

97. *JOURNAL OF FUNCTIONAL FOODS*

(IF3.973)

ISO 缩写刊名	J. Funct. Food.
JCR 缩写刊名	J FUNCT FOODS
ISSN	1756 -4646
每年出版期数	6
语种	ENGLISH
所属国家/地区	NETHERLANDS
出版机构	ELSEVIER SCIENCE BV
出版机构地址	PO BOX 211，1000 AE AMSTERDAM，NETHERLANDS
JCR 分区	Q1，8/125
中科院分区	食品科技小类1区
期刊网址	http：//www. journals. elsevier. com/journal - of - functional - foods/

98. *JOURNAL OF MEDICINAL FOOD*

(IF1.844)

ISO 缩写刊名	J. Med. Food
JCR 缩写刊名	J MED FOOD
ISSN	1096 -620X
每年出版期数	12
语种	ENGLISH
所属国家/地区	SOUTH KOREA
出版机构	MARY ANN LIEBERT INC
出版机构地址	140 HUGUENOT STREET，3RD FL，NEW ROCHELLE，NY 10801
JCR 分区	Q2，46/125
中科院分区	食品科技小类3区
期刊网址	http：//www. liebertpub. com/overview/journal - of - medicinal - food/38/

99. *JOURNAL OF OIL PALM RESEARCH*

(IF0.544)

ISO 缩写刊名	J. Oil Palm Res.
JCR 缩写刊名	J OIL PALM RES
ISSN	1511 -2780
每年出版期数	3
语种	ENGLISH
所属国家/地区	MALAYSIA
出版机构	MALAYSIAN PALM OIL BOARD
出版机构地址	PO BOX 10620，KUALA LUMPUR 50720，MALAYSIA
JCR 分区	Q4，104/125
中科院分区	食品科技小类4区
期刊网址	http：//jopr. mpob. gov. my/

100. *JOURNAL OF OLEO SCIENCE* (IF1.108)

ISO 缩写刊名	J. Oleo Sci.
JCR 缩写刊名	J OLEO SCI
ISSN	1345 - 8957
每年出版期数	12
语种	ENGLISH
所属国家/地区	JAPAN
出版机构	JAPAN OIL CHEMISTS SOC
出版机构地址	YUSHI KOGYO KAIKAN BLDG, 13 - 11, NIHONBASHI 3 - CHOME, CHUO - KU, TOKYO 103 - 0027, JAPAN
JCR 分区	Q3, 71/125
中科院分区	食品科技小类 4 区
期刊网址	https://www.jstage.jst.go.jp/browse/jos

101. *JOURNAL OF SENSORY STUDIES* (IF2.213)

ISO 缩写刊名	J. Sens. Stud.
JCR 缩写刊名	J SENS STUD
ISSN	0887 - 8250
每年出版期数	6
语种	ENGLISH
所属国家/地区	UNITED STATES
出版机构	WILEY - BLACKWELL
出版机构地址	111 RIVER ST, HOBOKEN 07030 - 5774, NJ,
JCR 分区	Q2, 33/125
中科院分区	食品科技小类 3 区
期刊网址	http://onlinelibrary.wiley.com/journal/10.1111/ (ISSN) 1745 - 459X

102. *JOURNAL OF TEXTURE STUDIES* (IF1.261)

ISO 缩写刊名	J. Texture Stud.
JCR 缩写刊名	J TEXTURE STUD
ISSN	0022 - 4901
每年出版期数	6
语种	ENGLISH
所属国家/地区	UNITED STATES
出版机构	WILEY - BLACKWELL
出版机构地址	111 RIVER ST, HOBOKEN 07030 - 5774, NJ,
JCR 分区	Q3, 67/125
中科院分区	食品科技小类 4 区
期刊网址	http://onlinelibrary.wiley.com/journal/10.1111/ (ISSN) 1745 - 4603

103. *JOURNAL OF THE AMERICAN OIL CHEMISTS SOCIETY* (IF1.505)

ISO缩写刊名	J. Am. Oil Chem. Soc.
JCR缩写刊名	J AM OIL CHEM SOC
ISSN	0003-021X
每年出版期数	12
语种	ENGLISH
所属国家/地区	UNITED STATES
出版机构	SPRINGER
出版机构地址	233 SPRING ST, NEW YORK, NY 10013
JCR分区	Q2, 59/125
中科院分区	食品科技小类3区
期刊网址	http://link.springer.com/journal/11746

104. *JOURNAL OF THE AMERICAN SOCIETY OF BREWING CHEMISTS* (IF0.492)

ISO缩写刊名	J. Am. Soc. Brew. Chem.
JCR缩写刊名	J AM SOC BREW CHEM
ISSN	0361-0470
每年出版期数	4
语种	ENGLISH
所属国家/地区	UNITED STATES
出版机构	AMER SOC BREWING CHEMISTS INC
出版机构地址	3340 PILOT KNOB RD, ST PAUL, MN 55121-2097
JCR分区	Q4, 107/125
中科院分区	食品科技小类4区
期刊网址	http://www.asbcnet.org/journal/toc.htm

105. *JOURNAL OF THE INSTITUTE OF BREWING* (IF1.017)

ISO缩写刊名	J. Inst. Brew.
JCR缩写刊名	J I BREWING
ISSN	0046-9750
每年出版期数	4
语种	ENGLISH
所属国家/地区	ENGLAND
出版机构	INST BREWING
出版机构地址	33 CLARGES STREET, LONDON W1Y 8EE, ENGLAND
JCR分区	Q3, 74/125
中科院分区	食品科技小类4区
期刊网址	http://onlinelibrary.wiley.com/journal/10.1002/(ISSN)2050-0416

106. *JOURNAL OF THE JAPANESE SOCIETY FOR FOOD SCIENCE AND TECHNOLOGY – NIPPON SHOKUHIN KAGAKU KOGAKU KAISHI* (IF0.054)

ISO 缩写刊名	J. Jpn. Soc. Food Sci. Technol. – Nippon Shokuhin Kagaku Kogaku Kaishi
JCR 缩写刊名	J JPN SOC FOOD SCI
ISSN	1341 – 027X
每年出版期数	12
语种	MULTI – LANGUAGE
所属国家/地区	JAPAN
出版机构	JAPAN SOC FOOD SCI TECHNOL
出版机构地址	2 – 1 – 12 KANNONDAI TSUKUBA – SHI，IBARAKI – KEN 305 – 8642，JAPAN
JCR 分区	Q4，124/125
中科院分区	食品科技小类 4 区
期刊网址	http：//www. jsfst. or. jp/nskkk/nskkk. html

107. *JOURNAL OF THE KOREAN SOCIETY FOR APPLIED BIOLOGICAL CHEMISTRY* (IF0.655)

ISO 缩写刊名	J. Korean Soc. Appl. Biol. Chem.
JCR 缩写刊名	J KOREAN SOC APPL BI
ISSN	1738 – 2203
每年出版期数	6
语种	KOREAN
所属国家/地区	SOUTH KOREA
出版机构	KOREAN SOC APPLIED BIOLOGICAL CHEMISTRY
出版机构地址	RM 803，KOREA SCIENCE & TECHNOLOGY CENTER，635 – 4 YEOGSAM – DONG，KANGNAM – GU，SEOUL 135 – 703，SOUTH KOREA
JCR 分区	Q4，100/125
中科院分区	食品科技小类 4 区
期刊网址	http：//link. springer. com/journal/13765

108. *JOURNAL OF THE SCIENCE OF FOOD AND AGRICULTURE* (IF2.076)

ISO 缩写刊名	J. Sci. Food Agric.
JCR 缩写刊名	J SCI FOOD AGR
ISSN	0022 – 5142
每年出版期数	15
语种	ENGLISH
所属国家/地区	ENGLAND
出版机构	WILEY – BLACKWELL
出版机构地址	111 RIVER ST，HOBOKEN 07030 – 5774，NJ，
JCR 分区	Q2，37/125
中科院分区	食品科技小类 3 区
期刊网址	http：//onlinelibrary. wiley. com/journal/10. 1002/（ISSN）1097 – 0010

109. *KOREAN JOURNAL FOR FOOD SCIENCE OF ANIMAL RESOURCES* (IF0.393)

ISO缩写刊名	Korean J. Food Sci. Anim. Resour.
JCR缩写刊名	KOREAN J FOOD SCI AN
ISSN	1225 – 8563
每年出版期数	6
语种	KOREAN
所属国家/地区	SOUTH KOREA
出版机构	KOREAN SOC FOOD SCIENCE ANIMAL RESOURCES
出版机构地址	615，COLL ANIMAL BIOSCIENCE & TECHNOLOGY，KONKUK UNIV，SEOUL 143 – 701，SOUTH KOREA
JCR分区	Q4，111/125
中科院分区	食品科技小类4区
期刊网址	http：//www. koreascience. or. kr/journal/AboutJournal. jsp？kojic = CSSPBQ

110. *LISTY CUKROVARNICKE A REPARSKE* (IF0.317)

ISO缩写刊名	Lis. Cukrov. Repar.
JCR缩写刊名	LISTY CUKROV REPAR
ISSN	1210 – 3306
每年出版期数	9
语种	MULTI – LANGUAGE
所属国家/地区	CZECH REPUBLIC
出版机构	LISTY CUKROVARNICKE REPARSKE
出版机构地址	V U C PRAHA，A. S.，U JEDNOTY 7，PRAGUE 142 00，CZECH REPUBLIC
JCR分区	Q4，114/125
中科院分区	食品科技小类4区
期刊网址	http：//ores. su/en/journals/listy – cukrovarnicke – a – reparske/

111. *LWT – FOOD SCIENCE AND TECHNOLOGY* (IF2.711)

ISO缩写刊名	LWT – Food Sci. Technol.
JCR缩写刊名	LWT – FOOD SCI TECHNOL
ISSN	0023 – 6438
每年出版期数	10
语种	ENGLISH
所属国家/地区	ENGLAND
出版机构	ELSEVIER SCIENCE BV
出版机构地址	PO BOX 211，1000 AE AMSTERDAM，NETHERLANDS
JCR分区	Q1区，23/125
中科院分区	食品科技小类2区
期刊网址	http：//www. journals. elsevier. com/lwt – food – science – and – technology/

112. *MEAT SCIENCE* (IF2. 801)

ISO 缩写刊名	Meat Sci.
JCR 缩写刊名	MEAT SCI
ISSN	0309 – 1740
每年出版期数	12
语种	ENGLISH
所属国家/地区	ENGLAND
出版机构	ELSEVIER SCI LTD
出版机构地址	THE BOULEVARD, LANGFORD LANE, KIDLINGTON, OXFORD OX5 1GB, OXON, ENGLAND
JCR 分区	Q1, 21/125
中科院分区	食品科技小类 2 区
期刊网址	http://www. journals. elsevier. com/meat – science/

113. *MITTEILUNGEN KLOSTERNEUBURG* (IF0. 176)

ISO 缩写刊名	Mitt. Klosterneubg.
JCR 缩写刊名	MITT KLOSTERNEUBURG
ISSN	0007 – 5922
每年出版期数	6
语种	MULTI – LANGUAGE
所属国家/地区	AUSTRIA
出版机构	HOEHERE BUNDESLEHRANSTALT UND BUNDESAMT FUER WEIN – UND OBST
出版机构地址	WEINER STRASSE 74, KLOSTERNEUBURG 00000, AUSTRIA
JCR 分区	Q4, 119/125
中科院分区	食品科技小类 4 区
期刊网址	http://mitt – klosterneuburg. com/

114. *MOLECULAR NUTRITION & FOOD RESEARCH* (IF4. 551)

ISO 缩写刊名	Mol. Nutr. Food Res.
JCR 缩写刊名	MOL NUTR FOOD RES
ISSN	1613 – 4125
每年出版期数	12
语种	ENGLISH
所属国家/地区	GERMANY
出版机构	WILEY – BLACKWELL
出版机构地址	111 RIVER ST, HOBOKEN 07030 – 5774, NJ,
JCR 分区	Q1, 5/125
中科院分区	食品科技小类 1 区
期刊网址	http://onlinelibrary. wiley. com/journal/10. 1002/ (ISSN) 1613 – 4133

115. *NATURAL PRODUCT COMMUNICATIONS* (IF0.884)

ISO缩写刊名	Nat. Prod. Commun.
JCR缩写刊名	NAT PROD COMMUN
ISSN	1934-578X
每年出版期数	12
语种	ENGLISH
所属国家/地区	UNITED STATES
出版机构	NATURAL PRODUCTS INC
出版机构地址	7963 ANDERSON PARK LN, WESTERVILLE, OH 43081
JCR分区	Q3, 83/125
中科院分区	食品科技小类4区
期刊网址	http://www.naturalproduct.us/

116. *PACKAGING TECHNOLOGY AND SCIENCE* (IF1.292)

ISO缩写刊名	Packag. Technol. Sci.
JCR缩写刊名	PACKAG TECHNOL SCI
ISSN	0894-3214
每年出版期数	12
语种	ENGLISH
所属国家/地区	ENGLAND
出版机构	WILEY-BLACKWELL
出版机构地址	111 RIVER ST, HOBOKEN 07030-5774, NJ,
JCR分区	Q3, 66/125
中科院分区	食品科技小类3区
期刊网址	http://onlinelibrary.wiley.com/journal/10.1002/(ISSN)1099-1522

117. *PLANT FOODS FOR HUMAN NUTRITION* (IF2.276)

ISO缩写刊名	Plant Food Hum. Nutr.
JCR缩写刊名	PLANT FOOD HUM NUTR
ISSN	0921-9668
每年出版期数	4
语种	ENGLISH
所属国家/地区	NETHERLANDS
出版机构	SPRINGER
出版机构地址	VAN GODEWIJCKSTRAAT 30, 3311 GZ DORDRECHT, NETHERLANDS
JCR分区	Q1, 31/125
中科院分区	食品科技小类3区
期刊网址	http://www.springer.com/food+science/journal/11130

118. *POLISH JOURNAL OF FOOD AND NUTRITION SCIENCES* (IF0.679)

ISO 缩写刊名	Pol. J. food Nutr. Sci.
JCR 缩写刊名	POL J FOOD NUTR SCI
ISSN	1230 - 0322
每年出版期数	4
语种	ENGLISH
所属国家/地区	POLAND
出版机构	DE GRUYTER OPEN LTD
出版机构地址	BOGUMILA ZUGA 32A ST, 01 - 811 WARSAW, POLAND
JCR 分区	Q4, 98/125
中科院分区	食品科技小类 4 区
期刊网址	http://www.degruyter.com/view/j/pjfns

119. *POSTHARVEST BIOLOGY AND TECHNOLOGY* (IF2.618)

ISO 缩写刊名	Postharvest Biol. Technol.
JCR 缩写刊名	POSTHARVEST BIOL TEC
ISSN	0925 - 5214
每年出版期数	12
语种	ENGLISH
所属国家/地区	NETHERLANDS
出版机构	ELSEVIER SCIENCE BV
出版机构地址	PO BOX 211, 1000 AE AMSTERDAM, NETHERLANDS
JCR 分区	Q1, 26/125
中科院分区	食品科技小类 2 区
期刊网址	http://www.journals.elsevier.com/postharvest-biology-and-technology/

120. *QUALITY ASSURANCE AND SAFETY OF CROPS & FOODS* (IF0.624)

ISO 缩写刊名	Qual. Assur. Saf. Crop. Foods
JCR 缩写刊名	QUAL ASSUR SAF CROP
ISSN	1757 - 8361
每年出版期数	4
语种	ENGLISH
所属国家/地区	ENGLAND
出版机构	WAGENINGEN ACADEMIC PUBLISHERS
出版机构地址	PO BOX 220, WAGENINGEN 6700 AE, NETHERLANDS
JCR 分区	Q4, 101/125
中科院分区	食品科技小类 4 区
期刊网址	http://www.wageningenacademic.com/qas

121. *RIVISTA ITALIANA DELLE SOSTANZE GRASSE* (IF0. 159)

ISO 缩写刊名	Riv. Ital. Sostanze Grasse
JCR 缩写刊名	RIV ITAL SOSTANZE GR
ISSN	0035 –6808
每年出版期数	4
语种	ENGLISH
所属国家/地区	ITALY
出版机构	SERVIZI EDITORIALI ASSOC SRL
出版机构地址	VIA ADAMO DEL PERO, 6, COMO 22100, ITALY
JCR 分区	Q4, 120/125
中科院分区	食品科技小类4区
期刊网址	http: //www. ssog. it/risg_ indice. php

122. *SOUTH AFRICAN JOURNAL OF ENOLOGY AND VITICULTURE* (IF0. 922)

ISO 缩写刊名	S. Afr. J. Enol. Vitic.
JCR 缩写刊名	S AFR J ENOL VITIC
ISSN	0253 –939X
每年出版期数	2
语种	ENGLISH
所属国家/地区	SOUTH AFRICA
出版机构	SOUTH AFRICAN SOC ENOLOGY & VITICULTURE –SASEV
出版机构地址	DENNESIG, P. O. BOX 2092, STELLENBOSCH 00000, SOUTH AFRICA
JCR 分区	Q3, 77/125
中科院分区	食品科技小类4区
期刊网址	http: //www. sasev. org/journal/sajev –online/? id =20

123. *STARCH –STARKE* (IF1. 523)

ISO 缩写刊名	Starch –Starke
JCR 缩写刊名	STARCH –STARKE
ISSN	0038 –9056
每年出版期数	12
语种	MULTI –LANGUAGE
所属国家/地区	GERMANY
出版机构	WILEY –V C H VERLAG GMBH
出版机构地址	POSTFACH 101161, 69451 WEINHEIM, GERMANY
JCR 分区	Q2, 58/125
中科院分区	食品科技小类3区
期刊网址	http: //onlinelibrary. wiley. com/journal/10. 1002/ (ISSN) 1521 –379X

124. *SUGAR INDUSTRY – ZUCKERINDUSTRIE* (IF0. 250)

ISO 缩写刊名	Sugar Ind.
JCR 缩写刊名	SUGAR IND
ISSN	0344 – 8657
每年出版期数	12
语种	MULTI – LANGUAGE
所属国家/地区	GERMANY
出版机构	VERLAG DR ALBERT BARTENS
出版机构地址	LUCKHOFFSTRASSE 16, D – 14129 BERLIN 38, GERMANY
JCR 分区	Q4, 115/125
中科院分区	食品科技小类 4 区
期刊网址	http://www.sugarindustry.info/index.php? id = 1783

125. *TRENDS IN FOOD SCIENCE & TECHNOLOGY* (IF5. 150)

ISO 缩写刊名	Trends Food Sci. Technol.
JCR 缩写刊名	TRENDS FOOD SCI TECH
ISSN	0924 – 2244
每年出版期数	12
语种	ENGLISH
所属国家/地区	ENGLAND
出版机构	ELSEVIER SCIENCE LONDON
出版机构地址	84 THEOBALDS RD, LONDON WC1X 8RR, ENGLAND
JCR 分区	Q1, 3/125
中科院分区	食品科技小类 1 区
期刊网址	http://www.journals.elsevier.com/trends – in – food – science – and – technology/

附录3　中外食品科技期刊投稿须知范例

一、《食品科学》

1. 所有稿件用《食品科学》投稿模板规范，新投稿和修改稿都请用 WORD 格式提交，不接收 PDF、压缩包以及其他格式的稿件。我刊自 2012 年 1 月 1 日起实现稿件双盲审制，请作者在投稿时将作者名、作者单位、作者简介等信息全部隐去，文章终审后可以退修的稿件再补充作者信息。

2. 稿件要求论点明确，论据可靠，数据准确，文字通顺、简练。

3. 引用他人成果时，请按《著作权法》有关规定说明出处。内容应未曾发表过或被其他出版物刊载过，且无一稿两投。英文稿件可接收，投稿时请附中文原文。

4. 作者投稿同时附上论文说明，内容包括（1）本研究的理论和学术水平，实用价值等；解决的关键问题或有何创新；（2）对领域较新内容的论文，可介绍 4 ~ 5 名国内外同行专家（回避与作者有关者）的有关研究情况，如涉及学术观点有分歧的内容时，可声明需回避的审稿专家。

5. 稿件要求一般研究论文不少于 5000 字，不超过 10000 字，综述论文不少于 7000 字，不超过 15000 字，须有 200 ~ 300 字的中、英文摘要和 5 ~ 8 个关键词，表题、图题请用中英文对照。摘要应具有独立性和自含性，不应出现图、表、数学公式、化学结构式和非公知公用的符号、术语和缩略语；摘要内容应包括研究目的、方法、结果和结论；综述性、评论性文章可写指示性摘要。

6. 凡属于重大科技获奖的论文和国家级省部级资助项目的研究报告、论文，请来稿注明批准号，我刊将优先刊登。

7. 来稿内容涉及配方时，须写明配料的名称和配比，勿用代号；工艺过程要完整，不要省略；插图、表格需放在正文的相应地方，不要集中；引用图表要有出处，计量要用法定单位。

8. 文稿中的参考文献一般研究论文约 30 篇参考文献，不可少于 25 篇，综述论文不少于 45 篇参考文献。研究性论文和综述文近 5 年文献均不少于参考文献总数的一半，外文文献不少于 8 篇，其格式请参照 GB/T 7714—2015《信息与文献　参考文献著录规则》，表达方式如下：

期刊：主要责任者．文献题名［J］．刊名，年，卷（期）：起止页码．

书籍：主要责任者．文献题名［文献类型标识］．出版地：出版者，出版年．

起止页码（任选）.

文献类型标识的符号为：M. 专著、C. 论文集、N. 报纸文章、J. 期刊文章、D. 学位论文、R. 报告、S. 标准、P. 专利。

9. 稿件请标注中图分类号和文献标志码。在英文关键词的下方，按《中国图书馆分类法》(第4版）给出本篇文章的“中图分类号”。文章一般标识1个分类号，多个主题的文章可标识2个或3个分类号；主分类号排在第一位，多个分类号之间以分号分隔。

文献标志码共设以下5种：A，理论与应用研究学术论文（包括综述报告）；B，实用性技术成果报告；C，业务指导与技术管理性文章（包括领导讲话、特约评论等）；D，一般动态性信息；E，文件、资料。

我刊内容一般为A、B两类。

10. 来稿请注明详细地址和电话，便于通知联系。从网站投稿系统投送稿件时，稿件上传后，请务必点击“立即提交”，否则稿件将存在自己的草稿箱内，编辑部不能登记。

11. 稿件投递一律采用网络采编系统，请登陆我刊网站（http：//www.chnfood. cn/），点击作者投稿，注册并投稿；审稿阶段及结果，也请登陆网站点击作者查稿，查询您的稿件处理情况。

如文章需要修改请从作者查稿中点击投修改稿，但必须是稿件处于退修阶段才能提交修改稿。

12. 本刊特别声明：不接受一稿多投、雷同稿，要求论文反映的信息及学术成果须为作者原创、未公开发表过的论文，已作为会议论文、学位论文公开的稿件以及以外文形式在海外期刊发表后再翻译的中文稿我刊不再发表。

稿件一经被本刊录用，将随本刊在相关网络媒体传播，并在纸质期刊发表时一次性支付稿酬，不同意的作者请在投稿时向编辑部声明。

另外，我刊已实现对所有来稿的文字复制比对工作，若文字复制比超过30%的稿件我刊将不予采用。

联系电话：010－83155446/47/48/49/50
QQ咨询：428163330　227340621
传真：010－83155436
《食品科学》编辑部
通讯地址：北京市西城区禄长街头条4号《食品科学》编辑部
邮政编码：100050
银行汇款：
账户：中国食品杂志社　开户行：工行阜外大街支行
账号：0200049209024922112
e－mail：foodsci@126. com

二、FOOD CHEMISTRY

AUTHOR INFORMATION PACK

TABLE OF CONTENTS

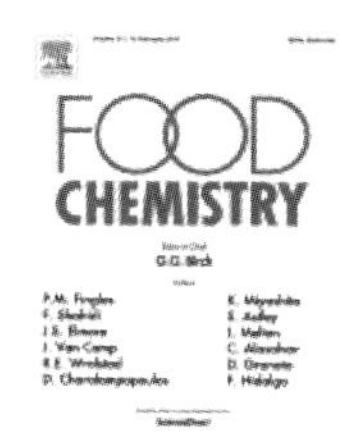

ISSN: 0308-8146

DESCRIPTION

Food Chemistry publishes original research papers dealing with the advancement of the **chemistry** and **biochemistry** of **foods** or the analytical methods/ approach used. All papers should focus on the novelty of the research carried out.

Topics include:

- Chemistry relating to major and minor **components of food**, their nutritional, physiological, sensory, flavour and microbiological aspects;

- **Bioactive constituents** of foods, including antioxidants, phytochemicals, and botanicals. Data must accompany sufficient discussion to demonstrate their relevance to food and/or food chemistry;

- Chemical and biochemical composition and structure changes in molecules induced by processing, distribution and domestic conditions;

- **Effects of processing** on the composition, quality and safety of foods, other bio-based materials, by-products, and processing wastes;

-Chemistry of **food additives**, **contaminants**, and other agro-chemicals, together with their metabolism, toxicology and food fate.

Analytical papers related to the microbiological, sensory, nutritional, physiological, authenticity and origin aspects of food. Papers should be primarily concerned with new or novel methods (especially instrumental or rapid) provided adequate validation is described including sufficient data from real samples to demonstrate robustness. Papers dealing with significant improvements to existing methods, or data from application of existing methods to new foods, or commodities produced in unreported geographical areas, will also be considered.

- Methods for the determination of both major and minor components of food especially nutrients and non-nutrient bioactive compounds (with putative health benefits) will be considered.

- Results of method inter-comparison studies and development of food reference materials for use in the assay of food components;

- Methods concerned with the chemical forms in food, nutrient bioavailability and nutritional status;

– General authentication and origin [e.g. Country of Origin Labelling (COOL), Protected Designation of Origin (PDO), Protected Geographical Indication (PGI), Certificate of Specific Character (CSC)] determination of foods (both geographical and production including commodity substitution, and verification of organic, biological and ecological labelling) providing sufficient data from authentic samples should be included to ensure that interpretations are meaningful.

Food Chemistry will not consider papers that focus on purely clinical or engineering aspects without any contribution to chemistry; pharmaceutical or non-food herbal remedies; traditional or folk medicines; or survey/surveillance data.

Papers on therapeutic application of food compounds/isolates for treatment, cure or prevention of human diseases will not be considered for inclusion in Food Chemistry.

AUDIENCE

Food technologists, scientists and chemists

IMPACT FACTOR

2015: 4.052 © Thomson Reuters Journal Citation Reports 2016

ABSTRACTING AND INDEXING

BIOSIS
Chemical Abstracts
Chemical Engineering Biotechnology Abstracts
Current Contents
EMBASE
FSTA (Food Science and Technology Abstracts)
Nutrition Abstracts
Publications in Food Microbiology
SCISEARCH
Science Citation Index
CAB Abstracts
Sociedad Iberoamericana de Informacion Cientifica (SIIC) Data Bases
Scopus
Global Health
EMBiology

EDITORIAL BOARD

GUIDE FOR AUTHORS

INTRODUCTION

Ten essential rules to ensure your manuscript is handled promptly

The manuscript fits the Aims and Scope of the journal (http://www.journals.elsevier. com/food-chemistry) Manuscript is in accordance with ARTICLE TYPE - GUIDELINES (http: // www. elsevier. com/journals/food-chemistry/0308-8146/guide-for-authors#14000) The text is written in good English. Authors who feel their manuscript may require editing to conform to correct scientific English may wish to use an English Language Editing service such as the one available from Elsevier's WebShop (http://webshop.elsevier.com/languageediting/). Manuscript text is divided into numbered sections; line and page numbers are added and text is double spaced An ethical statement is required for experiments involving humans or animals Conflict of interest statement is included at the end of the manuscript The number of figures and tables combined does not exceed a total of 6; additional tables and figures can be submitted as supplementary material. All relevant references should be provided in the Reference list. Cover letter is prepared, introducing your article and explaining the novelty of the research Highlights are prepared (a birds' eye view of your article in 3-5 points, 85 characters each)

Submission checklist

Checklist can also be downloaded here

1) Study contents:

The Authors should ensure that The manuscript fits within Aims & Scope of Food Chemistry. The research is **novel** and has **not been published previously** - please see "Responsible research publication: international standards for authors" from COPE for more information http://publicationethics.org/files/International%20standards_authors_for%20website_11_Nov_2011_0.pdf **Ethical consent** has been obtained in case of work on animals and/or humans.

2) Manuscript preparation:

The Authors should ensure that The number of words and of figures/tables is within limits: • Research article: 7500 words, 6 tables and figures combined
• Review article: 10 000 words, 6 tables and figures combined
• Short communication: 3000 words, 6 tables and figures combined More tables and figures? Submit as supplementary material The **title page** contains title, author names, affiliations and corresponding author telephone. **Email addresses are required for ALL authors. Authors must provide and use an e-mail address unique to themselves and not one that is shared with another author registered in EES, or a department**. The **highlights** are provided (3-5 bullet points, max 85 characters each including spaces). The manuscript contains a **conflict of interest** statement (before references) The language follows the requirements of the Guide for Authors . The formatting of the manuscript follows the requirements of the Guide for Authors . Continuous **line numbering** is provided throughout the manuscript (including captions and references); **page numbering** is provided. All relevant references are provided in alphabetical order Figures and tables (6 combined) include clear **labels** and are prepared as **individual files.** The manuscript contains appropriate **ethical approval** and **informed consent** (if applicable, include statement). **3) Before submission: Manuscript** file is provided as a Microsoft Word file. Figures and tables are provided as **individual files** A **cover letter** is included. 3 or more suggested **reviewers** are provided (including affiliation and professional email address), **at least 2 of which are from a different country than the Authors. Keywords** are provided.

Now you are ready to submit at http://ees.elsevier.com/foodchem

Types of paper

Original research papers; review articles; rapid communications; short communications; viewpoints; letters to the Editor; book reviews.
1.Research papers - original full-length research papers which have not been published previously, except in a preliminary form, and should not exceed 7,500 words (including no more than 6 tables - additional tables and figures can be submitted as supplementary material). Research papers should not contain more than 40 references.

2.Review articles - will be accepted in areas of topical interest, will normally focus on literature published over the previous five years, and should not exceed 10,000 words (including allowance for no more than 6 tables and illustrations). Review articles should not contain more than 80 references.) If it is felt absolutely necessary to exceed this number, please contact the editorial office for advice before submission.
3.Rapid communications - an original research paper reporting a major scientific result or finding with significant implications for the research community, designated by the Editor.
4.Short communications - Short communications of up to 3000 words, describing work that may be of a preliminary nature but which merits immediate publication. These papers should not contain more than 30 references.
5.Viewpoints - Authors may submit viewpoints of about 1200 words on any subject covered by the Aims and Scope.
6.Letters to the Editor - Letters are published from time to time on matters of topical interest.
7.Book reviews

BEFORE YOU BEGIN

Ethics in publishing

Please see our information pages on Ethics in publishing and Ethical guidelines for journal publication. Another useful source of guidance is "Responsible research publication: international standards for authors" from COPE (http://publicationethics.org/files/International%20standards_authors_for%20website_11_Nov_2011_0.pdf)

Guidelines in the US and Canada, Europe and Australia specifically state that hypothermia (use of ice slurries) is not an acceptable method for killing fish in the research environment.

Declaration of interest

All authors are requested to disclose any actual or potential conflict of interest including any financial, personal or other relationships with other people or organizations within three years of beginning the submitted work that could inappropriately influence, or be perceived to influence, their work. More information.

Submission declaration and verification

Submission of an article implies that the work described has not been published previously (except in the form of an abstract or as part of a published lecture or academic thesis or as an electronic preprint, see 'Multiple, redundant or concurrent publication' section of our ethics policy for more information), that it is not under consideration for publication elsewhere, that its publication is approved by all authors and tacitly or explicitly by the responsible authorities where the work was carried out, and that, if accepted, it will not be published elsewhere in the same form, in English or in any other language, including electronically without the written consent of the copyright-holder. To verify originality, your article may be checked by the originality detection service CrossCheck.

Changes to authorship

Authors are expected to consider carefully the list and order of authors **before** submitting their manuscript and provide the definitive list of authors at the time of the original submission. Any addition, deletion or rearrangement of author names in the authorship list should be made only **before** the manuscript has been accepted and only if approved by the journal Editor. To request such a change, the Editor must receive the following from the **corresponding author**: (a) the reason for the change in author list and (b) written confirmation (e-mail, letter) from all authors that they agree with the addition, removal or rearrangement. In the case of addition or removal of authors, this includes confirmation from the author being added or removed.
Only in exceptional circumstances will the Editor consider the addition, deletion or rearrangement of authors **after** the manuscript has been accepted. While the Editor considers the request, publication of the manuscript will be suspended. If the manuscript has already been published in an online issue, any requests approved by the Editor will result in a corrigendum.

Copyright

Upon acceptance of an article, authors will be asked to complete a 'Journal Publishing Agreement' (see more information on this). An e-mail will be sent to the corresponding author confirming receipt of the manuscript together with a 'Journal Publishing Agreement' form or a link to the online version of this agreement.

Subscribers may reproduce tables of contents or prepare lists of articles including abstracts for internal circulation within their institutions. Permission of the Publisher is required for resale or distribution outside the institution and for all other derivative works, including compilations and translations. If excerpts from other copyrighted works are included, the author(s) must obtain written permission from the copyright owners and credit the source(s) in the article. Elsevier has preprinted forms for use by authors in these cases.

For open access articles: Upon acceptance of an article, authors will be asked to complete an 'Exclusive License Agreement' (more information). Permitted third party reuse of open access articles is determined by the author's choice of user license.

Author rights
As an author you (or your employer or institution) have certain rights to reuse your work. More information.

Elsevier supports responsible sharing
Find out how you can share your research published in Elsevier journals.

Role of the funding source
You are requested to identify who provided financial support for the conduct of the research and/or preparation of the article and to briefly describe the role of the sponsor(s), if any, in study design; in the collection, analysis and interpretation of data; in the writing of the report; and in the decision to submit the article for publication. If the funding source(s) had no such involvement then this should be stated.

Funding body agreements and policies
Elsevier has established a number of agreements with funding bodies which allow authors to comply with their funder's open access policies. Some funding bodies will reimburse the author for the Open Access Publication Fee. Details of existing agreements are available online.

Open access
This journal offers authors a choice in publishing their research:

Open access
• Articles are freely available to both subscribers and the wider public with permitted reuse.
• An open access publication fee is payable by authors or on their behalf, e.g. by their research funder or institution.
Subscription
• Articles are made available to subscribers as well as developing countries and patient groups through our universal access programs.
• No open access publication fee payable by authors.

Regardless of how you choose to publish your article, the journal will apply the same peer review criteria and acceptance standards.

For open access articles, permitted third party (re)use is defined by the following Creative Commons user licenses:

Creative Commons Attribution (CC BY)
Lets others distribute and copy the article, create extracts, abstracts, and other revised versions, adaptations or derivative works of or from an article (such as a translation), include in a collective work (such as an anthology), text or data mine the article, even for commercial purposes, as long as they credit the author(s), do not represent the author as endorsing their adaptation of the article, and do not modify the article in such a way as to damage the author's honor or reputation.

Creative Commons Attribution-NonCommercial-NoDerivs (CC BY-NC-ND)
For non-commercial purposes, lets others distribute and copy the article, and to include in a collective work (such as an anthology), as long as they credit the author(s) and provided they do not alter or modify the article.

The open access publication fee for this journal is **USD 2600**, excluding taxes. Learn more about Elsevier's pricing policy: https://www.elsevier.com/openaccesspricing.

Green open access
Authors can share their research in a variety of different ways and Elsevier has a number of green open access options available. We recommend authors see our green open access page for further information. Authors can also self-archive their manuscripts immediately and enable public access from their institution's repository after an embargo period. This is the version that has been accepted for publication and which typically includes author-incorporated changes suggested during submission, peer review and in editor-author communications. Embargo period: For subscription articles, an appropriate amount of time is needed for journals to deliver value to subscribing customers before an article becomes freely available to the public. This is the embargo period and it begins from the date the article is formally published online in its final and fully citable form.

This journal has an embargo period of 12 months.

Elsevier Publishing Campus
The Elsevier Publishing Campus (www.publishingcampus.com) is an online platform offering free lectures, interactive training and professional advice to support you in publishing your research. The College of Skills training offers modules on how to prepare, write and structure your article and explains how editors will look at your paper when it is submitted for publication. Use these resources, and more, to ensure that your submission will be the best that you can make it.

Language (usage and editing services)
Please write your text in good English (American or British usage is accepted, but not a mixture of these). Authors who feel their English language manuscript may require editing to eliminate possible grammatical or spelling errors and to conform to correct scientific English may wish to use the English Language Editing service available from Elsevier's WebShop.

Submission
Our online submission system guides you stepwise through the process of entering your article details and uploading your files. The system converts your article files to a single PDF file used in the peer-review process. Editable files (e.g., Word, LaTeX) are required to typeset your article for final publication. All correspondence, including notification of the Editor's decision and requests for revision, is sent by e-mail.

Authors must provide and use an email address unique to themselves and not shared with another author registered in EES, or a department.

Referees
Authors are required to submit with their articles, the names, complete affiliations (spelled out), country and contact details (including current and valid (preferably business) e-mail address) of three potential reviewers. Email addresses and reviewer names will be checked for validity. **Your potential reviewers should not be from your institute, and at least two should be from different countries.** Authors should not suggest reviewers with whom they have collaborated within the past two years. Your submission will be rejected if these are not supplied. Names provided may be used for other submissions on the same topic. Reviewers must have specific expertise on the subject of your article and/or the techniques employed in your study. Briefly state the appropriate expertise of each reviewer.

Review Policy
A peer review system involving two or three reviewers is used to ensure high quality of manuscripts accepted for publication. The Managing Editor and Editors have the right to decline formal review of a manuscript when it is deemed that the manuscript is
1) on a topic outside the scope of the Journal;
2) lacking technical merit;
3) focused on foods or processes that are of narrow regional scope and significance;
4) fragmentary and providing marginally incremental results; or
5) is poorly written.

PREPARATION

Use of wordprocessing software
General: Manuscripts must be typewritten, double-spaced with wide margins. Each page must be numbered, and lines must be consecutively numbered from the start to the end of the manuscript. Good quality printouts with a font size of 12 or 10 pt are required. The corresponding author should be identified (include a Fax number and E-mail address). Full postal and email addresses must be

given for all co-authors. Authors should consult a recent issue of the journal for style if possible. The Editors reserve the right to adjust style to certain standards of uniformity. Authors should retain a copy of their manuscript since we cannot accept responsibility for damage or loss of papers.

Article structure

Follow this order when typing manuscripts: Title, Authors, Affiliations, Abstract, Keywords, Main text, Acknowledgements, Appendix, References, Vitae, Figure Captions. Do not import the Figures or Tables into your text, figures and tables should be submitted as separate files. The corresponding author should be identified with an asterisk and footnote. All other footnotes (except for table footnotes) should be identified with superscript Arabic numbers. The title of the paper should unambiguously reflect its contents. Where the title exceeds 70 characters a suggestion for an abbreviated running title should be given.

Subdivision - numbered sections

Divide your article into clearly defined and numbered sections. Subsections should be numbered 1.1 (then 1.1.1, 1.1.2, ...), 1.2, etc. (the abstract is not included in section numbering). Use this numbering also for internal cross-referencing: do not just refer to 'the text'. Any subsection may be given a brief heading. Each heading should appear on its own separate line.

Essential title page information

• ***Title.*** Concise and informative. Titles are often used in information-retrieval systems. Avoid abbreviations and formulae where possible.

• ***Author names and affiliations.*** Please clearly indicate the given name(s) and family name(s) of each author and check that all names are accurately spelled. Present the authors' affiliation addresses (where the actual work was done) below the names. Indicate all affiliations with a lower-case superscript letter immediately after the author's name and in front of the appropriate address. Provide the full postal address of each affiliation, including the country name and, if available, the e-mail address of each author.

• ***Corresponding author.*** Clearly indicate who will handle correspondence at all stages of refereeing and publication, also post-publication. **Ensure that the e-mail address is given and that contact details are kept up to date by the corresponding author.**

• ***Present/permanent address.*** If an author has moved since the work described in the article was done, or was visiting at the time, a 'Present address' (or 'Permanent address') may be indicated as a footnote to that author's name. The address at which the author actually did the work must be retained as the main, affiliation address. Superscript Arabic numerals are used for such footnotes.

Abstract

A concise and factual abstract is required. The abstract should state briefly the purpose of the research, the principal results and major conclusions. An abstract is often presented separately from the article, so it must be able to stand alone. For this reason, References should be avoided, but if essential, then cite the author(s) and year(s). Also, non-standard or uncommon abbreviations should be avoided, but if essential they must be defined at their first mention in the abstract itself.

The abstract should not exceed 150 words.

Highlights

Highlights are mandatory for this journal. They consist of a short collection of bullet points that convey the core findings of the article and should be submitted in a separate editable file in the online submission system. Please use 'Highlights' in the file name and include 3 to 5 bullet points (maximum 85 characters, including spaces, per bullet point). You can view example Highlights on our information site.

Chemical compounds

You can enrich your article by providing a list of chemical compounds studied in the article. The list of compounds will be used to extract relevant information from the NCBI PubChem Compound database and display it next to the online version of the article on ScienceDirect. You can include up to 10 names of chemical compounds in the article. For each compound, please provide the PubChem CID of the most relevant record as in the following example: Glutamic acid (PubChem CID:611). Please position the list of compounds immediately below the 'Keywords' section. It is strongly recommended to follow the exact text formatting as in the example below:

Chemical compounds studied in this article

Ethylene glycol (PubChem CID: 174); Plitidepsin (PubChem CID: 44152164); Benzalkonium chloride (PubChem CID: 15865)

More information.

Formatting of funding sources
List funding sources in this standard way to facilitate compliance to funder's requirements:

Funding: This work was supported by the National Institutes of Health [grant numbers xxxx, yyyy]; the Bill & Melinda Gates Foundation, Seattle, WA [grant number zzzz]; and the United States Institutes of Peace [grant number aaaa].

It is not necessary to include detailed descriptions on the program or type of grants and awards. When funding is from a block grant or other resources available to a university, college, or other research institution, submit the name of the institute or organization that provided the funding.

If no funding has been provided for the research, please include the following sentence:

This research did not receive any specific grant from funding agencies in the public, commercial, or not-for-profit sectors.

Units
Follow internationally accepted rules and conventions: use the international system of units (SI). If other units are mentioned, please give their equivalent in SI.

Temperatures should be given in degrees Celsius. The unit 'billion' is ambiguous and should not be used.

Artwork
Electronic artwork
General points
• Make sure you use uniform lettering and sizing of your original artwork.
• Embed the used fonts if the application provides that option.
• Aim to use the following fonts in your illustrations: Arial, Courier, Times New Roman, Symbol, or use fonts that look similar.
• Number the illustrations according to their sequence in the text.
• Use a logical naming convention for your artwork files.
• Provide captions to illustrations separately.
• Size the illustrations close to the desired dimensions of the published version.
• Submit each illustration as a separate file.
A detailed guide on electronic artwork is available.
You are urged to visit this site; some excerpts from the detailed information are given here.
Formats
If your electronic artwork is created in a Microsoft Office application (Word, PowerPoint, Excel) then please supply 'as is' in the native document format.
Regardless of the application used other than Microsoft Office, when your electronic artwork is finalized, please 'Save as' or convert the images to one of the following formats (note the resolution requirements for line drawings, halftones, and line/halftone combinations given below):
EPS (or PDF): Vector drawings, embed all used fonts.
TIFF (or JPEG): Color or grayscale photographs (halftones), keep to a minimum of 300 dpi.
TIFF (or JPEG): Bitmapped (pure black & white pixels) line drawings, keep to a minimum of 1000 dpi.
TIFF (or JPEG): Combinations bitmapped line/half-tone (color or grayscale), keep to a minimum of 500 dpi.
Please do not:
• Supply files that are optimized for screen use (e.g., GIF, BMP, PICT, WPG); these typically have a low number of pixels and limited set of colors;
• Supply files that are too low in resolution;
• Submit graphics that are disproportionately large for the content.

Please insert the following text before the standard text - Photographs, charts and diagrams are all to be referred to as "Figure(s)" and should be numbered consecutively in the order to which they are referred. They should accompany the manuscript, but should not be included within the text. All illustrations should be clearly marked with the figure number and the author's name. All figures are to have a caption. Captions should be supplied on a separate sheet.

Color artwork
Please make sure that artwork files are in an acceptable format (TIFF (or JPEG), EPS (or PDF), or MS Office files) and with the correct resolution. If, together with your accepted article, you submit usable color figures then Elsevier will ensure, at no additional charge, that these figures will appear in color online (e.g., ScienceDirect and other sites) regardless of whether or not these illustrations are reproduced in color in the printed version. **For color reproduction in print, you will receive information regarding the costs from Elsevier after receipt of your accepted article**. Please indicate your preference for color: in print or online only. Further information on the preparation of electronic artwork.

Figure captions
Ensure that each illustration has a caption. Supply captions separately, not attached to the figure. A caption should comprise a brief title (**not** on the figure itself) and a description of the illustration. Keep text in the illustrations themselves to a minimum but explain all symbols and abbreviations used.

Tables
Please submit tables as editable text and not as images. Tables can be placed either next to the relevant text in the article, or on separate page(s) at the end. Number tables consecutively in accordance with their appearance in the text and place any table notes below the table body. Be sparing in the use of tables and ensure that the data presented in them do not duplicate results described elsewhere in the article. Please avoid using vertical rules.

References
Citation in text
Please ensure that every reference cited in the text is also present in the reference list (and vice versa). Any references cited in the abstract must be given in full. Unpublished results and personal communications are not recommended in the reference list, but may be mentioned in the text. If these references are included in the reference list they should follow the standard reference style of the journal and should include a substitution of the publication date with either 'Unpublished results' or 'Personal communication'. Citation of a reference as 'in press' implies that the item has been accepted for publication.

Web references
As a minimum, the full URL should be given and the date when the reference was last accessed. Any further information, if known (DOI, author names, dates, reference to a source publication, etc.), should also be given. Web references can be listed separately (e.g., after the reference list) under a different heading if desired, or can be included in the reference list.

Example: CTAHR (College of Tropical Agriculture and Human Resources, University of Hawaii). Tea (Camellia sinensis) a New Crop for Hawaii, 2007. URL http://www.ctahr.hawaii.edu/oc/freepubs/pdf/tea_04_07.pdf . Accessed 14.02.11.

Reference management software
Most Elsevier journals have their reference template available in many of the most popular reference management software products. These include all products that support Citation Style Language styles, such as Mendeley and Zotero, as well as EndNote. Using the word processor plug-ins from these products, authors only need to select the appropriate journal template when preparing their article, after which citations and bibliographies will be automatically formatted in the journal's style. If no template is yet available for this journal, please follow the format of the sample references and citations as shown in this Guide.

Users of Mendeley Desktop can easily install the reference style for this journal by clicking the following link:
http://open.mendeley.com/use-citation-style/food-chemistry
When preparing your manuscript, you will then be able to select this style using the Mendeley plug-ins for Microsoft Word or LibreOffice.

All publications cited in the text should be presented in a list of references following the text of the manuscript. See Types of Paper for reference number limits. In the text refer to the author's name (without initials) and year of publication (e.g. "Steventon, Donald and Gladden (1994) studied the effects..." or "...similar to values reported by others (Anderson, Douglas, Morrison & Weiping, 1990)..."). For 2-6 authors all authors are to be listed at first citation. At subsequent citations use first author et al.. When there are more than 6 authors, first author et al. should be used throughout the text. The list of references should be arranged alphabetically by authors' names and should be as full as possible, listing all authors, the full title of articles and journals, publisher and year. The manuscript should be carefully checked to ensure that the spelling of authors' names and dates are exactly the same in the text as in the reference list.

Reference style

Text: Citations in the text should follow the referencing style used by the American Psychological Association. You are referred to the Publication Manual of the American Psychological Association, Sixth Edition, ISBN 978-1-4338-0561-5, copies of which may be ordered online or APA Order Dept., P.O.B. 2710, Hyattsville, MD 20784, USA or APA, 3 Henrietta Street, London, WC3E 8LU, UK.

List: references should be arranged first alphabetically and then further sorted chronologically if necessary. More than one reference from the same author(s) in the same year must be identified by the letters 'a', 'b', 'c', etc., placed after the year of publication.

Examples:

Reference to a journal publication:

Van der Geer, J., Hanraads, J. A. J., & Lupton, R. A. (2010). The art of writing a scientific article. *Journal of Scientific Communications, 163*, 51–59.

Reference to a book:

Strunk, W., Jr., & White, E. B. (2000). *The elements of style.* (4th ed.). New York: Longman, (Chapter 4).

Reference to a chapter in an edited book:

Mettam, G. R., & Adams, L. B. (2009). How to prepare an electronic version of your article. In B. S. Jones, & R. Z. Smith (Eds.), *Introduction to the electronic age* (pp. 281–304). New York: E-Publishing Inc.

Reference to a website:

Cancer Research UK. Cancer statistics reports for the UK. (2003). http://www.cancerresearchuk.org/aboutcancer/statistics/cancerstatsreport/ Accessed 13.03.03.

Supplementary material

Supplementary material can support and enhance your scientific research. Supplementary files offer the author additional possibilities to publish supporting applications, high-resolution images, background datasets, sound clips and more. Please note that such items are published online exactly as they are submitted; there is no typesetting involved (supplementary data supplied as an Excel file or as a PowerPoint slide will appear as such online). Please submit the material together with the article and supply a concise and descriptive caption for each file. If you wish to make any changes to supplementary data during any stage of the process, then please make sure to provide an updated file, and do not annotate any corrections on a previous version. Please also make sure to switch off the 'Track Changes' option in any Microsoft Office files as these will appear in the published supplementary file(s). For more detailed instructions please visit our artwork instruction pages.

RESEARCH DATA

Data in Brief

Authors have the option of converting any or all parts of their supplementary or additional raw data into one or multiple Data in Brief articles, a new kind of article that houses and describes their data. Data in Brief articles ensure that your data, which is normally buried in supplementary material, is actively reviewed, curated, formatted, indexed, given a DOI and publicly available to all upon publication. Authors are encouraged to submit their Data in Brief article as an additional item directly alongside the revised version of their manuscript. If your research article is accepted, your Data in Brief article will automatically be transferred over to *Data in Brief* where it will be editorially reviewed and published in the new, open access journal, *Data in Brief*. Please note an open access fee is payable for publication in *Data in Brief*. Full details can be found on the Data in Brief website. Please use this template to write your Data in Brief.

Database linking

Elsevier encourages authors to connect articles with external databases, giving readers access to relevant databases that help to build a better understanding of the described research. Please refer to relevant database identifiers using the following format in your article: Database: xxxx (e.g., TAIR: AT1G01020; CCDC: 734053; PDB: 1XFN). More information and a full list of supported databases.

AudioSlides

The journal encourages authors to create an AudioSlides presentation with their published article. AudioSlides are brief, webinar-style presentations that are shown next to the online article on ScienceDirect. This gives authors the opportunity to summarize their research in their own words and to help readers understand what the paper is about. More information and examples are available. Authors of this journal will automatically receive an invitation e-mail to create an AudioSlides presentation after acceptance of their paper.

Interactive plots

This journal enables you to show an Interactive Plot with your article by simply submitting a data file. Full instructions.

Additional information

Abbreviations for units should follow the suggestions of the British Standards publication BS 1991. The full stop should not be included in abbreviations, e.g. m (not m.), ppm (not p.p.m.), % and '/' should be used in preference to 'per cent' and 'per'. Where abbreviations are likely to cause ambiguity or may not be readily understood by an international readership, units should be put in full.
Current recognised (IUPAC) chemical nomenclature should be used, although commonly accepted trivial names may be used where there is no risk of ambiguity.
The use of proprietary names should be avoided. Papers essentially of an advertising nature will not be accepted.

AFTER ACCEPTANCE

Online proof correction

Corresponding authors will receive an e-mail with a link to our online proofing system, allowing annotation and correction of proofs online. The environment is similar to MS Word: in addition to editing text, you can also comment on figures/tables and answer questions from the Copy Editor. Web-based proofing provides a faster and less error-prone process by allowing you to directly type your corrections, eliminating the potential introduction of errors.
If preferred, you can still choose to annotate and upload your edits on the PDF version. All instructions for proofing will be given in the e-mail we send to authors, including alternative methods to the online version and PDF.
We will do everything possible to get your article published quickly and accurately. Please use this proof only for checking the typesetting, editing, completeness and correctness of the text, tables and figures. Significant changes to the article as accepted for publication will only be considered at this stage with permission from the Editor. It is important to ensure that all corrections are sent back to us in one communication. Please check carefully before replying, as inclusion of any subsequent corrections cannot be guaranteed. Proofreading is solely your responsibility.

Offprints

The corresponding author will, at no cost, receive a customized Share Link providing 50 days free access to the final published version of the article on ScienceDirect. The Share Link can be used for sharing the article via any communication channel, including email and social media. For an extra charge, paper offprints can be ordered via the offprint order form which is sent once the article is accepted for publication. Both corresponding and co-authors may order offprints at any time via Elsevier's Webshop. Corresponding authors who have published their article open access do not receive a Share Link as their final published version of the article is available open access on ScienceDirect and can be shared through the article DOI link.

AUTHOR INQUIRIES

Visit the Elsevier Support Center to find the answers you need. Here you will find everything from Frequently Asked Questions to ways to get in touch.
You can also check the status of your submitted article or find out when your accepted article will be published.

附录4　中外食品科技期刊版权转让协议范例

《食品科学》杂志
著 作 权 转 让 约 定 书

论文题目：____

作　　者：____

遵照《中华人民共和国著作权法》，上述论文全体著作权人（全体著作权人含全体作者及享有著作权的作者单位）投稿《食品科学》，签署此约定书，同意上述论文将刊登在《食品科学》上，并将全体著作权人就上述论文（各种语言版本）所享有的复制权、发行权、信息网络传播权、翻译权、汇编权在全世界范围内转让给《食品科学》编辑部，编辑部在上述论文发表的两个月内将稿酬及版权转让费一次付清。全体著作权人授权《食品科学》的出版单位根据实际需要独家代理申请上述作品的各种语言版本（包含各种介质）的版权登记事项。

上述论文的著作权人保证：

- 上述论文是著作权人独立取得的未曾以任何形式用任何文种在国内外公开发表过的原创性研究成果；论文内容不涉及国家机密；
- 未曾将上述论文的著作权转让给其他任何单位；
- 上述论文的内容不侵犯他人著作权和其他权利，否则著作权人将承担由于论文内容侵权而产生的全部责任，并赔偿由此给《食品科学》及其出版单位造成的全部损失。

并承诺：

- 以后不考虑以任何形式在其他地方发表该论文；
- 未签字的著作权人授权签字的著作权人作为全体著作权人的代理人签署本约定书的，本约定书对全体著作权人均有约束力；
- 签字的著作权人保证其本人具有签署此声明书并做出各项承诺之权利。

全体著作权人：

全体作者（签名）：____

____

作者单位科研管理部门（签章）：

年　　月　　日

Manuscript ID, if Available

Received Date (Office Use Only)

AMERICAN CHEMICAL SOCIETY
JOURNAL PUBLISHING AGREEMENT
Form A: Authors Who Hold Copyright and Works-for-Hire

Control #2015-10-1

SECTION I: Copyright

1. Submitted Work: The Corresponding Author or designee below, with the consent of all co-authors, hereby transfers to the ACS the copyright ownership in the referenced Submitted Work, including all versions in any format now known or hereafter developed. If the manuscript is not accepted by ACS or withdrawn prior to acceptance by ACS, this transfer will be null and void.

2. Supporting Information: The copyright ownership transferred to ACS in any copyrightable* Supporting Information accompanying the Submitted Work is nonexclusive. The Author and the ACS agree that each has unlimited use of Supporting Information. Authors may use or authorize the use of material created by the Author in the Supporting Information associated with the Submitted or Published Work for any purpose and in any format.

*Title 17 of the United States Code defines copyrightable material as "original works of authorship fixed in any tangible medium of expression" (Chapter 1, Section 102). To learn more about copyrightable material see "Frequently Asked Questions about Copyright" on the Publications Division website, at http://pubs.acs.org/page/copyright/learning_module/module.html.

SECTION II: Permitted Uses by Author(s)

1. Reuse/Republication of the Entire Work in Theses or Collections: Authors may reuse all or part of the Submitted, Accepted or Published Work in a thesis or dissertation that the Author writes and is required to submit to satisfy the criteria of degree-granting institutions. Such reuse is permitted subject to the ACS' "Ethical Guidelines to Publication of Chemical Research"

Continued on Page 2

SIGNATURES

Signing this agreement constitutes acceptance by the Author(s) and, in the case of a Work-Made-for-Hire, the company/employer of all contents contained herein, including the attached Appendix A: Author Warranties, Obligations, Definitions, and General Provisions.

Name of Corresponding Author or designee

Signature

Date

Employer/Organization (Work-for-Hire only)

Authorized Signature(s) of Employer/Organization (Work-for-Hire only)

Date

U.S. Government Contract #, if available

INSTRUCTIONS FOR FORM A

Form A should be signed **ONLY** by Author(s) who hold Copyright or who have created Works-for-Hire.

This manuscript will be considered with the understanding you have submitted it on an exclusive basis. You will be notified of a decision as soon as possible.

1. Complete all information in the **Manuscript Details** section.
2. Sign and date the form.
3. Submit **ALL PAGES OF THIS FORM** to the Editor's Office or upload it in ACS Paragon Plus.

MANUSCRIPT DETAILS

Name of ACS Publication:

Manuscript Title:

Corresponding Author's Name and Address:

List Names of ALL Author(s):

AMERICAN CHEMICAL SOCIETY
JOURNAL PUBLISHING AGREEMENT
Form A: Authors Who Hold Copyright and Works-for-Hire

Control #2015-10-1

Manuscript ID, if Available

(http://pubs.acs.org/ethics); the Author should secure written confirmation (via letter or email) from the respective ACS journal editor(s) to avoid potential conflicts with journal prior publication**/embargo policies. Appropriate citation of the Published Work must be made. If the thesis or dissertation to be published is in electronic format, a direct link to the Published Work must also be included using the ACS Articles on Request author-directed link (see http://pubs.acs.org/page/policy/articlesonrequest/index.html).

Authors also may reuse the Submitted, Accepted, or Published work in printed collections that consist solely of the Author's own writings; if such collections are to be posted online or published in an electronic format, please contact ACS at copyright@acs.org to inquire about terms for licensed electronic use.

2. Reuse of Figures, Tables, Artwork, and Text Extracts in Future Works: Authors may reuse figures, tables, artwork, illustrations, text extracts of up to 400 words, and data from the Author's Submitted, Accepted, or Published Work in which the ACS holds copyright for teaching or training purposes, in presentations at conferences and seminars, in subsequent scholarly publications of which they are an Author, and for posting on the Author's personal website, university networks, or primary employer's institutional websites, and conference websites that feature presentations by the Author(s) provided the following conditions are met:

- Appropriate citation to the Published Work is given
- Modifications to the presentation of previously published data in figures and tables are noted and distinguished from any new data not contained in the Published Work, and
- Reuse is not to illustrate news stories unrelated to the Published Work
- Web posting by the Author(s) is for non-commercial purposes.

To reuse figures, tables, artwork, illustrations, and text from ACS Published Works in general, ACS requests that interested parties use the Copyright Clearance Center Rightslink service. For information see http://pubs.acs.org/page/copyright/rightslink.html

General ACS permission information can be found at http://pubs.acs.org/page/copyright/permissions.html.

3. Reuse in Teaching or In-House Training: In order to preserve the integrity of the scientific record, the Author(s) are encouraged to link to the Published Work using the ACS Articles on Request author-directed link as applicable for teaching and in-house training and this use is subject to the conditions identified below (see http://pubs.acs.org/page/policy/articlesonrequest/index.html). Regardless, the Author(s) may reproduce their Submitted, Accepted, or Published Work for instructional use in courses as a stand-alone handout, as part of a packet, or electronically for use by students enrolled in the course the Author is teaching as long as the following conditions are met:

- Proper credit must be given to the Published Work and a link to the Published Work must be included using the ACS Articles on Request author-directed link (see http://pubs.acs.org/page/policy/articlesonrequest/index.html). The following notice should either be posted with or printed on all uses of the Accepted Work described in this clause:
  "This material is excerpted from a work that was [accepted for publication/published] in [JournalTitle], copyright © American Chemical Society after peer review. To access the final edited and published work see [insert ACS Articles on Request author-directed link to Published Work, see http://pubs.acs.org/page/policy/articlesonrequest/index.html]."
- Electronic access must be provided via a password-protected website only to students enrolled in the course (i.e. not the general public). Availability to students should terminate when the course is completed.
- If a fee for distributed materials is charged for the use of Published Work in connection with the instructional use, prior written permission from the ACS must be obtained.

4. Presentation at Conferences: Subject to the ACS' "Ethical Guidelines to Publication of Chemical Research" (http://pubs.acs.org/ethics) and written confirmation (via letter or email) from the appropriate ACS journal editor to resolve potential conflicts with journal prior publication**/embargo policies, Authors may present orally or otherwise display all or part of the Submitted, Accepted, or Published Work in presentations at meetings or conferences. Authors may provide copies of the Submitted and Accepted Work either in print or electronic form to the audience.

**Prior publication policies of ACS journals are posted on the ACS website at http://pubs.acs.org/page/policy/prior/index.html

AMERICAN CHEMICAL SOCIETY
JOURNAL PUBLISHING AGREEMENT
Form A: Authors Who Hold Copyright and Works-for-Hire

Control #2015-10-1

Manuscript ID, if Available

Sharing of the Published Work with conference attendees is permitted if it is done either via the ACS Articles on Request author-directed link (see http://pubs.acs.org/page/policy/articlesonrequest/index.html) or in print. Audience recipients should be informed that further distribution or reproduction of any version of the Work is not allowed.

5. Share with Colleagues: Subject to the ACS' "Ethical Guidelines to Publication of Chemical Research" (http://pubs.acs.org/ethics), Authors may send or otherwise transmit electronic files of the Submitted or Accepted Work to interested colleagues prior to, or after, publication. Sharing of the Published Work with colleagues is permitted if it is done via the ACS Articles on Request author-directed link (see http://pubs.acs.org/page/policy/articlesonrequest/index.html). The sharing of any version of the Work with colleagues is only permitted if it is done for non-commercial purposes; that no fee is charged; and that it is not done on a systematic basis, e.g. mass emailings, posting on a listserv, etc. Recipients should be informed that further redistribution of any version of the Work is not allowed.

Authorized users of the ACS Publications website (http://pubs.acs.org/) may also email a link to the Author's article directly to colleagues as well as recommend and share a link to the Author's article with known colleagues through popular social networking services such as Facebook, Twitter, or CiteULike (see http://pubs.acs.org/sda/63224/index.html for more information).

6. Posting Submitted Works on Websites and Repositories: A digital file of the unedited manuscript version of a Submitted Work may be made publicly available on websites or repositories (e.g. the Author's personal website, preprint servers, university networks or primary employer's institutional websites, third party institutional or subject-based repositories, and conference websites that feature presentations by the Author(s) based on the Submitted Work) under the following conditions:

- The posting must be for non-commercial purposes and not violate the ACS' "Ethical Guidelines to Publication of Chemical Research" (see http://pubs.acs.org/ethics).
- If the Submitted Work is accepted for publication in an ACS journal, then the following notice should be included at the time of posting, or the posting amended as appropriate:
  "This document is the unedited Author's version of a Submitted Work that was subsequently accepted for publication in [JournalTitle], copyright © American Chemical Society after peer review. To access the final edited and published work see [insert ACS Articles on Request author-directed link to Published Work, see http://pubs.acs.org/page/policy/articlesonrequest/index.html]."

Note: It is the responsibility of the Author(s) to confirm with the appropriate ACS journal editor that the timing of the posting of the Submitted Work does not conflict with journal prior publication/embargo policies (see http://pubs.acs.org/page/policy/prior/index.html)

If any prospective posting of the Submitted Work, whether voluntary or mandated by the Author(s)' funding agency, primary employer, or, in the case of Author(s) employed in academia, university administration, would violate any of the above conditions, the Submitted Work may not be posted. In these cases, Author(s) may either sponsor the immediate public availability of the final Published Work through participation in the fee-based ACS AuthorChoice program (for information about this program see http://pubs.acs.org/page/policy/authorchoice/index.html) or, if applicable, seek a waiver from the relevant institutional policy.

7. Posting Accepted and Published Works on Websites and Repositories: A digital file of the Accepted Work and/or the Published Work may be made publicly available on websites or repositories (e.g. the Author's personal website, preprint servers, university networks or primary employer's institutional websites, third party institutional or subject-based repositories, and conference websites that feature presentations by the Author(s) based on the Accepted and/or the Published Work) under the following conditions:

- It is mandated by the Author(s)' funding agency, primary employer, or, in the case of Author(s) employed in academia, university administration.
- If the mandated public availability of the Accepted Manuscript is sooner than 12 months after online publication of the Published Work, a waiver from the relevant institutional policy should be sought. If a waiver cannot be obtained, the Author(s) may sponsor the immediate availability of the final Published Work through participation in the ACS AuthorChoice program—for information about this program see http://pubs.acs.org/page/policy/authorchoice/index.html.
- If the mandated public availability of the Accepted Manuscript is not sooner than 12 months after online publication of the Published Work, the Accepted Manuscript may be posted to the mandated website or repository. The

AMERICAN CHEMICAL SOCIETY
JOURNAL PUBLISHING AGREEMENT
Form A: Authors Who Hold Copyright and Works-for-Hire
Control #2015-10-1

Manuscript ID, if Available

following notice should be included at the time of posting, or the posting amended as appropriate:
"This document is the Accepted Manuscript version of a Published Work that appeared in final form in [JournalTitle], copyright © American Chemical Society after peer review and technical editing by the publisher. To access the final edited and published work see [insert ACS Articles on Request author-directed link to Published Work, see http://pubs.acs.org/page/policy/articlesonrequest/index.html]."

- The posting must be for non-commercial purposes and not violate the ACS' "Ethical Guidelines to Publication of Chemical Research" (see http://pubs.acs.org/ethics).
- Regardless of any mandated public availability date of a digital file of the final Published Work, Author(s) may make this file available only via the ACS AuthorChoice Program. For more information, see http://pubs.acs.org/page/policy/authorchoice/index.html.

Author(s) may post links to the Accepted Work on the appropriate ACS journal website if the journal posts such works. Author(s) may post links to the Published Work on the appropriate ACS journal website using the ACS Articles on Request author-directed link (see http://pubs.acs.org/page/policy/articlesonrequest/index.html).

Links to the Accepted or Published Work may be posted on the Author's personal website, university networks or primary employer's institutional websites, and conference websites that feature presentations by the Author(s). Such posting must be for non-commercial purposes.

SECTION III: Retained and Other Rights

1. Retained Rights: The Author(s) retain all proprietary rights, other than copyright, in the Submitted Work. Authors should seek expert legal advice in order to secure patent or other rights they or their employer may hold or wish to claim.

2. Moral Rights: The Author(s) right to attribution and the integrity of their work under the Berne Convention (article 6bis) is not compromised by this agreement.

3. Extension of Rights Granted to Prior Publications: The rights and obligations contained in Section II: Permitted Uses by Author(s), Section III: Retained and Other Rights, and Appendix A, Section I: Author Warranties and Obligations of this agreement are hereby extended to the Author(s)' prior published works in ACS journals.

SECTION IV: Works-for-Hire

If the Submitted Work was written by the Author(s) in the course of the Author(s)' employment as a "Work-Made-for-Hire" as defined under U.S Copyright Law, the Submitted Work is owned by the company/employer which must sign the Journal Publishing Agreement (in addition to the Author(s) signature). In such case, the company/employer hereby assigns to ACS, during the full term of copyright, all copyright in and to the Submitted Work for the full term of copyright throughout the world as specified in Section I, paragraph 1 above.

In the case of a Work-Made-for-Hire, Authors and their employer(s) have the same rights and obligations as contained in Section II: Permitted Uses by Author(s), Section III: Retained and Other Rights, and Appendix A, Section I: Author Warranties and Obligations.

Any restrictions on commercial use in this agreement do not apply to internal company use of all or part of the information in the Submitted, Accepted, or Published Work.

Upon payment of the ACS' reprint or permissions fees, the Author(s)' employers may systematically distribute (but not re-sell) print copies of the Published Work externally for promotional purposes, provided that such promotions do not imply endorsement by ACS. Although printed copies so made shall not be available for individual re-sale, they may be included by the employer as part of an information package included with software or other products the employer offers for sale or license. Posting of the final Published Work by the employer on a public access website may only be undertaken by participation in the ACS AuthorChoice option, including payment of applicable fees.

AMERICAN CHEMICAL SOCIETY
JOURNAL PUBLISHING AGREEMENT
Form A: Authors Who Hold Copyright and Works-for-Hire
Control #2015-10-1

Manuscript ID, if Available

APPENDIX A: Author Warranties, Obligations, Definitions, and General Provisions

SECTION I: Author Warranties and Obligations

1. ACS Ethical Guidelines: By signing this agreement, Author(s) acknowledge they have read and understand the ACS' "Ethical Guidelines to Publication of Chemical Research" (http://pubs.acs.org/ethics).

2. Author Warranties: By signing this agreement the Corresponding Author and all co-authors (and in the case of a Work-Made-for-Hire, the Author(s)' employer(s)) jointly and severally warrant and represent the following:

- The Submitted Work is original.
- The Submitted Work does not contain any statements or information that is intentionally misleading or inaccurate.
- All Authors have been informed of the full content of the Submitted Work at, or prior to, the time of submission.
- The Submitted Work has not been previously published in any form (except as permitted in Section II: Permitted Uses by Author(s)).
- The Submitted Work is not being considered for publication elsewhere in any form and will not be submitted for such consideration while under review by ACS.
- Nothing in the Submitted Work is obscene, defamatory, libelous, or otherwise unlawful, violates any right of privacy or infringes any intellectual property rights (including without limitation copyright, patent, or trademark) or any other human, personal. or other rights of any kind of any person or entity, and does not contain any material or instructions that might cause harm or injury. Any unusual hazards inherent in the chemicals, equipment, or procedures used in an investigation are clearly identified in the Submitted Work.
- Nothing in the Submitted Work infringes any duty of confidentiality which the Author(s) may owe to another party or violates any contract, express or implied, that the Author(s) may have entered into, and all of the institutions where the work, as reflected in the Submitted Work, was performed have authorized publication.
- Permission has been obtained and included with the Submitted Work for the right to use and authorize use in print and online formats, or of any format that hereafter may be developed for any portions that are owned or controlled by a third party. Payments, as appropriate, have been made for such rights, and proper credit has been given in the Submitted Work to those sources.
- Potential and/or relevant competing financial or other interests that might be affected by publication of the Submitted Work have been disclosed to the appropriate ACS journal editor.

The Author (and, in the case of a Work-Made-for-Hire, the Author(s)' employer(s)) represent and warrant that the undersigned has the full power to enter into this Agreement and to make the grants contained herein.

The Author(s) (and, in the case of a Work-Made-for-Hire, the Author(s)' employer(s)) indemnify the ACS and/or its successors and assigns for any and all claims, costs, and expenses, including attorney's fees, arising out of any breach of this warranty or other representations contained herein.

3. General Author Obligations: If the Submitted Work includes material that was published previously in a non-ACS journal, whether or not the Author(s) participated in the earlier publication, the copyright holder's permission must be obtained to republish such material in print and online with ACS. It is the Author's obligation to obtain any necessary permissions to use prior publication material in any of the ways described in Section II: Permitted Uses by Author(s). No such permission is required if the ACS is the copyright holder.

All uses of the Submitted, Accepted, or Published Work made under any of activities described in Section II: Permitted Uses by Author(s) must include appropriate citation. Appropriate citation should include, but is not limited to, the following information (if available): author, title of article, title of journal, volume number, issue number (if relevant), page range (or first page if this is the only information available), date, and Copyright © [year] American Chemical Society. Copyright notices or the display of unique Digital Object Identifiers (DOIs), ACS or journal logos, bibliographic (e.g. authors, journal, article title, volume, issue, page numbers) or other references to ACS journal titles, Web links, and any other journal-specific "branding" or notices that are included by ACS in the Accepted or Published Work or that are provided by the ACS with instructions that such should accompany its display, should not be removed or tampered with in any way.

SECTION II: Definitions

Accepted Work: The version of the Submitted Work that has been accepted for publication in an ACS journal that includes, but is not limited to, changes resulting from peer review but prior to ACS' copy editing and production.

ACS Articles on Request: A link emailed to Corresponding Authors upon publication of their article in an ACS journal that provides free e-prints of the Published Work. For more information, see: http://pubs.acs.org/page/policy/articlesonrequest/index.html.

ACS AuthorChoice: A fee-based program that allows ACS Authors or their funding agencies to provide immediate or deferred, unrestricted online access to the Published Work from the ACS website. Under this program Authors may also post the Published

AMERICAN CHEMICAL SOCIETY
JOURNAL PUBLISHING AGREEMENT
Form A: Authors Who Hold Copyright and Works-for-Hire
Control #2015-10-1

Manuscript ID, if Available

Work on personal websites and institutional repositories of their choosing. For more information, see http://pubs.acs.org/page/policy/authorchoice/index.html.

Author: An individual who has made significant scientific contributions to the Submitted Work and who shares responsibility and accountability for the results and conclusions contained therein. For further clarification of the criteria for participation in authorship, see ACS' "Ethical Guidelines to Publication of Chemical Research" at http://pubs.acs.org/ethics.

Commercial Use: Use of the Submitted, Accepted, or Published Work for commercial purposes (except as provided for employers in the case of a Work-Made-for-Hire; see Section IV: Works-for-Hire) is prohibited or requires ACS' prior written permission. Examples of prohibited commercial purposes or uses that require prior permission include but are not limited to:

- Copying or downloading of the Submitted, Accepted, or Published Work, or linking to postings of the Submitted, Accepted, or Published Work, for further access, distribution, sale or licensing, for a fee;
- Copying, downloading, or posting by a site or service that incorporates advertising with such content;
- The inclusion or incorporation of the Submitted, Accepted, or Published Work in other works or services (other than as permitted in Section II: Permitted Uses by Author(s)) that are then available for sale or licensing, for a fee;
- Use of the Submitted, Accepted, or Published Work (other than normal quotations with appropriate citation) by a for-profit organization for promotional purposes, whether for a fee or otherwise;
- Systematic distribution to others via email lists or list servers (to parties other than known colleagues), whether for a fee or for free;
- Sale of translated versions of the Submitted, Accepted, or Published Work that have not been authorized by license or other permission from the ACS.

Corresponding Author: The Author designated by any co-author(s) to transmit the Submitted Work on their behalf and who receives and engages in all editorial communications regarding the status of the Submitted Work (including its reviews and revisions), and who is responsible for the dissemination of reviewers' comments and other manuscript information to co-authors (as appropriate). The Corresponding Author authorizes all revisions to the Submitted and Accepted Work prior to publication and is the primary point of contact after publication of the Version of Record. In some instances, more than one co-author may be designated as a Corresponding Author.

Published Work: The version of the Submitted Work as accepted for publication in an ACS journal that includes but is not limited to all materials in the Submitted Work and any changes resulting from peer review, editing, and production services by ACS.

Submitted Work: The version of the written manuscript or other article of intellectual property as first submitted to ACS for review and possible publication. The Submitted Work consists of the manuscript text or other contribution including but not limited to the text (including the abstract or other summary material) and all material in any medium to be published as part of the Submitted Work, including but not limited to figures, illustrations, diagrams, tables, movies, other multimedia files, and any accompanying Supporting Information.

Supporting Information: Ancillary information that accompanies the Submitted Work and is intended by the Author to provide relevant background information for evaluation of the Submitted Work during the peer review process, or that is made available as a further aid to interested readers of the Published Work, but is not considered essential for comprehension of the main body of the Submitted, Accepted, or Published Work. Supporting Information may also be material that is deemed by the Editor to be too lengthy or of too specialized and limited interest for inclusion in the main body of the Accepted or Published Work. Examples of Supporting Information include but are not limited to: computer software program code, machine-readable data files or other background datasets, supporting applications and derivations, and complex tables, illustrations, diagrams, and multimedia files (e.g. video, audio, animation, 3D graphics, or high-resolution image files).

SECTION III: General Provisions

ACS shall have the right to use any material in the Submitted, Accepted, or Published Work, including use for marketing, promotional purposes, and on publication covers, provided that the scientific meaning and integrity of the content is not compromised.

When the ACS is approached by third parties for permission to use, reprint, or republish entire articles the undersigned Author's or employer's permission may also be sought at the discretion of ACS.

The American Chemical Society or its agents will store the information supplied in connection with the Submitted Work within its electronic records. Information about ACS activities, products, and services may be sent to ACS Authors by mail, telephone, email, or fax. Authors may inform ACS if they do not wish to receive news, promotions, and special offers about our products and services. No personal information will be shared with third parties.

Headings contained in this Agreement are for reference purposes only and shall not be deemed to be an indication of the meaning of the clause to which they relate.

附录5 高等学校预防与处理学术不端行为办法

第一章 总则

第一条 为有效预防和严肃查处高等学校发生的学术不端行为，维护学术诚信，促进学术创新和发展，根据《中华人民共和国高等教育法》《中华人民共和国科学技术进步法》《中华人民共和国学位条例》等法律法规，制定本办法。

第二条 本办法所称学术不端行为是指高等学校及其教学科研人员、管理人员和学生，在科学研究及相关活动中发生的违反公认的学术准则、违背学术诚信的行为。

第三条 高等学校预防与处理学术不端行为应坚持预防为主、教育与惩戒结合的原则。

第四条 教育部、国务院有关部门和省级教育部门负责制定高等学校学风建设的宏观政策，指导和监督高等学校学风建设工作，建立健全对所主管高等学校重大学术不端行为的处理机制，建立高校学术不端行为的通报与相关信息公开制度。

第五条 高等学校是学术不端行为预防与处理的主体。高等学校应当建设集教育、预防、监督、惩治于一体的学术诚信体系，建立由主要负责人领导的学风建设工作机制，明确职责分工；依据本办法完善本校学术不端行为预防与处理的规则与程序。

高等学校应当充分发挥学术委员会在学风建设方面的作用，支持和保障学术委员会依法履行职责，调查、认定学术不端行为。

第二章 教育与预防

第六条 高等学校应当完善学术治理体系，建立科学公正的学术评价和学术发展制度，营造鼓励创新、宽容失败、不骄不躁、风清气正的学术环境。

高等学校教学科研人员、管理人员、学生在科研活动中应当遵循实事求是的科学精神和严谨认真的治学态度，恪守学术诚信，遵循学术准则，尊重和保护他人知识产权等合法权益。

第七条 高等学校应当将学术规范和学术诚信教育，作为教师培训和学生教育的必要内容，以多种形式开展教育、培训。

教师对其指导的学生应当进行学术规范、学术诚信教育和指导，对学生公开发表论文、研究和撰写学位论文是否符合学术规范、学术诚信要求，进行必要的检查与审核。

第八条 高等学校应当利用信息技术等手段，建立对学术成果、学位论文所涉及内容的知识产权查询制度，健全学术规范监督机制。

第九条　高等学校应当建立健全科研管理制度，在合理期限内保存研究的原始数据和资料，保证科研档案和数据的真实性、完整性。

高等学校应当完善科研项目评审、学术成果鉴定程序，结合学科特点，对非涉密的科研项目申报材料、学术成果的基本信息以适当方式进行公开。

第十条　高等学校应当遵循学术研究规律，建立科学的学术水平考核评价标准、办法，引导教学科研人员和学生潜心研究，形成具有创新性、独创性的研究成果。

第十一条　高等学校应当建立教学科研人员学术诚信记录，在年度考核、职称评定、岗位聘用、课题立项、人才计划、评优奖励中强化学术诚信考核。

第三章　受理与调查

第十二条　高等学校应当明确具体部门，负责受理社会组织、个人对本校教学科研人员、管理人员及学生学术不端行为的举报；有条件的，可以设立专门岗位或者指定专人，负责学术诚信和不端行为举报相关事宜的咨询、受理、调查等工作。

第十三条　对学术不端行为的举报，一般应当以书面方式实名提出，并符合下列条件：

（一）有明确的举报对象；

（二）有实施学术不端行为的事实；

（三）有客观的证据材料或者查证线索。

以匿名方式举报，但事实清楚、证据充分或者线索明确的，高等学校应当视情况予以受理。

第十四条　高等学校对媒体公开报道、其他学术机构或者社会组织主动披露的涉及本校人员的学术不端行为，应当依据职权，主动进行调查处理。

第十五条　高等学校受理机构认为举报材料符合条件的，应当及时做出受理决定，并通知举报人。不予受理的，应当书面说明理由。

第十六条　学术不端行为举报受理后，应当交由学校学术委员会按照相关程序组织开展调查。

学术委员会可委托有关专家就举报内容的合理性、调查的可能性等进行初步审查，并做出是否进入正式调查的决定。

决定不进入正式调查的，应当告知举报人。举报人如有新的证据，可以提出异议。异议成立的，应当进入正式调查。

第十七条　高等学校学术委员会决定进入正式调查的，应当通知被举报人。

被调查行为涉及资助项目的，可以同时通知项目资助方。

第十八条　高等学校学术委员会应当组成调查组，负责对被举报行为进行调查；但对事实清楚、证据确凿、情节简单的被举报行为，也可以采用简易调查程序，具体办法由学术委员会确定。

调查组应当不少于 3 人，必要时应当包括学校纪检、监察机构指派的工作人员，可以邀请同行专家参与调查或者以咨询等方式提供学术判断。

被调查行为涉及资助项目的，可以邀请项目资助方委派相关专业人员参与调查组。

第十九条　调查组的组成人员与举报人或者被举报人有合作研究、亲属或者导师学生等直接利害关系的，应当回避。

第二十条　调查可通过查询资料、现场查看、实验检验、询问证人、询问举报人和被举报人等方式进行。调查组认为有必要的，可以委托无利害关系的专家或者第三方专业机构就有关事项进行独立调查或者验证。

第二十一条　调查组在调查过程中，应当认真听取被举报人的陈述、申辩，对有关事实、理由和证据进行核实；认为必要的，可以采取听证方式。

第二十二条　有关单位和个人应当为调查组开展工作提供必要的便利和协助。

举报人、被举报人、证人及其他有关人员应当如实回答询问，配合调查，提供相关证据材料，不得隐瞒或者提供虚假信息。

第二十三条　调查过程中，出现知识产权等争议引发的法律纠纷的，且该争议可能影响行为定性的，应当中止调查，待争议解决后重启调查。

第二十四条　调查组应当在查清事实的基础上形成调查报告。调查报告应当包括学术不端行为责任人的确认、调查过程、事实认定及理由、调查结论等。

学术不端行为由多人集体做出的，调查报告中应当区别各责任人在行为中所发挥的作用。

第二十五条　接触举报材料和参与调查处理的人员，不得向无关人员透露举报人、被举报人个人信息及调查情况。

第四章　认定

第二十六条　高等学校学术委员会应当对调查组提交的调查报告进行审查；必要的，应当听取调查组的汇报。

学术委员会可以召开全体会议或者授权专门委员会对被调查行为是否构成学术不端行为以及行为的性质、情节等做出认定结论，并依职权做出处理或建议学校做出相应处理。

第二十七条　经调查，确认被举报人在科学研究及相关活动中有下列行为之一的，应当认定为构成学术不端行为：

（一）剽窃、抄袭、侵占他人学术成果；

（二）篡改他人研究成果；

（三）伪造科研数据、资料、文献、注释，或者捏造事实、编造虚假研究成果；

（四）未参加研究或创作而在研究成果、学术论文上署名，未经他人许可而不当使用他人署名，虚构合作者共同署名，或者多人共同完成研究而在成果中未注明他人工作、贡献；

（五）在申报课题、成果、奖励和职务评审评定、申请学位等过程中提供虚假学术信息；

（六）买卖论文、由他人代写或者为他人代写论文；

（七）其他根据高等学校或者有关学术组织、相关科研管理机构制定的规则，属于学术不端的行为。

第二十八条　有学术不端行为且有下列情形之一的，应当认定为情节严重：

（一）造成恶劣影响的；

（二）存在利益输送或者利益交换的；

（三）对举报人进行打击报复的；

（四）有组织实施学术不端行为的；

（五）多次实施学术不端行为的；

（六）其他造成严重后果或者恶劣影响的。

第五章　处理

第二十九条　高等学校应当根据学术委员会的认定结论和处理建议，结合行为性质和情节轻重，依职权和规定程序对学术不端行为责任人做出如下处理：

（一）通报批评；

（二）终止或者撤销相关的科研项目，并在一定期限内取消申请资格；

（三）撤销学术奖励或者荣誉称号；

（四）辞退或解聘；

（五）法律、法规及规章规定的其他处理措施。

同时，可以依照有关规定，给予警告、记过、降低岗位等级或者撤职、开除等处分。

学术不端行为责任人获得有关部门、机构设立的科研项目、学术奖励或者荣誉称号等利益的，学校应当同时向有关主管部门提出处理建议。

学生有学术不端行为的，还应当按照学生管理的相关规定，给予相应的学籍处分。

学术不端行为与获得学位有直接关联的，由学位授予单位作暂缓授予学位、不授予学位或者依法撤销学位等处理。

第三十条　高等学校对学术不端行为做出处理决定，应当制作处理决定书，载明以下内容：

（一）责任人的基本情况；

（二）经查证的学术不端行为事实；

（三）处理意见和依据；

（四）救济途径和期限；

（五）其他必要内容。

第三十一条　经调查认定，不构成学术不端行为的，根据被举报人申请，高等学校应当通过一定方式为其消除影响、恢复名誉等。

调查处理过程中，发现举报人存在捏造事实、诬告陷害等行为的，应当认定为举报不实或者虚假举报，举报人应当承担相应责任。属于本单位人员的，高等学校应当按照有关规定给予处理；不属于本单位人员的，应通报其所在单位，并提出处理建议。

第三十二条　参与举报受理、调查和处理的人员违反保密等规定，造成不良影响的，按照有关规定给予处分或其他处理。

第六章　复核

第三十三条　举报人或者学术不端行为责任人对处理决定不服的，可以在收到处理决定之日起 30 日内，以书面形式向高等学校提出异议或者复核申请。

异议和复核不影响处理决定的执行。

第三十四条　高等学校收到异议或者复核申请后，应当交由学术委员会组织讨论，并于 15 日内做出是否受理的决定。

决定受理的，学校或者学术委员会可以另行组织调查组或者委托第三方机构进行调查；决定不予受理的，应当书面通知当事人。

第三十五条　当事人对复核决定不服，仍以同一事实和理由提出异议或者申请复核的，不予受理；向有关主管部门提出申诉的，按照相关规定执行。

第七章　监督

第三十六条　高等学校应当按年度发布学风建设工作报告，并向社会公开，接受社会监督。

第三十七条　高等学校处理学术不端行为推诿塞责、隐瞒包庇、查处不力的，主管部门可以直接组织或者委托相关机构查处。

第三十八条　高等学校对本校发生的学术不端行为，未能及时查处并做出公正结论，造成恶劣影响的，主管部门应当追究相关领导的责任，并进行通报。

高等学校为获得相关利益，有组织实施学术不端行为的，主管部门调查确认后，应当撤销高等学校由此获得的相关权利、项目以及其他利益，并追究学校主要负责人、直接负责人的责任。

第八章　附则

第三十九条　高等学校应当根据本办法，结合学校实际和学科特点，制定本校学术不端行为查处规则及处理办法，明确各类学术不端行为的惩处标准。有关规则应当经学校学术委员会和教职工代表大会讨论通过。

第四十条　高等学校主管部门对直接受理的学术不端案件，可自行组织调查组或者指定、委托高等学校、有关机构组织调查、认定。对学术不端行为责任人的处理，根据本办法及国家有关规定执行。

教育系统所属科研机构及其他单位有关人员学术不端行为的调查与处理，可参照本办法执行。

第四十一条　本办法自2016年9月1日起施行。

教育部此前发布的有关规章、文件中的相关规定与本办法不一致的，以本办法为准。

参考文献

[1] 朱强，何峻，蔡蓉华．中文核心期刊要目总览：2014 年版［M］．北京：北京大学出版社，2015.

[2] 中国科学技术信息研究所．2016 年版中国科技期刊引证报告：核心版．自然科学卷［M］．北京：科学技术文献出版社，2016.

[3] 邱均平，赵蓉英，刘霞，等．中国学术期刊评价研究报告（武大版）（2015—2016）：RCCSE 权威、核心期刊排行榜与指南［M］．北京：科学出版社，2015.

[4] 期刊影响力指数及影响因子：食品科学与技术［J］．中国学术期刊影响因子年报（自然科学与工程技术），2016，14：92 －93.

[5] 任胜利．特征因子（Eigenfactor）：基于引证网络分析期刊和论文的重要性［J］．中国科技期刊研究，2009，20（3）：415 －418.

[6] 中国科学院文献情报中心世界科学前沿分析中心．中科院 JCR 期刊分区说明文档［EB/OL］．［2016 －10 －12］．http：//www. fenqubiao. com/Images/中科院 JCR 期刊分区说明文档．pdf.

[7] 厉艳飞．数字化背景下科技期刊缩短出版时滞的路径探析［J］．编辑学报，2016，28（4）：354 －356.

[8] 徐会永．期刊优先数字出版及出版时滞与科学发展的关系及其展望［J］．编辑学报，2014，26（4）315 －318.

[9] 何洪英，李家林，朱丹，等．论科技学术期刊稿件录用率的调控［J］．编辑学报，2006，20（3）：191 －193.

[10] 单政，马豪，赵瑞芹，等．科技期刊审稿费与稿费的收发情况调查及分析［J］．中国科技期刊研究，2014，25（7）：929 －931.

[11] 游苏宁，陈浩元．科技学术期刊收取论文版面费合理合法［J］．编辑学报，2007，19（1）：1 －3.

[12] 程维红，任胜利．世界主要国家 SCI 论文的 OA 发表费用调查［J］．科学通报，2016，61（26）：2861 －2868.

[13] 朱大明．同行审稿应注意对参考文献引证的鉴审［J］．科技导报，2015，33（12）：126.

[14] 翁志辉，王景辉．参考文献在选择审稿人中的应用［J］．编辑学报，1998，10（3）：140 －141.

[15] 崔桂友．科技论文写作与论文答辩［M］．北京：中国轻工业出版社，

2015.

［16］任胜利．英语科技论文撰写与投稿［M］.2 版．北京：科学出版社，2011.

［17］解景田，谢来华．SCI 攻略［M］.2 版．北京：科学出版社，2015.

［18］常思敏．科技论文写作指南［M］．北京：中国农业出版社，2008.

［19］张闪闪，顾立平．作者贡献声明政策的初探性研究［J］．中国科技期刊研究，2015，26（11）：1113－1121.

［20］史春薇．什么是 ORCID？如何注册和利用［EB/OL］．［2016－11－02］．http：//www. cujs. com/detail. asp？id＝2410.

［21］周英智．医学论文“统计学处理”常见问题分析及建议［J］．中国科技期刊研究，2016，27（5）：480－484.

［22］曹会聪．英文地理学论文撰写与投稿［M］．北京：科学出版社，2016.

［23］顾凯，魏臻，陈玲，等．科技期刊稿件初审中技术审查的意义及注意事项［J］．编辑学报，2013，25（6）：569－570.

［24］Hames Irene. 科技期刊的同行评议与稿件管理：良好实践指南［M］．张向谊译．北京：清华大学出版社，2012.

［25］教育部科学技术委员会学风建设委员会．高等学校科学技术学术规范指南［M］．北京：中国人民大学出版社，2010.

［26］吕书红，刘哲峰．医药卫生计生期刊出版从业人员培训教材［M］．北京：人民卫生出版社，2015.

［27］宋如华．科技论文不端署名的表现及防范对策［J］．编辑学报，2009，21（5）：396－398.

［28］侯海燕，刘则渊，丁文堃，等．大连理工大学研究生论文写作与学术规范课程的探索与实践［J］．学位与研究生教育，2015（5）：29－31.

［29］张海燕，张和，鲁翠涛．《肝胆胰外科杂志》来稿中常见的学术不端问题［J］．肝胆胰外科杂志，2015，27（4）：351－353.

［30］图书馆学期刊关于恪守学术道德、净化学术环境的联合声明［J］．大学图书情报学刊，2014，32（3）：112.

［31］关于坚决抵制学术不端行为的联合声明［J］．甘肃社会科学，2008（6）：封三.

［32］潘斌．期刊联合行动反对学术不端的创新实践——以我国城市规划类杂志共同维护学术诚信为例［C］//中国科技期刊新挑战：第九届中国科技期刊发展论坛论文集，2013：290－296.

［33］张旻浩，高国龙，钱俊龙．国内外学术不端文献检测系统平台的比较研究［J］．中国科技期刊研究，2011，22（4）：514－521.

[34] 金铁成，赵枫岳，邓秀林．研究生学位论文拆分发表问题探析——由“学术不端文献检测系统”检测结果所想到的［J］．研究生教育研究，2012（3）：84－86.

[35] 赵伟．学术期刊编辑与作者和谐关系的建立［J］．中国编辑，2009（4）：49－50.

[36] 巴金．致《十月》［M］//巴金文集：随想录．http：//www. eywedu. net/bajin/suixianglu/077. htm.

[37] 韩健，张鲸惊，黄河清．尊重作者慧眼识珠——谈科技期刊编辑与作者和谐关系的构建［J］．编辑学报，2012，24（5）：493－495.

[38] 葛赵青，赵大良．论学术期刊编辑与作者间的博弈［J］．编辑学报，21（2）：168－170.

[39] 王艳军．我国假冒学术期刊网站的存在形式、危害及应对策略［J］．出版发行研究，2016（4）：59－61.

[40] 张家伟．中国学者论文再遭国际期刊撤回［EB/OL］．http：//news. xinhuanet. com/overseas/2015－08/19/c_ 128144594_ 4. htm.

[41] 陈磊．同行评议屡被造假者“钻空子”——爱思唯尔期刊出版全球总裁菲利普·特赫根谈学术期刊撤稿事件［N］．科技日报，2015－10－24（1）.

[42] 赵丽莹，张宏，王小唯．作者推荐审稿人存在的问题及对策［J］．编辑学报，2014，24（2）：145－146.

[43] 金铁成，姚玮华，刘广普，等．基于 SSCI 2004—2013 年的河南省社会科学学术论文的产出与影响力研究［J］．河南工业大学学报（社会科学版），2015，11（2）：114－118.

[44] 金铁成．2005—2011 年河南工业大学 SCI 论文发表情况统计与分析［J］．河南工业大学学报（社会科学版），2013，9（1）：78－82.

[45] 赵大良．科技论文写作新解——以主编和审稿人的视角［M］．西安：西安交通大学出版社，2011.